上海地情普及系列
《上海滩》丛书

海纳百川

近代上海的中西碰撞与交融

上海通志馆　编
《上海滩》杂志编辑部

上海大学出版社

图书在版编目(CIP)数据

海纳百川：近代上海的中西碰撞与交融/上海通志馆，《上海滩》杂志编辑部编．—上海：上海大学出版社，2021.8

（上海地情普及系列．《上海滩》丛书）

ISBN 978-7-5671-4190-2

Ⅰ.①海… Ⅱ.①上… ②上… Ⅲ.①中外关系-科学交流-研究-上海-近代 ②中外关系-文化交流-研究-上海-近代 Ⅳ.① G322.751 ② G127.51

中国版本图书馆 CIP 数据核字（2021）第 137072 号

本书由上大社·锦珂优秀图书出版基金资助出版

责任编辑　陈　强
封面设计　缪炎栩
技术编辑　金　鑫　钱宇坤

海纳百川
—— 近代上海的中西碰撞与交融

上海通志馆
《上海滩》杂志编辑部 编

上海大学出版社出版发行
（上海市上大路99号　邮政编码200444）
（http://www.shupress.cn　发行热线021-66135112）
出版人　戴骏豪

*

南京展望文化发展有限公司排版
上海华业装潢印刷厂有限公司印刷　各地新华书店经销
开本710mm×1000mm　1/16　印张27.75　字数347千
2021年8月第1版　2021年8月第1次印刷
ISBN 978-7-5671-4190-2/G·3362　定价 58.00元

版权所有　侵权必究
如发现本书有印装质量问题请与印刷厂质量科联系
联系电话：021-56475919

前 言

古人云:"温故而知新。"我以为,我们每年编《上海滩》丛书,从杂志历年发表的文章中择其佳作,分门别类按不同主题推出,其实就是一个"温故而知新"的过程。

这种"新",在我们今年编辑出版的一套六种《上海滩》丛书中,集中体现在中国共产党领导广大人民群众,在推翻帝国主义和封建主义的剥削压迫,在领导亿万人民群众消除绝对贫困,在建设中国特色社会主义新征程中所取得的巨大成就中。

比如,《淬火成钢——穿越烽烟的红色战士》一书讲述了一大批优秀共产党员在上海展开对敌斗争的英雄事迹,以及上海部分红色遗址中所蕴含的革命历史。其中工人出身的共产党员陶悉根,在大革命失败后,并没有被敌人的残酷杀戮所吓倒,而是咬着牙从血泊中爬起来,擦干净身上的血迹,含泪辞别自己的老母亲和妻儿,辗转千里寻找到党组织,继续进行革命斗争,我们被这样的事迹所震撼!这位老共产党员告诉我们,只有在中国共产党的领导下,才能实现中国广大工农群众翻身解放的伟大目标。

在《上海担当——70年对口援建帮扶实录》中,我们同样可以看到,只有在中国共产党领导下,上海广大干部、科技人员、企业家才能在东西部对口支援、合作帮扶工作中,帮助成千上万的贫困群众完成消除绝对贫困、走向小康生活的伟大历史任务。早在新中国成立之初的1950年,上海金融战线的2 000多名职工,就热烈响应党和国家的号召,开始了对大西北等地的对口援建。70余年来,上海人的对口援建足迹遍布祖国各地，为各地摆脱贫困和开展经济建设献智出力，流血流汗，甚至牺牲生命，作出了巨大贡献。他们中的不少人不仅献出了自己的青春，而且还献出了自己的子孙，让子孙后代继续为各地经济建设作贡献。他们是我们上海人的骄傲！

同样的感受，我们在《砥砺前行——上海城市更新之路》中也能看到。本书讲述了新中国成立后，上海在城市发展中不断创新，勇做改革开放"排头兵"的故事。其中的文章，既有站在今天的角度，对上海城市发展中重大事件和变迁的回顾；也有许多年前对上海未来面貌和发展蓝图的展望。对照今日的现实，读来令人振奋而又感慨万千。回想70多年前，国民党政权在败逃台湾之际，对上海进行了破坏，将中国银行的黄金、白银、美元抢运一空，给新生的人民政权留下了一副烂摊子。但是，在中国共产党的坚强领导下，上海各界人民群众，团结一心，奋发图强，战胜了蒋介石派遣的飞机轰炸和特务破坏，粉碎了一些不法商人发起的经济金融方面的进攻，稳定了人心，稳定了市场，并且很快展开了热火朝天的社会主义建设，并取得了一个又一个让世界震惊的成就。上海的城市面貌发生了翻天覆地的巨变，探索走出了一条具有中国特色、时代特征、上海特点的超大城市发展新路，已成为中国改革开放的重要窗口和发展成就的生动缩影。

一千多年前的上海只有东部地区有一些海滩边的渔村，而今天上海已是全国最大的城市和国际性大都市。沧海桑田，上海从海滨渔村发展成为现代化大城市，反映了上海的历史变迁。另外，上海又一是个如诗如画、有着江南田园美景的城市。1840年后，随着国门打开，上海的面貌也发生了变迁，田园般的宁静被打破。新中国成立后，中国共产党在领导社会主义建设时，非常注意环境保护和综合治理环境污染。特别是在中国最大的工业城市上海，改革开放以来，政府不断地投入巨资，治理黄浦江和苏州河，近年来已见成效：上海天蓝了，山青了，水绿了，许多岛屿飞鸟翔集，瓜果飘香，成了人们休闲游玩的好去处。如今，我们需要一个现代化的上海，更需要一个人与自然和谐的美丽上海。《沪江游踪——海天之间的上海风景》既讲述了上海山水岛屿的地情知识，又涉及上海人早期旅游的故事，对上海的自然和人文地理多有涉及。

中国对世界各种文化采取的是"海纳百川，互相学习"的做法。尤其是上海，在一百多年时间里，将西方的先进文化，糅合到我国的传统文化中，产生了一种更加自信、更有活力的海派文化。于是，上海成为中国最大的工业城市，中国最发达的科创中心，中国最繁华的国际大都市。为此，在今年的丛书中，我们编选了《海纳百川——近代上海的中西碰撞与交融》一书，供读者了解海派文化的形成过程和重要作用。这本书与前两年编辑出版的红色文化读物（即《申江赤魂——中国共产党诞生地纪事》《海上潮涌——纪念上海改革开放40周年》《五月黎明——纪念上海解放70周年》）和江南文化读物（《海派之源——江南文化在上海》《城市之根——上海老城厢忆往》《年味乡愁——上海滩民俗记趣》）等一起，为读者系统学习了解红色文化、江南文化和海派文化，提供了珍贵而生动的教材。

今年出版的《上海滩》丛书的第六种是《戏剧人生——沪上百年戏苑逸闻》。这是因为去年我们编辑出版了反映上海电影界历史的《影坛春秋——上海百年电影故事》后，有些读者提出，几十年来《上海滩》杂志发表了许多戏剧界的故事，其中有对各剧种的介绍，也有对一出戏盛衰的讲述，更有不少戏剧表演艺术家和著名演员在中国共产党的领导和影响下，以各种方式反抗日本帝国主义和国民党当局的统治的感人故事，如果能择其精彩内容编成一册，颇有意义。

我们认为，编辑出版这套丛书，不仅能为上海广大市民和青少年朋友了解上海革命和社会主义建设的历史提供一套有价值的读物，还是开展"四史"教育和学习的一套生动教材。尤其是在迎接和庆祝中国共产党诞生一百周年的日子里，这套《上海滩》丛书，可以帮助人们更深刻地理解中国共产党是一个善于将马克思主义同中国革命实际相结合的政党，是一个始终将人民的利益放在最高地位的政党。初心绽放，爱我中华，百年政党正青春，未来我们将更加自觉地团结在以习近平同志为核心的党中央周围，砥砺前行，排除万难，去夺取更大的胜利！

上海通志馆

《上海滩》丛书项目组

2021年3月23日

目录

1/ 外滩：上海的眼睛

10/ 开埠纪事

17/ 漫谈法租界的城区规划

21/ 水、电、煤：上海发展的推进器

29/ 人力与畜力竞跑的年代
    ——行在老上海之一

40/ 小汽车驶进新时代
    ——行在老上海之二

50/ 电车开辟大众化之路
    ——行在老上海之三

62/ 红绿灯下众生相
    ——行在老上海之四

75/ 如厕难：上海开埠后的尴尬事
    ——漫话上海公厕之一

87/ 建公厕：城市卫生的艰难一步
    ——漫话上海公厕之二

海纳百川

101/ 除粪臭：新奇的抽水马桶登陆沪上
　　　——漫话上海公厕之三

114/ 重细节：建造保护私密性的文明厕所
　　　——漫话上海公厕之四

128/ 漫话上海疫情报告制度

138/ 1908：疫情中创办的时疫医院

146/ 租界里的理发风波
　　　——上海理发业沧桑录之一

153/ 女子剪发潮涌上海
　　　——上海理发业沧桑录之二

160/ 传教士与徐家汇藏书楼
　　　——上海名人与图书馆之一

170/ 伟烈亚力和傅兰雅催生的"产儿"
　　　——上海名人与图书馆之二

181/ "维新"和"洋务"的文化蓝图
　　　——上海名人与图书馆之三

193/ 延续百年的工部局图书馆

  ——上海名人与图书馆之四

200/ 《黄报》：老上海最好的德文报纸

208/ 1874：上海始发明信片

  ——老上海明信片的故事之一

217/ 洋商的明信片发财梦

  ——老上海明信片的故事之二

225/ 南京路上"五虎争霸"

  ——老上海明信片的故事之三

236/ 明星、影迷爱上明信片

  ——老上海明信片的故事之四

242/ 上海与世界博览会

249/ 民国初年流行的洋货

252/ 过眼沧桑话电报

260/ "大自鸣钟"与"标准钟"

269/ 旧上海摩登女性的追求

277/ 《图画日报》中的上海女性时尚

285/ 摩登漂亮的女接线员
　　——老上海职业女性之一

290/ 收入丰厚的女播音员
　　——老上海职业女性之二

295/ 女理发师的悲哀
　　——老上海职业女性之三

300/ 吴淞路上的日本侨民
　　——日本侨民在上海之一

309/ 内山书店：中日文化交流之桥
　　——日本侨民在上海之二

319/ 日本医生、药房和医院
　　——日本侨民在上海之三

330/ 1922年："克隆创始人"来到上海

339/ 马可尼上海五日行
　　——世界名人在上海之一

346/ 罗素思想潮叩上海

　　——世界名人在上海之二

353/ 泰戈尔三到上海

　　——世界名人在上海之三

362/ 萧伯纳上海"闪电行"

　　——世界名人在上海之四

370/ 尼尔斯·玻尔上海低调之旅

　　——世界名人在上海之五

377/ 哲学大师杜威看上海

　　——世界名人在上海之六

385/ 卓别林沪上半日游

　　——世界名人在上海之七

393/ 拨开爱因斯坦访问上海的迷雾

408/ 世界网球大师访沪记趣

412/ 衣冠楚楚话西服

420/ "腿部时装"纵横谈

426/ 举"足"轻重说鞋子

外滩：上海的眼睛

罗苏文

1843年11月，英国驻沪领事巴富尔以告示的形式宣布上海开埠，并划定上海港的港界及洋船停泊区。港界的范围沿黄浦江下游，南起县城北至吴淞口宝山嘴之间的江面。由此，上海的港区陆域越出原先集中在县城东南的十六铺到南码头一段江面，拥有直通出海口的空间范围；昔日以黄浦江上游内河航运为主的上海港，开始跻身近代远洋海运枢纽港之列。港区也从简陋的码头开始变为城市的风景地。

居近代中国首位的外贸海港

初期的外贸海港选择以洋船停泊区为建港之地。这里地处黄浦江西岸，江面形似弯月，是黄浦江水势最深、水流极平之处，是建造天然良港的理想位置。1845年英国人在洋船停泊区西岸首先建成两座驳船码头，到1853年外滩江边已有十余座石砌的驳船码头，码头后面是沿江纤道，隔着纤道就是错落有致的两层楼洋行建筑。新兴商港的一派生机渐次展现。

临江的纤路被划分为南北两部分：南段自南码头到小东门为民船停泊区，自该区以北直到吴淞江为止的江岸（今延安东路到北京

1900年前后的法租界外滩

1900年前后的英租界外滩码头一角

东路)为洋船停泊区,专供外轮锚泊、装卸(中国民船不得锚泊),该区以洋泾浜为界又划分为法租界外滩(小东门到洋泾浜)、英租界外滩(洋泾浜以北到吴淞江)两个部分。

开埠前的江海关署设在小东门外的黄浦江边,而办理洋船课税的"新关"(又称"北关"或"洋关"),直到1857年才在今汉口路外滩处建起一幢中国式传统建筑。它位于洋船停泊区的中点,名义上是清政府的海关衙门,实际上"任用"外国人管理,就连上海港的港务长也由外国人出任。此举的起因在于初设的"新关"缺乏诚实精明、熟悉外语的人才,征税,管理关政、航政及履行条约等重任颇令上海道台头痛,只能出此引用外邦人才之险棋。

正是这步险棋,使上海港率先迎来了管理近代化、制度化的开端。外滩成为这一变迁的最初见证。根据《中英通商章程》规定,许可英国军舰在通商口岸停泊,凡洋船停泊区的外国商船需要移泊,必须取得英国军舰的允许。据此,上海港很可能会成为一个军港。但上海港的港务长、美国人贝莱士坚决拟订了以上海道名义发布的

建在外滩的江海北关

1910年左右英国总会（原名上海总会）前的外滩

《上海港口管理章程》，规定凡载有火药及易燃品的船只不得停泊在洋船停泊区附近，明确以指定船只停靠泊位、维持港内秩序、监督船舶进出等为港务长的职责。之后，工部局又为码头被损坏之事与英国军方交涉。结果，洋船停泊区没有变为军港的一部分，而成为租界当局实际控制的延伸区，即"水上租界"，并引领上海港跃居为近代中国首位外贸海港。

一个美国人心中的外滩

外滩，旧称"黄浦滩"，是洋船停泊区与租界区的水陆衔接地带。1862年它更名为"扬子路"（Yangtze Rd.），1865年该名作为正式定名载入英租界的路名表，并备受关注。

工部局的市政投资是从外滩筑路开始的。1846年英租界辟筑的界路（河南路）是租界第一条近代道路，1848年修筑了滩路（即外滩，又称扬子路），是鹅卵石煤屑路面。1865年的外滩已竖起路灯杆。当时英租界一般道路宽22英尺（1英尺约合0.3048米），唯有外滩滨江大道实行人车分道：人行道宽8英尺（沿洋行建筑一边铺设），外侧另有宽30英尺的车道，是当时上海最宽敞的道路，沿途还种植了第一批行道树。路灯、人行道和行道树都意味着外滩的定位开始从港区转变为居民生活区的一部分。

初期外滩码头上繁忙的装卸，常常损坏江岸道路。1868年英国驻沪领事温思达致信工部局，建议为适应轮船航运发展的需要，应在外滩建造新的沿江大道和浮码头。当时工部局却认为外滩的规划需要以英租界侨民社会的利益为重，进行全盘考虑，但外滩应该是什么模样尚不清楚。直到1869年岁末金能亨的来信，才使外滩的形象设计一锤定音。

金能亨（Edward Cunningham，1823—1889）是个美国人，1852年任美国驻沪领事代表（一般洋商称其为副领事），1868—1869年出任工部局总董，卸任后仍关注着外滩的前途。1869年12月30日，他在日本横滨致信工部局总董亚当士先生，提出将外滩辟为绿地景观区的构想。

他认为，"英租界的外滩是上海的眼睛和心脏，它有相当长一段江沿可以开放作娱乐和卫生之用，尤其是在它两岸有广阔的郊区，能为所有来黄浦江的船只提供方便"。他强调外滩更适合辟为一个公共休闲场所。因为"外滩是上海的唯一风景点"，"外滩是居民在黄昏漫步时能从黄浦江中吸取清新空气的唯一场所，亦是租界内具有开阔景色的唯一地方"，"我确信，没有人会为失去外滩而不深感遗憾的。如果大家都知道外滩这块愉快的散步场地即将失去，那么拟议中的计划也就根本得不到任何人的支持"。为此，他呼吁所有居民团结起来保护外滩，"这是具有普遍利益和重要性的一件事，因此所有居民都应该团结一心来保持住外滩"。他的建议很快得到令人欣慰的回应。

1870年以后的外滩开始出现在摄影作品、油画风景画中。外滩的丰姿渐为世人所向往,上海的"眼睛"开始绽放出迷人的光芒。

外滩座椅风波

1880年6月,外滩沿江地带陆续被填高,铺上草皮,成为一块公众休闲绿地。早期外滩草坪上横贯的铁链,旨在阻止行人践踏草坪,维护绿地景观。但有人希望在草坪上打网球,也有人在草坪上随意穿行。到1886年,草坪上已被行人踩出一条小道。对此,工部局在江边改建了一条人行小道,道旁设置了一些座椅,沿草坪设置铁链,将外滩辟为公共散步休闲场所,同时提出不准破坏草坪的禁令,但对公众使用座椅并无特殊限定。

1900年前后的公共花园与海关之间的绿地

1886年,从黄浦花园到海关栈房的草地向公众开放,草坪和滩地上设有若干座椅。不料一场外滩座椅风波骤然而起。1889年7月,工部局指示捕房督察长,可以允许服饰高雅的华人使用沿外滩绿地的草坪和座椅,言外之意将绝大多数的华人排除在外。但是巡捕在执行中,竟将体面华人也驱赶出外滩绿地。1890年7月,钟福廷先生投书工部局申诉说,某日晚7时,他的两位衣着体面的朋友在外滩草坪散步时,遭到巡捕驱赶,他要求责成捕房今后不得干涉在草坪上散步的衣着体面的华人。结果,他得到的解释是这种干涉只是出于新聘巡捕的误会。

可是,如此驱赶效果甚微,还引起了华人的强烈不满,与此同时华人劳工出入外滩禁而不绝,致使座椅几无虚席。1892年工部局董事会上,有人提议能否就华人独占外滩滩地上所有座椅作出某些规定。董事会没有采纳华洋分段使用外滩座椅的建议,只是指示捕房严格执行只允许穿着整洁与体面的华人使用草坪与滩地上座椅的规定,并决定用中文通告形式把这个规定贴在外滩的所有座椅上。不久,又有外侨投书工部局抱怨外滩所有的座椅在凉爽的傍晚已被华人占用,询问可否自带椅子去外滩纳凉。工部局不同意这个请求,认为这样一来,草地上就会布满椅子,不再是一个散步场所。最后决定对使用座椅的华人范围再予压缩,仅限于所谓"更为体面"的华人。

此后几年中,工部局董事会始终没有找到一项使华人、外侨体面分享外滩座椅的良策。1893年,工部局董事会再次否定了种种实行华洋分设专用座椅的建议,要求巡捕不要去干预那些自己带椅子到外滩纳凉的西人,只提醒他们注意这些椅子要和公用的座椅摆齐。1898年,工部局又决定成倍增加座椅,在新的座椅上不要写上汉字。直到1927年8月工部局董事会决议,不禁止华人使用外滩草坪和滩地,但要求警务处阻止乞丐及衣衫褴褛的苦力出入这些场所。棘手的座椅风波至此画上了一个句号。

都市景观的露天展台

近代外滩是一片没有围墙的开阔绿地休闲区。岸坡地带花丛绽放，绿荫蜿蜒。一些神态各异的外侨铜像矗立其间，与江畔巍峨高大的欧式古典建筑群交相辉映。外滩的环境维护也逐渐得到公众的关注。1895年，霍尔先生致信提请工部局注意乌鸦在堤岸的树上筑巢，建议在乌鸦下蛋前或小乌鸦孵出前就把乌鸦巢毁掉，认为乌鸦发出的嘈杂声和肮脏的习惯是一种污染。董事会研究后决定将采取措施制止堤岸上乌鸦数量的增长，同时也认为暂无必要把树上的乌鸦巢拆掉。

外滩也是上海紧随世界都市化潮流的一个见证。1882年5月，英商上海电气公司创办的上海第一家电厂在南京路、江西路口的老同孚洋行的院落里开张。它率先在沿外滩到虹口招商码头一线竖杆架线，串接起15盏电灯，于1882年7月26日开始供电。第二年公司与工部局签订为期一年的协议，在外滩、南京路、百老汇路（今大名路）共安装35盏弧光灯，揭开了上海步入电气时代的序幕。1870年，丹麦大北电报公司成立远东公司和上海站，它的报房和营业处最初就设在南京路5号一处租用的建筑内。1882年该公司在外滩7号公司办公楼内设置电话交换所，租界有25家成为首批电话用户。这使电话在发明6年之后，就穿越重洋在上海落户了。1908年3月5日，上海第一辆有轨电车正式通车营运，而它的第一条通车路线即往返于静安寺与外滩上海总会之间。层出不穷的亮点，使外滩充当了近代城市景观的露天展台。

中国传统商埠出现欧式建筑群，始于开埠前的广州。当时广州城西南郊珠江北岸的商馆区曾是外商居留、贸易之地，虽有堂皇的

1908年的外滩景色

洋楼群、运动场,却是隔绝华洋自由交往的"镀金的鸟笼"。而近代上海的外滩却实现了华洋杂处的历史性跨越。人们在徜徉休闲之余,视听所及,可感受到近代都市的魅力。

海纳百川

开埠纪事

薛理勇

开埠10年,超过广州

1842年中英签订的《南京条约》规定:广州、厦门、福州、宁波、上海等五口岸对外开放。1843年11月8日,英国首任驻上海领事巴富尔率领馆成员抵达上海,在与上海道宫慕久的几次会晤后,双方确定17日上海正式开埠。1845年,上海道与巴富尔订立《一八四五年上海租地章程》,确定以上海县城北郊的洋泾浜(今延安东路)与李家庄(今北京东路之间的黄浦滩)为英国人居留地(即后来的租界);1848年,美国取得苏州河北岸的沿江之地建立"虹口美租界";1849年,法国也获得县城与洋泾浜之间的狭长地块建立法租界。1863年,英、美租界合并,1899年英美租界再次扩张后改称为"公共租界"。

中国最传统的出口商品是茶叶、丝绸、瓷器等土特产,而这些商品的最主要的产地就集中在长江下游的安徽、江西、江苏、浙江诸省。上海开埠前,中国的出口产品主要通过挑夫穿越江西,翻过大庾岭后挑到广州(中国唯一通商口岸)出口,周期长、损耗巨、成本高。所以当上海开埠后,原来开设在广州的洋行纷纷迁到上海,新组建的洋行就直接将华行设在上海。上海开埠仅10年,上海江海关的税收就超过了广州，一跃而为中国最大的外贸港。

观念冲突，世风大变

开埠后的上海，犹如一个被封闭了千年的大罐突然被捅开了一道口子，成为西方文化传入中国、中国感受西洋文明的窗口。西风东渐，上海就成了中西文化汇合与冲突之地。

王韬是中国近代著名思想家，他在《瀛壖杂志》卷六中说："沪上习尚奢华，仪文放弃，而洋泾（即洋泾浜）尤不可问。礼法之士，至于不欲见者。"好一个"礼法之士，至于不欲见者"！王韬还收录了一位号称"古淞梅花主人"写的仿古体《洋泾七念勾》七首，作者列举了上海常见的7种社会现象，并进行前后比较。选录如下：

德重才优，桃李春风次第收。师道尊无右，忠敬宜深厚。

在华洋杂处的清末上海，不少中国男子已经剪去了辫子

嗏！脩膳薄云秋，防先虑后，呼马呼牛，眉眼谁甘受！因此把教读洋泾一念勾。

这首诗大意是说：中国的教育，一向注重培养学生的道德与才学，并以桃李满天下为荣，学生自觉维护师道尊严，热爱、尊敬老师，师生间友情深厚。而在开埠后的上海，学生竟然为了学费多少而与学校讨价还价。师生之间无大小，彼此直呼其名，还眉来眼去。正是"世风日下，乾坤倒悬"。这样的学校，谁受得了！

生计营求，术学陶朱雅宜留。真货公平售，价弗欺童叟。
嗏！虚伪日相投，鬼谋白昼，较尽锱铢，情面无亲旧。因此把交易洋泾一念勾。

这首诗大意是说：自古以来，中国人经商，向以陶朱公（即春秋末政治家范蠡，在经济政策上主张谷价低时由政府收购以保证农民利益，而谷价高时由政府出面实行平价售谷，被尊为中国儒商之首）为楷模，讲究货真价实，童叟无欺。而开埠后的上海生意人，绞尽脑汁，尔虞我诈，为了赚钱，当面斤斤计较，一点情面也不讲。因此千万不要与上海人做生意。

丝缎绫绸，锦绣章身尽上流。品重衣宜美，下贱人难比。
嗏！仆隶偶盈余，全忘守法，艳服华冠，绅宦同行走。因此把服御洋泾一念勾。

这首诗大意是说：封建社会里，中国人服饰穿着向有等级之分，只有达官贵人才可以穿华贵的绫罗绸缎，下贱的商人和仆役只能穿平民的衣服。而上海的商人和仆役，一旦发了点财，就不知法度，公然与士绅官宦一样穿起华贵的衣服,何况那些达官贵人也不知廉耻,竟然还会与那些"贱人"同进同出。我真不想生活在这个不守礼制的上海。

从上述所引三首诗中,可见开埠仅十多年的上海人,在冲破封建的旧桎梏、吸收西方的新观念上已走在了中国的前列。

其实,上海开埠后仅15年,王韬这位来上海白相的诗人就在苏州河上看到了跨江大桥,看到了洋泾浜两岸建造了各种西洋建筑,还看到了马路上奔驰着载着洋人的马车,而从海外运来的各种商品充斥市场,一派繁荣景象。王韬在日记中写下了这些情景后,非常感慨地说:真难以想象,这些构思巧妙、五花八门的东西,它们是怎么做出来的呢?

五十庆典,煞有介事

11月17日被租界当局定为"上海开埠纪念日"后,上海的外国

《点石斋画报》上的"开埠五十年赛灯盛会"

侨民们每逢此日总要举行一些纪念、庆祝活动，逢五周年、十周年规模就会更大一些。1893年11月17日正值上海开埠50周年，公共租界的纳税人会议对如何庆祝这个节日进行了热烈的讨论。他们在侨民中募集到一笔为数不小的款项，于是有的人建议用这笔款项创办几所西童、华童公学，有的人建议用于建造几家传染病医院，也有人建议用它造几座公共花园等等。最后决定，将这笔募集到的钱分作两部分，一部分用来设立一个公共慈善机构，开展上海的慈善事业，余下的钱全部用来举行隆重的庆祝活动。他们在外滩、南京路等闹市区搭建牌楼，侨民还另外集资增建了江西路圣三一大礼拜堂的钟楼。圣约翰大学校长卜舫济曾在《上海简史》中扼要介绍了这次庆祝活动的过程：庆典之节目甚长，11月17日（星期五）举行阅兵式，参加者除商团外，尚有停泊港内各兵舰的水兵；11点半，美

外侨集资增建的圣三一礼拜堂钟楼

1893年，旅沪外侨在法租界外滩张灯结彩庆祝上海开埠50周年

国基督教监理会牧师慕维廉博士用上海方言在黄浦滩所搭高台上演讲，历叙五十年来之经过；12时，鸣礼炮五十响；下午1时，举行庆祝宴；2时，在跑马厅举行儿童游戏，公园喷水池装满电灯，光耀夺目，救火会于夜间提灯游行，10时后放焰火。18日（星期六）上午，华商游行；下午，兰心大戏院举行招待演出，香港总督罗宾生及海军大将费雷蒙特出席招待会。

1894年，清朝海关邮政还特地发行了"慈禧太后六旬万寿及中外通商五十周年"纪念邮票。这是中国发行的第一套9枚纪念

清朝海关邮政发行的"中外通商五十周年"纪念邮票

邮票。

  1943年11月17日应是上海开埠百年纪念日。但在1941年12月太平洋战争爆发后,租界就已名存实亡。1943年7月30日和8月1日,上海法租界和公共租界分别被汪伪政府收还(1946年南京国民政府再次举行象征性的收还仪式),至此延续了近百年的租界统治宣告结束。

漫谈法租界的城区规划

许洪新

1843年底,上海开埠刚一个多月,洋泾浜北岸外滩角上就出现了上海最早的洋房。从此,上海成了西方各流派建筑师争奇斗妍的舞台。为了使无序的建筑有所规范,更为了营造暴发户们所需要的

法国总会前的迈尔西爱路(今茂名路)

舒适而宁静的安乐窝，法租界最先导入了西方最新的城市规划理念，对城区实施规划管理。

1900年10月10日法租界董事会决议，是目前发现的上海最早的一份区域性规划。该决议规定自嵩山路向西只准许建造砖石结构的欧式楼房，与道路间隔至少10步，用于辟花园、植草木，并不能用竹篱或实体墙封闭；营造前须呈交图纸等经市政工程师批准。因一些华人业主的反对，建筑只限于欧式这一点在1910年12月28日被修改，其余各点则始终必须执行。之后，有关规定不断推出，如1901年规定在今淮海路重庆路口环周，即当时的华界和法租界交界地区，所建造的建筑必须具有艺术性；1903年7月16日和1914年10月9日，又相继规定今新永安路以北、江西南路至法租界外滩的东区和今复兴中路以北的思南路两侧地块，为欧式建筑建造区。1920年3月22日又将后一地块的范围向南扩展至今上海交通大学医学院与瑞金医院北墙，东西扩展至重庆南路以东和瑞金二路以西各一百米处。1938年11月，更推出了《整顿与美化法租界计划》，或称《法租界市容管理计划》，划定今建国西路以北、岳阳路、襄阳北路、富民路以西至华山路、天平路为高档住宅区；次年5月8日和11日又以法国领事署第198号与第199号署令形式，定该地块为高档住宅A字区，以1920年划定的今思南路两侧为B字区；两区中间地块，即今建国西路至长乐路，茂名南路至东湖路、汾阳路之间为C字区。在这三个地块内，新建筑必须是独立式或联合式花园住宅和公寓大楼，并要有暖气和包括化粪池在内的卫生设施，其中设立化粪池是当时最新的设计。此外，对建材、外立面颜色等也作出具体规定，如禁用黑色砖瓦和白石灰粉刷，保证了区域内建筑的协调；对不合要求的原有建筑将不再发给维修执照。同时，对城区环境和主要道路市容也有明确的规划和管理。1914年颁布的《分类营业章程》，规定了今重庆南路以西、建国中路与建国西路以北地区，不准设立有噪声、异味及

绿树掩映下的法式建筑

各种隐患的作坊、工厂。1902年3月27日，规定今河南路以东的金陵路两侧建筑的主立面必须使用西式砖材；1921年3月21日，规定在今金陵东路、延安东路、淮海中路、重庆南路、延安中路、衡山路等主要道路上的中式建筑主立面一律改为西式。1938年11月《整顿与美化法租界计划》中，又规定了自1939年1月起，葛罗路（今嵩山路）以西的霞飞路（今淮海中路）上，商店必须安装玻璃橱窗，否则不许营业。再加上一流的市政设施和从1902年就开始的种植行道树、辟筑街头绿地等措施，从各个方面保证了优美城区的形成和发展。

对于这些规划与法规，法租界当局执行比较坚决。1918年6月，设在吕班路（今重庆南路）上的爱国沙乳品厂因排放异味气体和污水，为居民检举，经查实后被吊销执照。当时，一个名叫达温特的外国人在他写的《上海：游客和居民手册》中就说过："法国当局比公共租界强硬多了,他们拒绝商人在住宅区做生意开工厂。"所以,法租界的城区比公共租界要优美得多,美国哈佛大学教授李欧梵这样写道:"当英国统治的公共租界造着摩天大楼、豪华公寓和百货公司的时候,法租界的风光却完全不同。沿主干道,跟电车进入法租界,霞飞路显得越来越宁静而有气氛。道路两侧种了法国梧桐,你还会看到各种风格的精致的'市郊'住宅。……你在这里可以看到教堂、墓地、学校、法国公园,还有电影院、咖啡馆。"上海城市的这一特点至今犹存。

  说法租界当局执法严格,却也不是真的法律面前人人平等。著名的女企业家董竹君在《我的一个世纪》中就写过一件事,她为谋扩大营业面积,欲在锦江川菜馆店面与后弄房屋间筑座天桥,这本是违章的,是"有钱也办不到的一个大难题",结果,由法公董局华董、海上闻人杜月笙请了另一名华董张翼枢帮忙,竟得以在董事会临时会议上通过,成为"自上海开埠以来,除永安公司天桥外","第一次的'例外'"。原来,法租界的规定中大都有"除总领事特别准许外"这一条,张翼枢曾被任命为民国首任驻法全权代表,长期任职外交部,当时又是法国哈马斯通讯社远东分社经理,是法国政府最信得过的亲法绅士派的代表人物,自然有让总领事首肯的能耐。

  当然,这些规划都只是区域性的,所营建的优美城区更往往是以牺牲其他地区为代价的。1914年起法租界明确将萨坡赛路(今淡水路)以东和沿徐家汇路(含今肇嘉浜路)划为工业区,以华界和法租界交界的肇嘉浜为排放工业废水和生活污水的尾闾,这就使非高档住宅区和华界的环境遭到了破坏。尽管如此,回顾这一曲折的发展过程,西方最新城市规划理念的传入及其对优美城区建设的作用,却是不争的事实。

水、电、煤：上海发展的推进器

邢建榕

1865年12月18日，上海开埠已经20余年。傍晚，天刚刚暗下来，一群英美侨民兴高采烈地来到南京路外滩，点亮了10多盏煤气

杨树浦电厂硕大的烟囱是大杨浦的标志

灯。顿时，在灯光的照耀下，南京路显得异常明亮美丽。翻翻当时人的记载，一片赞誉声："树竿置灯所以照道，皆自来火，由地道出，光焰绝明，彻夜不灭。""铁管遍埋，银花齐吐，当未设电灯时代，固足以傲不夜城也。"上海开埠后，随着租界的辟设和西方侨民的不断进入，煤气、自来水和电力等西方先进技术也很快被引入上海。1865年大英上海自来火房向公共租界供应煤气，1882年上海电光公司在上海正式供电，1883年英商上海自来水厂向租界居民供水，其规模和技术水平均属世界前列。历史学家评论道："上海之繁荣，所以冠全国，其公用事业之发达，当不失为第一大因素。"

自来火·自来水·赛明月

1865年12月18日，这是上海使用煤气路灯的开端。当"地火"或"自来火"（煤气通过地下管线输出，上海人称之为"地火"或

上海自来火公司杨树浦新厂煤气蒸馏间外景

"自来火")在夜晚大放光明的时候,租界地区的繁华景象初现。在此之前,上海人的照明仍然是靠蜡烛或豆油灯,有气派一些的人家,也无非将此装饰成灯笼,挂在横梁或门檐下。居民习惯于吃了晚饭后早早歇息,如同农村一般。那些初来乍到的洋人显然对此很不适应,晚上没有派对跳舞等社交活动,活动活动筋骨,怎么睡得香?他们先是引进煤油灯来取代中国人使用的油盏灯,虽说亮了不少,终是五十步与一百步之关系,折腾了20年之后,算是用上了煤气灯。煤气用于烧饭则是后来的事。

也就是从这时候开始,上海人称煤油叫洋油,因其属舶来品。洋油之后,洋字当头的物品如洋钉、洋布、洋酒之类层出不穷。

上海最早的煤气路灯

上海的第一盏电灯(弧光灯),是公共租界工部局电气处工程师毕晓浦(J. D. Bishop)在虹口的一幢仓库里试验成功的,时为1879年5月28日。三年后,英国人立德尔(R. W. Little)等招股筹银5万两,成立上海电气公司,旋在南京路江西路的西北角创办了上海第一家电厂。1882年,上海电厂开始供电,夜幕下的弧光灯炫人眼目,吸引了上千的上海人出外观看。他们带着十分羡慕与惊讶的神态,凝视着明亮如月的电灯,一时不知呼其为何,有文人撰名为"赛明月"。上海租界使用电灯,比西方率先使用弧光灯的法国巴黎火车站电厂晚7年,却比东京电灯公司早5年。

20世纪初南京路街角的路灯：上为老式弧光灯，下为新式白炽灯

工人们在上海街头安装路灯

自来水最晚进入上海，情况大体与煤气、电灯相似。自来水也是都市生活之必需，关系到市民生活的质量和身体健康。上海居民用水，多取自河水或井水，然到租界开辟后，水源已渐遭污染。当时无论是河浜水沟还是黄浦江、苏州河，在沪外侨都觉得水质不洁，有股怪味，有害身体健康。查当时人笔记，也有"黄沙污泥，入口每有咸秽之味"的记载。一些外侨喝不惯夹有海水咸味的黄浦江或苏州河水，只好在租界内开凿深井取饮用水。但随着租界外侨的不断增加，饮水问题日趋严重。1880年11月2日，英商上海自来水股份有限公司成立，在公共租界杨树浦、许昌路附近黄浦江边购地建厂。该处为黄浦江河道最宽处，水质较佳，便于取水。1883年6月自来水工程全部完成，北洋大臣李鸿章应邀到杨树浦水厂参加放水典礼。

自来水不仅饮用方便，而且卫生。除供租界外侨饮用外，街头的自来水还可用于救火，为上海租界的公共安全提供了一份保障。在此之前法租界发生的一场大火，因为没有自来水，只好眼睁睁看着

英商杨树浦自来水厂

大火烧过一片街区。外侨集资建厂，在租界大办水电煤等公用事业，主要供自己享受，但也捎带向有钱而又胆大的居住在租界的上海人出售，供其使用，从中收回一些投资，直到在上海开始大范围推广使用后，才开始赚钱。

其实，这些洋玩意儿刚到上海时，不仅官府反对，就连一般的百姓也是顾虑重重，甚至害怕的。由于煤气管道铺设在地下，一些拉车的苦力认为，煤气通行之处，地下肯定滚烫，于是互相告诫说，不可赤脚走过那里，以免烫伤。还有人认为自来水管靠近煤气管，水中会渗入毒质，"饮之有害，相戒不用"。更为发噱的是，电灯在大街上用作照明后，有人认为"电火"也是火，与炭火、木火无异，他们伸出长长的旱烟杆在电灯上点烟，结果可想而知。所以，能够坦然利用水电煤等公用事业的上海人，在当时都是有钱而胆大的，十有八九是为洋人打工的年轻人。有些头子活络的上海人，与外商接触后，竟包下某区域的自来水零售权，然后向市民推销，甚至送水上门，结果却是连吃闭门羹。

上海人自办水电业

但上海人的能耐很快就显示出来，他们仔细观察加上部分人的使用，对这些闻所未闻的洋玩意儿很快产生好感，于是便实行"拿来主义"。外国人在上海建立租界，开辟道路，建设水电煤等公用事业，租界显得景象灿烂，华界却是破破烂烂，上海人心有不甘。华商领袖李平书道出了上海人的心声，说："岂非所谓喧宾夺主耶？抑非所谓相形见丑耶？"

从清光绪二十三年（1897年）起，上海华界开始创办自己的照明系统和供水网络。这一年，上海南市马路工程善后局在十六铺创建南市电灯厂，起先遭到附近居民反对，理由是电厂建成后，热气太灼会烧焦四邻。后经李平书等人再三保证,答应如有损失负责赔偿,才得以开工。放电时,上海县令黄爱棠率官员亲临观看。起初电力甚微,送电只及于电灯厂附近几条马路。随着装灯人数的增加,电厂添购新机,供电能力扩大,南市的夜晚不再黑灯瞎火了。到1907年,该厂由李平书等人接归商办,改名内地电灯公司,1911年供电灯数已增至7 000余盏。同年,李平书又奉两江总督之命创办闸北水电公司,装有发电机组100千瓦,供白炽灯2 000盏照明。

几乎同时,曹骧和唐荣俊等人筹资创办的上海地区第一家华商自来水厂——上海内地自来水公司成立;公司所以称"内地",就是为了与租界区别和抗衡。厂址在南市高昌庙附近(今半淞园路),水源取自黄浦江。1902年公司向华界供水,除大型企业江南制造局外,供水管网延伸到大小东门外沿江繁华地带,改变了华界居民直接饮用河水或井水的历史。但是由于资金、设备、技术和管理等方面的

上海内地自来水公司的工人正在埋设钢管

问题，以及上海老城区人口、房屋密集等因素的制约，"安设水管无多，售水有限，获利甚微，不能应手"。由于供水时断时续，居民颇为不满，有些人又转向外商公司购水，内地自来水公司经营惨淡，负债累累，曾一度收归官办。1915年复归商办，由李平书等人经营后始有起色。1932年，该厂得到了上海市政府颁发的第一号荣誉奖状。

随着南市电灯公司、内地自来水公司、闸北水电公司及浦东水电厂的相继建成并供电供水，华界不仅开始摆脱租界当局在水电供应上的控制，限制了租界向外扩展的企图，而且为扩展上海城市的照明系统和供水网络作出了贡献。另一方面，上海的租界和华界都先后建立了各自的供电供水系统，初步具备新兴都市便捷、舒适的生活环境，"可算已经开始向近代化方面追求"，充分显示了上海是东西方文化交汇的一个中心，以及在近代化过程中吸收优秀外来文化的本土化努力。

可以说，西方殖民主义者虽然客观上把上海部分引上了城市公用事业的近代化道路，但无疑也是一种畸形的近代化，并且伴随着巨大的掠夺性。在包括上海在内的半封建、半殖民地的中国，只有实现民族的独立，除掉殖民主义的枷锁，才能真正促进上海城市公用事业的健康发展。

人力与畜力竞跑的年代
——行在老上海之一

邢建榕

衣食住行,"行"殿后,然亦不可或缺。学者云:"上海之繁荣,所以冠全国,其公用事业之发达,当不失为第一大因素。"此处公用事业,"行"乃重要因素。而上海之"行",全假交通工具之行也。

海纳百川

早期外滩的马路上,除了有轨电车,还有黄包车和独轮车

独轮车、轿子领跑的上海

在英国作家描写上海的一部历史小说中,英国人丹顿1903年来上海淘金时,一上岸就被一辆独轮车吸引住了。他从未见过这样的车子,连连发问:"它叫什么?他们用这个来载人?"来接他的人回答:"那叫独轮车。说来令人难以相信,我亲眼看到乘坐十二个人的大独轮车。"

上海开埠前后,盛行的交通工具就是独轮车和轿子。这两种交通工具也是中国传统式的,为我国所独有。

上海公共租界工部局关于人力车资的规定

独轮车,又称小车、手推车、江北车。原先普遍在苏北地区使用,用来载货,但重心较高,不易掌握。独轮车引入上海后,因适合于在南市的窄街陋巷中使用,也能在郊外的泥泞小道上穿行,因此成为华界地区中下层民众所钟爱的一种交通工具。尤其在老城厢内,在城墙拆除以前,连马车与人力车都很难施展开来,当局规定马车不准进城,唯独这种独轮车一轮着地,行走自如。推车者多为前来上海打工的苏北汉子,他们身强力壮,一车推上六七个人不成问题。

《上海县竹枝词》云:"江北东洋两种车,交驶马路展平沙。双轮座位招单客,客坐单轮却倍加。"说明独轮车可坐多人,双轮的黄包车却只能坐一人。

租界开辟后,在其边缘地段相继建成一些工厂,如缫丝厂,招收的女工很多。一些女工为了去较远的纺织厂上班,往往相约合坐独轮车前往,下班后再由独轮车接回,并且渐成风气。从当时的照片看,一辆车上约有八人,分坐两边。据1874年的统计,英法租界共

外国人也体验坐独轮车的新鲜

有独轮车3 000辆,而到了1928年,已经突破1万辆了,简直是近代上海一支不容忽视的"出租车队"。由于收费低廉,一般平民百姓均乐以独轮车代步或运物。

当时的官吏、商人与小康市民,大多出于面子上的考虑,决不肯坐独轮车。他们出出入入,均乘坐轿子,而且比阔斗富,把一顶轿子弄得花样百出。新娘出嫁,所坐花轿有红绿二色,绣有"凤穿牡丹""福禄鸳鸯"的轿帘;闺秀淑女乘坐的轿子,顶垂璎珞,旁嵌玻璃,谓之"撑阳轿";一般市民如郎中或私塾先生,只坐普通的蓝布小轿;而官场中人,轿子的等级式样却马虎不得,不能越雷池半步,上海道坐的是八抬八杠的金顶绿呢大轿,知县只能用四人抬的红漆朱顶蓝呢轿了。

据说,上海最后一个坐轿子的人是名中医张聋䏁。

南京国民政府成立以后,轿子被人视为封建落后的"老古董",

在上海已绝少见到，只有婚礼迎新时才使用花轿，自然还有丧轿。但有一人张聋聋却例外。张氏乃中医世家，医术高超，擅治伤寒。尽管上海滩洋大夫很多，许多病人仍愿意出重金请他诊治。他热衷国粹，每逢出诊，必乘坐一顶蓝布小轿，轿上粘一"张"字，晚上外出的话，轿前还挂起一盏灯笼，在快似疾风、嘟嘟鸣叫的汽车旁悠悠而行，时人莫不相识，不啻是绝佳的流动广告。张聋聋死后，他的家人还把他的轿子放在客厅里让人参观。

西洋马车和东洋黄包车

随着上海租界外国侨民的增多，式样新颖的西式马车应运而生，有双轮、四轮者，有一马、双马者，其构造随意，宜晴宜雨。车上的装饰极为考究，绿呢窗帘，白铜的痰盂，铮亮的镜子，插绢花的花瓶，冬天铺上狐皮褥垫，白铜手炉脚炉，一应俱全。主人威风，车夫自然也不寒碜，服装是特制的，夏天穿葛纱、戴凉帽，冬日着皮衣、加披肩。清末《点石斋画报》中就画有许多马车夫的形象。

每当夕阳西下，沿俗称大马路的南京路一直到静安寺一带，一辆辆马车出游兜风，招摇过市。当时静安寺还是树林茂密、行人稀少的郊外。娱乐场所集中的四马路（今福州路），自然也是马车集中的地方。有人就专门在四马路的沿街茶楼上泡上一壶清茶，临窗而坐，观赏过往马车以为消遣。其实马车没有什么好看的，好看的是马车上的俊男靓女，"飞车拥丽"成一景。稍后，上海一些有钱人不甘寂寞，也开始置备马车，其漂亮豪华，相较外国马车有过之而无不及。但租界当局有条规定：如西人马车在前，后面的华人马车不准超越，违者罚款；而华人马车在前，后面的西人马车却可以超越。

当时，官绅富商、王子公孙、闺阁千金、青楼女子都喜欢以马车代步。晚清小说中经常提及的一种"亨士美"马车，车身轻

坐得满满当当的独轮车

巧，驾者可以自己扣缰，装饰也最考究。一般百姓无力购置马车，可向马车行租用。跑马厅旁有一家龙飞马车行，有马车100多辆出租，可见当时马车的风头之劲。驾车出游，既显示身价，也是一种时尚，尤以三月赴龙华赏花最为流行。龙华在租界西南约十来里处，有龙华寺、龙华塔等名胜，附近农家多植桃花，风景绝佳。彼时，富家子弟衣着光鲜，驾着自家或租来的马车，边上坐着妖艳的女子，在春日的和风中款款而行，倘佯花丛，好不逍遥！后来电影明星周璇的一曲《龙华的桃花》唱遍上海，"龙华看桃花"成为年俗。

上海人称道路为马路，那"马"字的由来，就是因为当时马车显赫一时，通衢大道皆成马路，仿佛是为通行马车而铺设的。马车跑得最多的南京路，自然是大马路，朝南数过去，还有二马路、三马路，到了福州路就是四马路。

1874年，一个叫米拉的法国人，从日本引进了人力车，又称东洋车。米拉从租界当局取得营业执照，雇日人拉车营业。后因日人路面不熟，语言不通，拉车人才为华人顶替。不久有英商南华、吉成等五大人力车公司成立，为求醒目计，车身一律漆成黄色，故又名黄包车。开始的时候，黄包车车身高大，座位宽敞，轮为铁制，行驶时隆隆作响，震动很厉害。后有人加以改进，由双座改为单座，轮子改成类似现在的橡胶胎，行驶时悄然无声，拉跑速度也明显加快。不过车子质量好坏，最讲究的还是车厢下钢簧的弹性，弹性好坐上去震动就小。与独轮车相比，人力车速度快，既平稳又气派，与马车相比，价格又要便宜许多，因而一经引进，大有取而代之的趋势。

据统计，在20世纪初叶，公共租界平均每5人有一部人力车，法租界每两人就有一部人力车，可见当时乘坐人力车是多么普遍。当年的许多商界和文化界人士，都喜欢乘坐人力车，常常包租一辆供其使用，或为家人使用，俗称"包车"。到了20世纪二三十年代，它的数量远超过汽车，达到五六万辆之多，成为上海主要客运工具之一。

至于脚踏三轮车的流行，则是1937年抗战全面爆发以后的事情了。日寇占领上海后，垄断汽油的配给，致使大量汽车不能行驶，加上大批难民的流入，为糊口计，不得不以车夫为业，这才促使了三轮车的兴起。

这些非机动的交通工具，也须持有牌照，并向市政当局缴纳捐税，如1906年工部局收取的马车捐就达白银32 761两。人力车的牌照，由公共租界、法租界及华界分头发放，可在租界跑的称为"大照会"，只能在华界跑的称为"小照会"。客人上车前，往往会问："赤佬，有大照会哦？""大照会"自然可进租界营业，"小照会"却不得进租界，只好在华界拉客。

世界上最混杂的马路

20世纪20年代初，上海马路上各式交通工具混杂。据当时报纸报道，上海街头"每天要通过大量各式各样的车辆——汽车、卡车、电车、马车、自行车、人力车、独轮推车、手推车——以及成千上万的行人"。作家郑振铎初到上海时，对这样的街头奇景深有感触，说："时时的到街上去默察静望一下，见那榻车与电车并行，轿子与汽车擦'肩'而过，短服革履的剪发女子与拖了长辫子戴红结帽顶的老少拥拥挤挤地同在人群里蹳。"最新与最旧的，最快与最慢的，以及最自由散漫的行人，并驾齐驱，蔚为大观。当时曾有外国专家来上海考察交通，面对此景，连连感叹："这是世界上最混杂的马路，最难以治理的交通环境。"车辆种类的繁复，是造成上海交通壅塞的重要原因之一。

让人眼花缭乱也让专家头痛的马路景象，按当时人另一个最简单的讲法，实际上只有两句话，叫"虽时兴而不得行"与"虽落伍而仍在行"。在马路上大行其道的汽车、电车已经是"公众的乘物"，市民上下班和节假日出行都离不开它。但随着上海人口的增加，从前靠吆喝招徕乘客的时代早就不复存在，交通拥堵现象严重，因此独轮车、人力车、板车甚至轿子都堂而皇之地上了路，穿梭于丁丁当当的电车和嘀嘀叭叭的汽车之间，显得游刃有余。

"虽时兴而不得行"与"虽落伍而仍在行"，还有一个说法，前者讲的是周家的汽车，后者讲的是张聋聱的轿子。张聋聱的轿子前已简述，这里单说1号汽车的事。

据说，地产大王、犹太富翁哈同是上海最早购买汽车的人，其夫人喜驾车出游，车速极快，但车技不佳，常常撞到行人。当时车辆稀少，连巡捕都不知道如何处理交通事故，故只以赔款了事。哈

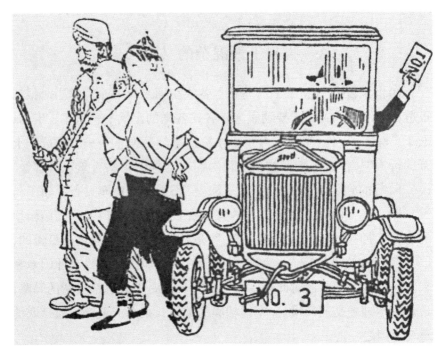

哈同汽车挂着3号牌照，心里想着1号牌照

同虽然是最早有汽车的人之一，但却不是拥有上海私人汽车1号牌照的，为此他一直耿耿于怀。

上海拥有1号汽车牌照的，是宁波商人周湘云，但这辆车究竟哪个牌子、什么模样，恐怕没有人说得出了。据周家后人回忆，这辆老爷车的原拥有者，是丹麦人，因要回国，便将此车连同牌照一起转让给了周家。周家将车稍加装饰，换掉车灯，又在车门把手处镶嵌了铜质的"周"字，遂焕然一新。这就是后来闹得沸沸扬扬的1号汽车。哈同为求好事成双，图吉利，愿以十万银元向周家购进1号汽车牌照，并威胁说，周家如果不允，就派人在街上砸烂它。哈同是租界里的风云人物，权势显赫，说得到也做得到。周湘云也并非等闲之辈，他是经营房地产的大亨，哪肯买账？但他又不敢让汽车上街，以免被工部局借口违反交通规则而吊销驾驶执照，只得把车停在自己的豪宅里（现上海青海路岳阳医院门诊部），徒成藏品而已。这就是"虽时兴而不得行"的出处。

有趣的是，当时上海马路上煤气灯、电灯和油灯也是交相辉映，后来居上的电灯正在拼命竞争老大的位置。可以说，新生事物得以脱颖而出，都有过一个逐渐演进甚至不断反复的过程，但先进替代落后终是必然之结果。从轿子、独轮车、马车到电车、汽车的发展史，也可窥见一斑。

名家笔下的人力车夫形象

上海近年兴起怀旧热，风花雪月故事多多，但写老上海马路交通和各式交通工具的倒还不多。其实，电车和人力车，司机、售票员和车夫，是许多名作家、名画家笔下常见的题材，他们把这两者看作是社会现象的两端——传统与现代。偏爱传统与偏爱现代的，落笔分寸自然不同。

人力车夫大都来自农村，有年老的车夫，也有十五六岁的小车夫。为了生计，他们整日奔波在上海的大街小巷，所得仅够勉强维持一家人的生活，还不时遭到警察、地痞流氓甚至乘客的打骂。据说一些坐人力车的乘客，根本不屑与车夫讲话。他们坐上车后，即用手中的"司的克"戳向车夫的后背，戳背中，即朝前，戳背右即向右转，戳背左即向左转。如果没有"司的克"，有的人干脆就用脚。一天工作下来，车夫回家后已经精疲力竭，吃点稀饭，倒下便睡，而恶劣的住房条件，使他们根本得不到很好的休息。第二天天蒙蒙亮的时候，他们又要拖着疲惫的身躯出车了。

许多作家和画家每日都是雇乘人力车出行的，他们对人力车夫的生活遭遇有切身的了解，故而在他们的笔下，把同情和歌颂毫不吝啬地给了人力车夫。鲁迅的《一件小事》、老舍的《骆驼祥子》都是描写人力车夫的名篇，为我们留下了人力车夫不朽的艺术形象。读着这些名篇，我们的耳边似乎还能听到人力车滚滚的车轮声。走笔至此，笔者情不自禁地想起鲁迅在《一件小事》中的话："我这时突然感到一种异样的感觉，觉得他满身灰尘的后影，刹时高大了，而且愈走愈大，须仰视才见。"

实际上，早在19世纪末出版的《点石斋画报》里，就有过多次关于人力车夫的报道，如《车夫仗义》《车夫还金》等，从题目就可知道人力车夫的善良纯朴和作者的同情之心。

而人力车夫因为生活艰难以及精神上的贫乏，也往往会显得麻木不仁，逆来顺受。巴金写过《193×年·双十节·上海》一文，描写外国水手在上海乘坐人力车时，"那深陷的眼睛里射出一股轻蔑的眼光，这眼光代替嘴说出了一个字：'狗'"。外国水手连连说"狗"，人力车夫们则争先恐后，围着团团转，在外国水手的脚的指挥下，拉上就走。虽然笔者很怀疑这里的"狗"或许是"go"，但人力车夫的麻木却是事实，巴老真是哀其不幸、怒其不争啊！

周乐山的《上海之春》中这样描写人力车夫与印度巡捕——红头阿三的关系："在十字路口，更可以看见巡捕的威严，巡捕的威严对象当然是黄包车夫；因为巡捕不对黄包车夫施一种威严，那他除指挥交通外，简直无威严可施。黄包车夫于是向巡捕老爷哀求，哭泣……"的确，上海马路上的红头阿三喜欢拿人力车夫"寻开心"，车夫的身上，不知挨了红头阿三多少拳脚棍棒。

不仅作家，许多画家也画过人力车夫的形象，歌颂、赞美有之，同情、怜悯有之，但决没有嘲讽的。张乐平的作品中，有一幅名为《回家》的漫画，说的是财主、汽车夫和人力车夫下班回家的情景，财主自然是坐小汽车，汽车夫也可坐人力车，只有辛辛苦苦拉了一天车的人力车夫是步行回家。细细品味，幽默而又辛酸。

在风驰电掣的电车、汽车的优势面前，人力车毕竟大大落后了，乘坐的人不断减少，以人力车为主的车夫生计愈来愈困难，有时一天也拉不上几车。20世纪30年代的漫画家余泳鹏画了一幅四格彩色漫画：电车、公共汽车尚未开进城市马路，人力车夫衣衫整洁，车辆簇新，还是一派怡然自得的样子；等到现代化的公交工具愈来愈发达的时候，人力车夫

张乐平漫画《回家》

已经演绎成了一个可怕的骷髅形象，那辆陪伴他的人力车也变成了一个锈迹斑斑的车架。这幅彩色漫画，为故事涂上了从朝阳满天到黑暗笼罩的渐变色。

小汽车驶进新时代
——行在老上海之二

邢建榕

两辆汽车引来的时髦生活

交通工具中的"骄子"——汽车,据说是寓沪西医为求出诊方便,在1901年时由外国侨民引进上海的。那一年,一位叫李恩时的匈牙利人带了两辆汽车登陆上海,从此上海乃至中国才有了汽车。当时有一个叫柏医生的外国人,就坐汽车出诊。这两辆进口汽车是

坐在车上的三位女子,来自盛宣怀家族

美国福特汽车公司的产品（也有说是德国奔驰的），其式样为前排驾驶员单座，后排双人客座，车前无挡风玻璃，今日看来是地地道道的古董老爷车。上海人对这个庞然大物深感惊奇，它不仅样式奇异，速度飞快，而且还不时传来刺耳的喇叭声，路人无不为之胆战心惊。早年出版的《图画日报》曾登过一幅《汽车呜呜飞行之快捷》的图画，生动地刻画了当时的马路奇景："沿途闻放气声，呜呜作响，即知此车将到，闻者罔不引避，稍延则或虑不及。"

1902年1月30日，持车人向公共租界工部局申请汽车牌照。工

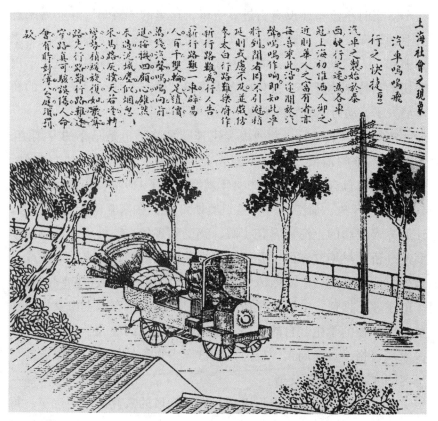

《图画日报》上的《汽车呜呜飞行之快捷》图

部局同日开会讨论后，形成《租界工部局关于汽车的第一次决议》，决定发给临时执照，不过因从未征过汽车税，无例可循，遂暂按马车规格征税，每月捐银2元。对车主也没有要求其遵守的规则，早期处理交通事故一般都以罚款了事。

现在人们称公共汽车为"巴士"，出租汽车为"泰克西"，这些是英语的音译。上海人称小汽车为轿车，偏偏不用音译，似乎是有来历的。晚清小说《海上花列传》中，就出现了东洋车（黄包车）、皮篷车、钢丝轿车、轿车、马车等等称谓。何谓"钢丝轿车"？及至读到"将近泥城桥堍，那轿车加紧一鞭，争先过桥"，方明白还是马车。当时小汽车还没有引进，所以，这里的"轿车"并非后来意义上的轿车，而是比较考究、其形似轿的一种马车。等到小汽车来到上海，人们见所未见，闻所未闻，在万分惊讶的同时，也想不出确切的名称来称呼它，暂且称之为高级"轿车"吧。后来马拉的轿车消失了，动力驱动的轿车却一直沿称下来了。

汽车落户上海后，发展极为迅速。马路不再是马车的专用道，为适应汽车的需要，马路不断拓宽、延伸，好让汽车从容驰骋。1903年上海只有5辆汽车，1908年就增加到了119辆，1912年猛增到1 400辆。奔驰、福特、雪佛兰、奥斯汀等，往来驰骋于上海街头，让原先慢腾腾的上海人看花了眼，感受到现代文明的逼人气息。经商的外侨是早期汽车的主要拥有者，他们陆续携汽车来上海，或从国外订购汽车进口。受西风熏陶、好扎台型的上海人也陆续成为汽车的主顾，据说，电影明星杨耐梅是最早驾驶汽车的上海女性。那些贵族学校的学生，自然也是不甘人后，像圣约翰大学的学生，大多家境富裕，每逢周末，校门口的汽车多得无处停放，竟然需要请一名印度巡捕来指挥交通。

有了汽车，就可以走得更远。喜欢兜风的人弃马车用汽车，每逢假日便开着车到幽静的充满野趣的静安寺附近，享受自然风光。

沿南京路一直往西就是静安寺，古刹深深，寺前一眼清泉，周围树木扶疏，景色怡人，实为放松身心的好去处。

到了二三十年代，汽车已经数量庞大，不过有资格坐汽车的，仍是外国人和在洋行工作的高级白领。洋房、汽车和电话，是当时所谓高雅洋派的生活方式。报刊上的汽车广告，包括反映上海都市风情的小说、电影甚至漫画，也无一例外地将汽车当作最时髦的描写对象，推波助澜，渲染其不凡的身价。

竞争激烈的出租车行业

汽车进入上海后，精明的外商嗅出了其中的商机，于是出租汽车成为一个新的行业。

1908年9月18日，美商环球供应公司百货商场购置了5辆卡迪拉克汽车，为顾客提供汽车出租业务。这是上海有出租汽车之始。但第一家在上海开办出租汽车公司的是美汽车公司，时间是1911年8月7日。美汽车公司的车行，设在南京路381号和382号，总管理处在四川路103号。英文《字林西报》1911年8月7日刊登了该公司"出租汽车第一号价目表"：

如欲出访、购物、听音乐、赴集会、跳舞娱乐场所去，以出租汽车代步，均感莫大舒适，其车价为：

第一英里或少许一段——$0.60

此后每1/4英里——$0.15

均以此推算。

特约用车，按时计算。

车站（服务台）：汇中饭店、礼查饭店、海关码头、上海俱乐部，跑马厅龙飞入口处。

或电话叫车,电话号码3290

美汽车公司(东方汽车公司)启

美汽车公司引进上海的是法国雷诺牌汽车。这些车辆款式时髦,可坐乘客四人,又能运载行李,有自动计费装置,与当时在巴黎、伦敦的出租汽车车型一样,但经过了不同程度的改进,以适应上海地区的需求。当时报纸对这家公司的开张有详细报道,并对车辆的情况也有具体介绍,尤其提到坐车者多是居住在"西区的大企业高级职员们"。

此后,不断有人筹划开设出租汽车公司。美商平治门洋行、美汽车公司、亨茂洋行和中央汽车公司,均获得工部局批准经营出租汽车业务,出租汽车行业遂开始形成。后来居上的有美商云飞汽车公司,1921年该公司以14辆二手福特车开始营业,数年后竟发展到拥有200多辆崭新的出租车,雇工600多人,称雄一时。以后华人自办的出租汽车行陆续出现,著名者如祥生汽车公司,形成与外商公司竞争的局面。

早期出租汽车收费十分昂贵,可按时计算,也可按里程或包日收费。如按时计算,每小时要4至5元,车费之外,乘客还要给司机约10%的小费,几乎相当于小

坐在小汽车里的美丽牌香烟广告女郎

车夫一个月的工资。尽管有的汽车公司压价,但这样的价格,一般市民根本承受不起,只能望车兴叹,能够潇洒坐一回的大多为洋商和纨绔子弟。

30年代是上海出租汽车的黄金时代。上海有近百家出租汽车公司,著名的有十大车行:一是前面已说到的美商云飞汽车公司。该公司曾是出租业中的老大,总经理是美国人,名叫高尔特。二是英商探勒(又译泰来)汽车公司。老板探勒系英国人,拥有车辆64部。探勒公司是上海出租汽车中的老字号,马车尚在风行之时,它竟将出租汽车停在出租马行与之竞争。三是利利汽车公司。当年《新闻报》上登过利利公司的广告:"出租汽车,迅速服务,车辆华贵,驾驶敏捷,乘之异常舒适。"四是华北汽车行,总行地址在南浔路7号。它以"取费比众低廉"为号召拉拢客人。五是祥生出租汽车公司。该行在华商汽车行中规模最大,名气最响,总经理周祥生,后为周三元。六是中国公用黄汽车公司。该行的汽车一律漆成黄色,广告简明易记,叫"请坐华商黄汽车"。七是华商银色汽车公司。银色汽车将车身全部漆成银色,中间嵌漆一条红带。八是亿太汽车公司。它有大小两种规格的汽车,大的可坐7人,小的也可坐5人。九是新闸汽车行。创设于1923年,地址在麦特赫司脱路(今泰兴路)391号。十是华商南方汽车公司。全市有八处分

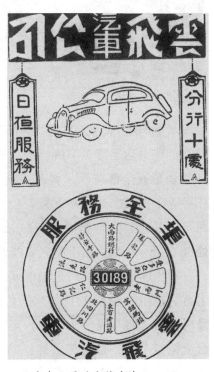

云飞汽车公司的宣传广告

银色汽车公司的宣传广告

站,叫车电话80008。

其中祥生、云飞和银色汽车公司三家出租汽车行,在上海可谓家喻户晓。祥生公司老板周祥生早年在一外国人开的饭店做事,常常代客雇车,与司机和车行关系很熟,后来干脆自己经营出租车行,从一辆旧车开始滚雪球般发迹。1931年,周祥生根据一个朋友的指点,看准美汇将上扬,于是当机立断,筹集资金,先付订金二成,向正在上海推销汽车的美国通用汽车公司订购雪佛兰汽车400辆,每批100辆,分四批陆续到货。果然,等这批崭新的雪佛兰车到达上海,车价已经上升一倍。周祥生除自留200多辆外,将其余车辆全部脱手,就此一笔生意,祥生汽车公司的全部车辆,几乎等于白赚。1932年元旦,公司正式成立,数年后其规模超过美商云飞公司,共有车辆270辆,分行22处遍布全市,另设特约代叫处50余处,稳稳占据上海老大位置。

祥生的汽车是清一色最时新的雪佛兰,车身为墨绿色,在车头上有"祥生"和英文字母"J"的醒目标记,并漆有40000叫车电话号码。云飞将车身漆为褐色,车顶上漆有"云飞"两个大字,在阳台上俯身下望,也赫然可见。广告语"云飞汽车,腾云驾雾","云飞车夫,训练有素,驾驶稳妥",也颇引人注目。银色汽车服务周到，司机穿统一制服，车辆保养得好，并最早使用代价券。

电话叫车渐成时尚

　　1933年，上海有出租车行95家，汽车约八九百辆，达到近代上海出租汽车经营的巅峰。一张30年代初的美商云飞汽车公司的地图广告，上面标明云飞公司在上海就有八个候乘站，大多在市中心的租界里面，南市县城只有新北门一站。这也说明，当时出租车是不能随便停靠马路边上揽客的，违者罚款。市政当局为各汽车公司设置了专门的停车点，大多在市中心的大饭店、游乐场所门口。一般市民雇车的主要方法，是通过电话预约叫车。

　　起初，出租车辆少，能够在家里装上电话的人也屈指可数，因此真正电话叫车的人不多。但电话以它的方便很快融入了上海人的生活。到30年代，《申报》上和电话有关的报道频频出现，上海人无论出门看戏还是买东西都可以电话咨询，有的还能电话购物，送货上门。关键是有电话的人家多了，出租汽车公司多了，可以停靠的地方也多了，坐汽车的人才多起来了。

　　电话叫车，图的是方便快捷，云飞的电话号码30189，谐音"岁临一杯酒"，它的宣传手册上写着："请君只须电铃一响，云飞轿车马上开到。"黄汽车公司则保证："一按电话，三分钟内即可将车驶到。"电话号码的通顺易记，琅琅上口，也是各公司的看家宝，如银色公司的30030，就很出名。最为上海人熟知的当属祥生公司的叫车电话号码：40000。这是公司总经理周祥生通过一个与租界工部局熟识的朋友，不惜工本弄来的。他说："我们中国四万万同胞，4亿人，上海没有4亿号电话号码，只有4万号，因此我们的广告语就是：四万万同胞，拨4万号电话，坐四万号车子。"为了这个电话号码，每年圣诞节前，他必定携带礼品去电话公司打点一番。

王开照相馆广告：小汽车是时尚婚礼必不可少的物品

当时习惯电话机装在墙上，铃声一响，拎起听筒对话。倘若来电不是找自己，要叫人来接听，这时听筒无处搁放，常常悬空吊着，很不方便。周祥生就叫人设计制作了一种小巧别致的金属搁架，上面印有祥生公司的红色J标记和40000电话号码，免费装在饭店、舞厅、电影院等热闹场所。乘客打电话的时候，都能看见祥生公司的电话号码，如果要车，自然叫祥生啦。顺便说一句，祥生公司就是今天"强生"出租汽车公司的前身。

据祥生公司老职工回忆，有一次，上海各家出租汽车公司的老板在金门饭店聚会，不知是谁忽发奇想，或许也是不服帖周祥生，想当众试验一下，此人提议在座各人打电话叫车，看哪家公司的车

漆着40000电话号码的祥生出租汽车

子先到。结果周祥生的电话放下两三分钟后,祥生汽车就最先到达饭店门口,稍后其他车辆才赶来,众人无不心服口服。要做到这点,自然与祥生的车辆多、调度好、驾驶员素质高有关,但其站点布设多而合理、管理有方,应该是关键原因。

在中上层市民生活中,坐出租车逐步流行,婚礼喜庆、迎来送往、出门公干,甚至看电影、下馆子,都是用车的辰光。比如结婚庆典,喜欢洋派的上海人,在二三十年代后,新郎穿长长的燕尾服,新娘披洁白的婚纱,这样的装扮,根本不会去坐轿子,当然就会去喊一辆出租汽车。电话叫车不仅方便,更是时尚。有钱有闲的太太、小姐打完麻将之后,接下来的节目,自然是叫车去南京路的四大公司购物,于是出租车公司的广告就画出来了:一吟吟浅笑的俏丽女子拿着电话听筒,一副轻轻松松的模样,而一辆漂亮的出租车已经开进了花园。这样的惬意生活,多么撩人情思。周末,一些爱慕虚荣的女学生去看电影,如果没有汽车来接,即使自家有人力车也不坐,非得打电话到汽车出租行订一辆汽车。

电车开辟大众化之路
——行在老上海之三

邢建榕

第一条电车线路始于静安寺

19世纪80年代后,世界上最早的有轨电车开始在英国、意大利营运。消息传到上海,一些居住在上海的外侨,也开始酝酿在租界

1908年,英商电车公司在卡德路至静安寺路间试车

修筑车轨,开通电车。经过许多年的招标建设,1908年3月5日,由上海英商电车公司经营的第一条有轨电车线路正式通车,意味着上海现代公共交通事业的起步。

从此,密布的架空电线,地上锃亮的车轨,丁当丁当的电车铃声,成为上海都市繁华的象征,也是喜欢听市声的市民们每天晚上枕着入睡的伴奏曲。就像女作家张爱玲说的:"比我较有诗意的人在枕上听松涛,听海啸,我是非得听见电车声才睡得着觉的。"

上海第一条有轨电车的起始点是静安寺,沿愚园路、赫德路(今常德路)、爱文义路(今北京西路)、卡德路(今石门二路)、静安寺路(今南京西路)向东行驶,穿过南京路(今南京东路),并沿着外滩,抵达广东路外滩,全程6.04公里。终点站设在英国总会门口。现在静安寺附近仍保留着一截电车的头等车厢,兼带着经营珍珠奶茶。绿色的车身已经有些斑驳,车头上"静安寺路2二"的字样,让

1908年从英国引进的勃吕斯有轨电车,四周敞开,只设头等车厢

人联想起很多依稀的往事。据说它现在所停的位置,正是当年开出第一辆有轨电车的地方。

不甘落后的法租界也于1908年初夏开通电车,第一条线路是从常熟路到十六铺。

作为一种全新的交通工具,电车的问世,即使在上海这样一个开放的城市也引起了前所未有的轰动。有轨电车还在试车阶段,1908年2月的《中法新汇报》就报道说:"这种电车既看不见蒸汽,又看不见机器,但却能自动。"3月2日,《字林西报》也报道说:"路上立着许多人,张大眼睛和嘴巴惊奇地看着电车。有时发现轨道里有几块小石头,这可能是中国顽童的恶作剧。"当年意大利著名摄影师阿·劳罗来到中国,恰逢上海开通电车,他在上海街头拍了10多分钟的《上海第一辆电车行驶》,并在今海宁路四川北路口的维多利亚影戏院放映,让上海人在家门口看见了活生生的西洋镜。

上海电车运营之初,确曾闹出不少笑话。当时不少人相信,"电车电车,车上带电,乘者触电"。为了解除市民的疑虑,不让刚刚起步的电车夭折,英商上海电车公司几次试车时,都大张旗鼓进行宣传。在盛大的通车典礼上,特地邀请社会名流虞洽卿、朱葆三等以及电车公司中外董事共二三十人,乘坐第一班电车,从静安寺出发到外滩。电车上漆有"大众可坐、稳快价廉"字样,以资号召。电车行驶时,窗户大开,沿途的人都能看见他们在车厢内谈笑风生,还不时倚窗扶栏,向车窗外招手致意呢!为吸引市民乘坐电车,电车公司还专门雇佣人员,每日发给工资,让他们乘车示范,并向愿意尝试的市民发放礼品,以示奖励。尽管如此,在电车开通初期,敢于乘车的人并不多,电车公司的营业十分清淡,妇女出三等车资可坐头等座位。不用说,电车公司的营销手段还是不错的。

经过短暂的怀疑、观望后,有轨电车因其快速、准时、舒适等优点,以及比马车和人力车更低廉的费用,很快赢得市民的青睐,

工人在铺设电车轨道

成为他们日常出行的主要交通工具,被誉为"公众的乘物"。住在都市里的人,对电车不再害怕后,从此就离不开丁丁当当的电车,赞叹其为"公交之利器,一日不可无此君矣"。

从1908年3月5日通车至1911年,短短三年时间里,上海公共租界的电车发展迅速,共计开通8条有轨电车线路——1路:静安寺至广东路外滩;2路:卡德路至虹口公园;3路:杨树浦路底至广东路外滩;4路:兰州路至上海总会;5路:北火车站至广东路;6路:卡德路至茂海路;7路:静安寺路至北火车站;8路:北火车站至东新桥。线路总长41.1公里,共有机车65辆,均为英国勃吕斯电气制造公司生产的勃吕斯四轮短车身有轨电车。

早期电车车厢分为二等

在上海城市近代化的过程中,电车只能算是后起之秀。在它诞生前,自来水早已哗哗流向千家万户,电灯照耀着马路街巷和商家住户，上海人煮饭烧水也用上了煤气，外地人来到上海，已经显得有点手足无措了。当然，这一切都不是老城厢里的人所关心的，也与棚户区的苦力无关，那都是发生在租界里的事。

美国城市史学家桑姆·沃纳曾说："19世纪中期之前的世界城市都是步行者的城市"，有轨电车的出现开始终结这种"步行者时代"。而在上海，这种"终结"不仅伴随着城市近代化，也记录了这座城市的屈辱以及上海人在屈辱中的奋起。无论是早先的水电煤等公用事业，还是后来的电车，情形大抵都差不多。

早期来上海的洋人自视高人一等，无论是居住还是乘车，都不愿与华人相处。外侨在租界内置地造房，华人则居住在老城，后来上海小刀会起义，才开始有"华洋杂处"的现象。尽管如此，逛公园，上饭店，甚至坐电梯，洋人都不允许华人共享，外滩公园就公然挂上了歧视性的"华人与狗不得入内"的牌子。

电车开通之初，外国人坐车也不愿与华人同坐一个车厢。早期的电车公司都是外国人开办的，自然听命外国乘客的要求，将车厢分为头等、二等，票价也分为两等，头等供外国人乘坐，二等留给华人。头等12席，座位是绷得紧紧的白藤沙发，二等20席，则是长条的橡木硬座，都靠车窗下摆放，乘客相对而坐。车身两端为驾驶台，头等、二等乘客可从前后分门上下，互不干扰。

也有老上海人回忆说，当时上海的电车只有头等、三等之分，并无二等。我估计是不同时期有不同的叫法。但不管是头等、二等，还是头等、三等，显然是对华人的歧视。从电车开通之日起，上海市民就对这种歧视性的车厢等级表示抗议。1908年3月的《申报》曾刊登了几封读者来信，要求与洋人一样享有乘坐头等车厢的权利。电车公司不得不表示"于理甚合"。此后，租界当局不再硬性规定乘车分等级，虽然电车等级还在，却成了调剂票价的一种手段了。乘客可视自身经济情况购买不同等级的车票，只要愿意出钱买票，就可以坐头等车厢，上下班的时间，连头等车厢都十分拥挤。

不过，坐头等车厢，图的就是环境相对舒适。因此，尽管有钱买票，但穿着邋遢者仍不被允许上车，穿背心、拖鞋和雨衣的全部都到后面去，否则那班西装革履的乘客会打电话投诉，说你这辆车不干净，这样司机和售票员的奖金就会被敲掉。

头等和三等车厢的票价自然不同，相差几倍。票价按段计算，2.01公里为一段。当时每条线路多分为3段，特别长的线路则分4段。每段头等票价5分，二等票价2分。按当时物价，2分可买猪肉1两或土豆1斤。以后又增加票级，头等改为3、6、9、12分等4个票级，二等为2、3、4、5、6、8分等6个票级。

陆伯鸿创办南市电车公司

从19世纪末开始，上海华界开始筹办电车。他们借鉴租界的经验和管理模式，首先加快了道路建设。1895年南市当局成立马路工程局，1897年在南市沿黄浦滩一带筑成外马路，此为华界第一条新式马路。辛亥革命后，环绕县城的城墙被拆除，建成了环城马路（即今日人民路、中华路环路）。城墙没了，城内城外、华界租界基本连成一体，马路经过修筑，开始有条件运营电车了。

时任上海市政厅民政总长的李平书态度最为积极，他主张南市的电车一定要由国人承办。英法租界计划要将电车线路延伸到华界，均遭他的拒绝。1912年4月，李平书推荐陆伯鸿出面，经办南市的电车开行事宜。这时距租界电车开通已经有四年时间，市民的态度也从惧怕转变为接纳，听说是办电灯的陆伯鸿来办电车，均表支持。

陆伯鸿系上海著名实业家，原任南市内地电灯公司经理。他精明能干，早就想筹办电车，于是在李平书的支持下，经多次考察、反复论证，向社会各界集资20万元，设立南市电车厂。据《上海铁

华商电车公司创办人陆伯鸿

事大观》记载:"上海南市电车创于一九一二年四月,主之者为陆伯鸿,奔走运动,竭力提倡,得官厅之许可、资本家之协助,于是集二十万金而成此伟大之计划,亦即华人破天荒之自办电车也。"近代上海的公用事业如水、电、煤和交通等一直操纵在外国人手里,陆伯鸿是上海人中最先经营此类事业的。他成立华商电气公司,统辖南市的电灯与电车公司,魄力非凡,经营也极为成功。

南市电车,是世界各国电车厂商的"杂烩":钢轨向德国掰霍纳木厂购买,车辆向英国泼兰斯公司购买,电线电机及所有零部件向德国西门子公司购买。部分安装任务交给了上海求新机器厂,电力则由陆伯鸿自己的内地电灯公司供应。

本来南市电车的开通还会更早些,因为运输德国钢轨的轮船在地中海失火,不得不中途返回,经此一番意外,等钢轨运到上海,已经是第二年的3月了。1913年7月电车试车时,又发生了讨伐袁世凯的战争,受其影响,不得不暂停下来。

1913年8月11日,华商第一条有轨电车线路——1路正式通车。最初的线路是从十六铺到沪杭火车站,行驶里程仅为2英里半,电车时速每小时12英里,全程约20分钟到达,车厢也分头等、二等两种。以后又陆续建立了四条电车线路:高昌庙至小东门、西门至沪杭车站、西门绕小南门至小东门,以上三条均在华界。还有一条从小东门至西门,属与法租界交界地区,法商也有电车在此运营。

行驶在小东门街头的无轨电车

法商电车公司代币券

南市电车车头的上端，均安装了绿、白、红三色的三盏电灯，据说是陆伯鸿名字的谐音。南市居民对此引以为自豪，乘客日益增多。

"上海唯一之新发明"的无轨电车

有轨电车车辆多，线路长，乘坐方便快捷，因而一直是上海市民出行的首选。但有轨电车再发达，总有架空线伸不到、钢轨铺不到的地方。且不说老城厢，围绕英法租界的周围，聚居着大量上海本地人和外来人口，形成各式各样的"下只角"，路况极差，居民生活贫困，外国人的电车要开进去，成本实在太大。即使在中心城区，许多马路短而狭窄，电车调头不便。在这种情况下，无轨电车和公共汽车相继出现在上海，像蜘蛛网似的伸张开去。

1914年11月15日，当时报刊称之为"上海唯一之新发明"的无轨电车，首先在福建路开驶。线路全长仅1.1公里，南起郑家木桥（今福建中路、延安东路），北至老闸桥南堍（今福建中路、北京东

1914年首批引进的硬轮无轨电车

路），设站点两处，票价每站头等2分、二等1分。当时洋泾浜（今延安东路）河道尚未填没，电车在郑家木桥无法调头。电车公司征得租界同意，特在路中设圆形转台一座，电车到终点站时先驶上转台，然后用人力推动转台使电车调向。这个方法虽然原始，但简单实用，解决了问题。

说起来，上海第一条水泥路还与无轨电车有关。福建路旧称"石路"，是一条用石板铺就的马路，路基松软，经不起数吨重的车辆碾压。无轨电车行驶在这条石板大路上，几天下来，路面就开始塌陷，连不少地下自来水管都被压坏。英商自来水公司因此向电车公司交涉，并报告租界工部局。工部局认为，"看来应要求电车公司停驶这种车辆为宜"。这官司一直打到了伦敦法院。于是，第一条无轨电车线路在开通12天后暂停行驶，由电车公司在福建路修建水泥路面，以确保水管不再损坏。就这样，在上海诞生的第一条水泥马路上，无轨电车再次恢复了行驶。

1920年，上海有了第二条无轨电车线路即16路，它从泥城桥至天后宫桥，长1公里。到1938年，上海已有无轨电车线路9条，车辆120辆，线长33.8公里。大概无轨电车比有轨电车更现代、更自由吧，刚从日本留学回来的刘呐鸥和施蛰存、戴望舒在上海合办了一份堪称先锋的文学杂志，起名《无轨电车》，居然风行一时。

女作家笔下的电车风情

电车是一些作家的偏爱，又是另一些作家嘲讽的对象，视之为旧上海特有的城市病的表现。他们讽刺售票员揩油，记述驾驶员辱骂乘客或路人，嘲讽他们自以为高人一等。赞颂人力车夫的，常常即是较具现代化形象的司售人员的讽刺者。郁达夫《春风沉醉的晚上》，就写到"我"在上海大马路上散步时，被肥胖的司机怒骂的情景，事后一直愤愤不平。鲁迅先生大概也有过亲身的经历，说："如果一身旧衣服，公共电车的车掌会不照你的话停车。"

　　电车是大都市的道具。都市的浪漫，生活的现实，都会聚在这座流动的车厢里。张爱玲说，女人喜欢在电车里拉家常，不管是怨男人恨男人，还是爱男人，她们谈的话题总是男人，离不开男人。在她以写上海风情出名的小说中，有好几篇是以电车为场景展开的，如《有女同车》《封锁》等。电车为故事的发生提供了特有的空间条件，一下子就把读者拉进了上海这样的城市氛围里去。电车是上海人的舞台，各不相干的人匆匆登场，又匆匆下场，只是戏份展不开，观众不过瘾，只留下淡而纷繁的印象。三四十年代的老电影《十字街头》中，电车作为重要场景反复出现，白杨和赵丹饰演的两个年轻上班族，在电车上相遇而相知，这或许是那时的年轻人最浪漫的邂逅吧。

　　张爱玲居住在静安寺附近的常德公寓，边上有一家电车场。半夜里，她写作晚了，就踱到阳台上，居高临下看"电车回家"，等到它们全部进场了，她才睡得安稳。她写电车，带有深深的感情，即是从单纯文字的角度来说，恐怕也没有人写得比她更多更好的了——

　　我们的公寓邻近电车厂，可是我始终没弄清楚电车是几点钟回家。"电车回家"这句子仿佛不很合适——大家公认电车为没有灵魂的机械，而"回家"两个字有着无数的情感洋溢的联系。但是你没看见过电车进厂的特殊情形罢？一辆衔接一辆，像排了队的小孩，嘈杂，叫嚣，愉快地打着哑嗓子的铃："克林，克赖，克赖，克赖！"吵闹之中又带着一点由疲乏而生的驯服，是快上床的孩子，等着母亲来刷洗他们。车里灯点得雪亮。专做下班的售票员的生意的小贩们曼声兜售着面包。有时候，电车全进了厂了，单剩下一辆，神秘地，像被遗弃了似的，停在街心。从上面望下去，只见它在半夜的月光中袒露着白肚皮。

二三十年代后，以电车为主的上海公共交通进入鼎盛时期，巨大的人流充塞着每一节车厢，上班的职员、游玩的行人、跑单帮的生意人，全赖电车把他们送到城市的各个角落，尤其在上下班时，人满为患。女作家苏青写挤车的经历，生动逼真：

先是车子不来，好久之后总算来了，却又不是你盼望的车，当然还得等。于是第二辆不是，第三辆又不是，第四辆……第四辆总算是了，然而人挤得很，头等里铁门不开，立了半晌，情知恳求无用，还是省些铜钱到三等去试试吧。可是，真了不得，三等车门虽开着，却是轧得要命。你扳牢了铁柱，一时还是跨不上去。好容易看看机会来了，卖票的人却又不容情，嚷着要关铁门，不是你放手得快，准被轧伤手指。

这种对电车的感情，是完全城市化的人才会有的。张爱玲、苏青是完全接受了现代城市文明的一员。

新中国成立后，随着公交事业的发展，有轨电车设施老旧、钢轨对路面影响较大等弊端渐渐显现。1960年起，上海淮海中路、新闸路等部分电车轨道相继被拆除。1963年8月14日，南京路的电车轨道于一夜间被拆除，有轨电车从此在最早出现电车的南京路上销声匿迹。到1975年12月1日，上海拆除最后一条有轨电车线3路（虹口公园—五角场），改行93路公共汽车。在上海街头流动了近70年的丁当声，终于成了老人们记忆深处的一道风景。如今，行驶在静安寺和虹口公园之间的21路无轨电车，又面临着待拆的境遇，这让无数老乘客唏嘘不已。看来，消灭上海尚剩的无轨电车也只是时间早晚的问题。

红绿灯下众生相
——行在老上海之四

邢建榕

电车公司的奖惩制度

为吸引市民坐车,保证乘客安全,各家电车公司都出台了不少规章制度,明确规定员工的操作规范与要求,以此促进服务质量的提高。

交警手动控制的红绿灯

英商电车公司有《全体司机、售票及其他员工守则》,员工人手一册,上班随身携带。该守则规定员工必须上班准时,制服整洁,礼貌待客,在行车中售清客票、及时预报站名、不准闲谈、严禁抽烟,爱护公物,不许赌博等等。为便于操作,有些工作要求订得十分具体细致。如对于无轨电车司机的要求:"在接近路边、弄堂口、仓库门口,当心有些东西突然冒出";"不得与其他车辆赛跑,宁愿降速让它们过去"。在售票员的工作规程中要求:"对乘客要经常保持礼貌,售票时应'请'当先,收钱时应说'谢谢'";"车满载时,应给乘客让座。"

英商电车公司还制订了奖惩制度,规定正常出勤、无迟到早退、制服整洁、无票务过失、服务正常、无病事假的司机和售票员方可得奖。

法商电车电灯公司制定了《法商电车电灯公司章程》《司机工作守则》《售票员工作守则》等,其中规定:"在任何情况下,检查员、售票员和驾驶员都应当以礼待人,不得发生争吵。除非为了执行公司的规定,对一些无理的要求,不能让步,但也要防止大声喧哗,即使受到挑衅,也禁止辱骂或动手打人。"

法电公司对员工的工作职责、操作规范和注意事项,也作了具体规定,一旦有乘客投诉,轻则暂停工作,重则开除。另设专门人员进行检查、监督,如站务员的职责之一是"检查驾驶员与售票员是否整洁,纽扣与铜牌是否擦亮",稽查员也要"随时查视驾驶

司机在领取驾驶执照前必须参加考试

员与售票员是否制服整洁"。所以当时的法电公司员工给人以仪态大方、制服鲜亮的感觉，加上收入可观，在一般人心目中，就是一只响当当的金饭碗。据当年电车公司的老人回忆，司机在当时被称为"老爷"，售票员也被人叫作"先生"，可见他们在社会上地位不低。

各家电车公司为提高服务质量，还经常在公司内部开展活动，如举办"我怎样做行车员司"征文比赛。读着那些驾驶员、售票员和检票员写的带着真情实感的征文，不难想象他们在种种辛苦之外，还有着这份职业的自足、快乐甚至一点自豪。有一位售票员，在一次征文中写了一首诗，最后几句是这样的：

>我们的工作，
>精细、敏捷。
>我们的情绪，
>紧张、热烈。
>我们的信念，
>交通第一，
>服务第一。

电车售票员的本事

上海竹枝词有云："做个电车司机人，营业之中最算新。"英法电车公司的员工收入丰厚，华商公司的待遇也不在其下。不过真要端牢这只金饭碗，也不是容易的事。一是规章制度严格，二是工作条件艰苦，由于车门敞开，在严寒的冬天开车，一天站下来，司售人员的脸和手都会冻得红肿。况且还要懂得几句洋泾浜英语，可以应付那些自以为高人一等的外国人。售票员必须眼观四面，耳听八方，对乘客一一招呼到位，一个都不能少，否则不但自己少拿奖金，遇到公司派来查票的稽查员发现售票员不负责，乘客趁机不买票，弄不好就要被炒鱿鱼。

售票员的本事到底有多大？举个例子：法商2路电车，从徐家汇开出到十六铺，中间有几条大大小小的马路，有哪条弄堂可以穿到哪里，哪爿店隔壁的一家诊所可以半夜服务，老虎灶边上的那家羊肉店最早4点半就开始供应头汤面——虽然这不关他的事，但只要有乘客问，他大概没有答不出的。更奇的是，乘客一路陆续上下，人多拥挤，他看在眼里记在心里，一边卖票，一边提醒几个要到站的，又对坐在最后面位置上的那位说："侬买2分车票的，最多坐到八仙桥哦。"同时拦住要下车的那位："票？"随手撕下一张最高票额的塞给他，逃票的也只好老老实实掏钱认罚。忽然，他从人缝里看见一张熟悉的脸孔："大家当心袋袋啊！"这是在提醒乘客防备车上的小偷。

当然也有素质低下的售票员，故意"揩油"。著名作家林微音写过散文《电车票》，描述了售票员的这种"揩油"行径：

"卖票的人有时候收了你的钱非但会把同票面不符的票子给你，甚至还有什么票子都不给你的事情的。你便担心着，怕有查票的会来，以致使你不能不同那卖票的分负着你'不'买票的责任。"

或许这是个别的现象，因公司管理严格，他们的饭碗来之不易，一般都会珍惜。早年出版的《上海一日》一书中，记载了抗战时期一名电车售票员不畏权势、依规办事、大灭汉奸威风的故事。一个伪上海大道市政府的人挤上车后，傲慢地坐在头等车厢里，拒不买票，还摆架子："大道市府！"售票员冷笑道："就是那个傀儡组织吗？不行，还得买票。"经过一番激烈的交锋，最后这个汉奸在众人鄙夷的目光下，只得乖乖地掏钱买了票。这样的司售人员是值得尊敬的。

文明乘车重在公德心

近代上海公交事业发达，为出行的人们带来诸多便利，但乘客素质之高低优劣，相差很大，不文明行为时有所闻。报纸上时常举行大讨论，或刊登上海市民的来信，倡导转变风气。

1923年7月21日，一位市民专门投书《申报》，批评电车中一些乘客的不良行为：

（1）吐痰。电车已有禁止之明文，吾观租界电车，此禁尚可遵守。华界则较为随便，就中尤以三等车独甚。一日，吾自徐家汇坐二路车至十六铺，见有瞰卖票人之去而吐痰者，亦太不思之甚矣，余会而斥之。

（2）吸烟。吸烟亦车中禁止之一事，顾犯戒者已视为具文。吞云吐雾，以为乐甚，孰知人之嗅其味而中恶欲者，比比皆是，每至落雨之际，车窗尽闭，而吸烟者独自逞豪兴，烟雾缭绕，实属可恨之至，甚愿卖票人与稽查人与以相当之取缔，勿稍存体面，庶几此风可革。

（3）让座。让座，文明人之举动也，老弱妇女登车，壮而强者宜起立让座，已成一种习惯，惟吾每见年轻妇女登车，则众之让也甚众，而头童齿豁者之辈，反不能得同一之待遇，吾窃以为不可，甚愿让座者存公德心，而不具有作用心乃佳。

提倡文明乘车，因宣传得当，措施有力，颇见效果。后来吸烟、吐痰的行为基本禁绝，让座之举也不足为奇，如果有谁公然在车上吸烟、吐痰，必会招来群起指责。比起吸烟、吐痰之恶俗，让座是对乘客更高的一种要求，并不容易做到。历史学家吕思勉当年在上海坐车时，就注意过上海市民的"让座率"，发现让座者青年学生居多，很少有成年人，遂写下《上海风气》感慨了一番。

另有两幅当年的漫画也很有趣。一幅起名《酷刑》，表现一个害羞的青年坐上电车头等车厢，对面椅子上坐着几位时髦少妇，见他入座后，便交头接耳，弄得他十分难受，只好闭目养神；另一幅画的是一辆挤满乘客的公共汽车，沿途看见走过一个时髦姑娘，车上的部分乘客齐声嘘叫，上海人俗称"吃豆腐"。

的确，员工有员工守则，乘客也应有乘客的规矩，只有大家都遵守了有关规定，车辆营运秩序和乘客安全才会得到保障。为此，《上海电车公司章程》规定，乘客坐车时，不准吸烟，不准在车上吐痰，不准妨碍他人，不准与司机交谈，醉酒、衣衫污秽及患有传染病者不准登车。如果乘客违反了这些规定，电车公司会通知工部局巡捕房予以惩罚。

触目惊心的交通事故

事故的频发与交通的发达几乎结伴而来。据统计，1931年公共租界因交通肇事死亡的人数共计133人，受伤者多达4 000多人。再看1934年上海公共租界工部局年报：被救护车送往医院的人中，受伤者多数是在马路上发生的意外，也就是交通事故。据统计，被汽车所伤的有778人，人数最多；其次是被电车所伤，有98人；再次是被自行车所伤，有94人；第四是被手推车所伤，有83人；从正在行驶的车辆上跌落下来的有42人（早期电车没有安装铁栅门，车辆颠簸或拥挤的话就容易跌落下来）；因汽车相撞而受伤的有17人；被马车所伤的有3人。以上还只是公共租界的统计，尚不包括法租界和

漫画《汽车多肇事》(戴敦邦绘)

华界地区,可见交通事故已经到了触目惊心的地步。

20世纪二三十年代,上海已经成为一个车水马龙的国际化大都市,上海街头普遍安设了红绿灯,有巡捕在十字路口指挥车辆、行人通行,在路口的电线杆上,常常可以看见"马路如虎口,当中不可走"的标语,提醒人们注意安全。那为什么还会发生这么多交通事故?除了司机的因素外,行人不遵守交通规则也是造成事故的重要原因。有一位记者写道:"各马路上两边水门汀路为人行道,专为人们步行而设。穿过马路,既有红绿灯示众,又有警捕指挥,如人们能依此而徐行慢步,自少意外横祸。奈有不经意人常常喜欢在马路当中踱方步,穿过马路也不依照红绿灯之变换和警捕的指挥,急剧急地冲过去。逢到汽车疾驶而过,不及刹车,往往肇事,其原因都属于此。"

早年电车没有车门,也是发生交通事故的原因之一。有些乘客一不留神,就从车门跌了下去。还有些乘客自负身手矫捷,不等车辆进站,即擅自跳上跳下,往往也落得摔伤的下场。著名文化人曹聚仁就是"飞车好手"。他曾回忆这一段有趣的经历,说:"电车开头并不设闸门,沿途可飞车而上,飞车而下。我也自负飞车能手,有一回摔了一跤,就此不敢再试了。其后装了闸门,谁也飞不成了。"

还有另一个令市民胆战心惊的交通害虫,就是毫无交通安全观念的国民党军车。抗战胜利后，国民党军重返上海"劫收"，耀武扬威不可一世。当时报纸上时常登载军车肇祸的消息，大者伤人死人，小者损坏车辆及路面，结果总是不了了之，因而行人看到轰隆隆驶来的军车，无不退避三舍，以免遭殃。1946年，上海开展了一次交通安全宣传周。据警察局局长宣铁吾在会上称，当年上海军用车辆占全市车辆约1/6，但车祸发生率要占到50%以上，由此可见一斑。尤其令人发噱的是，就在宣铁吾作报告时，又有警察前来报告，说是一辆军车从江湾前往龙华，开出不多远，一只轮胎脱落，这名军车驾驶员竟然毫不在意，且不听交通警察的拦阻，硬是将车继续开往目的地。一路上，那只没有外胎只剩钢圈的车轮在柏油马路上划出深深的裂痕……

交通规则的宣传与执行

早在1872年，上海公共租界张贴了沪上第一张交通告示，内容包括："凡马车及轿子必须于路上左边行走"，"凡马车于十字路口必得走慢"，等等。汽车进入上海后，工部局于1906年又颁发一则布告：

租界车辆，不下千万；各走马路，靠近左边；切莫乱走，小心为先；十字路口，不要随便；左右前后，看清爽点；照此走法，碰撞可免；尚有不遵，重罚银钱。

尽管在清末上海交通尚是以马车、独轮车、人力车为主，汽车稀少，电车尚未开通，但租界当局已开始颁布交通法规，以保障人车安全。以上这份布告，简洁押韵，便于记忆，是行人在马路上行走时必须注意的要点。

虞洽卿路（今西藏中路）上，各种汽车都靠左行驶

　　布告中提及的"各走马路，靠近左边"，是要求车辆行人一概左行。公共租界是英国殖民者统治的"国中之国"，车辆行驶自然按照英国式，一律靠左。法租界和华界为了与此统一，车辆也统统靠左行驶。从1946年元旦开始，上海车辆才改为靠右行驶。为适应这一变化，当时的车辆都送入汽修厂进行改装。小汽车还好办，因为它的车门两边可以开启，而电车和公共汽车的车门只在一边，于是就得大动手术，另行开门。为防止"忽左忽右"可能带来的交通事故，交通部门曾一度规定市内车速在20公里以下，一时间，上海马路上的各种车辆都慢如蜗牛。

早期租界颁布的交通法规,尚不够健全。到1927年以后,市政当局非常注重交通法规的宣传,教科书上也有这方面的内容,以从小培养学生的交通意识。民国时期上海的一些香烟牌子上面,就有关于交通规则的图画。一些戏曲或小说中,也多有外地人初到上海后,置身于车水马龙的都市马路上而不知所措的情节。至于报刊上的广告则更多了。如此潜移默化,焉能不起作用?

至于交通管理,更趋细致严密,其宗旨是规范、有序、安全、畅通,执法甚严。譬如为禁止汽车随意鸣喇叭,就出台过《取缔汽车滥揿喇叭》等规定,条文十分具体:任何车辆不得装置2个以上喇叭;严禁使用各种复式喇叭;除遇紧急情况外,一律严禁使用喇叭;使用喇叭时,以发出短促尖锐之声为限。此项规则自1935年起开始实施,当年就有1 709名驾驶员因滥揿喇叭而被控诉定罪,111名驾驶员因屡犯此过失被暂停发放执照。

说来好笑,红绿灯的雏形是这样的:租界派人到热闹的十字街头,特别是像外白渡桥这样的地方,举着木牌,一面用白漆写上"通行",一面用红漆写上"停止"。木牌旋转自如,掌牌之人观察来车先后,对先到一方车辆表示"通行",面对另一方向的牌子,自然就是"停止",两方依次放行,以避免碰撞事故发生。

20年代初,上海街头陆续出现了人工控制的红绿灯,由指挥交通的"红头阿三"爬上岗亭手工操控。安南巡捕和中国警察也分别在各自地段负责人工操纵。红绿灯的出现,让司机在天黑以后也能看清交通信号,大大降低了交通事故的发生概率。约在1936年,福州路与江西路最先装上自动转换的红绿灯。稍后,南京路与四川路交叉点,也改用这样的自动红绿灯,不再需要巡捕指挥。当时许多吃巡捕饭的人,都担心以后会失业——上海电话公司改用自动电话之后,不就减少了接线员吗!

如果说电车是上海一道流动的风景线,那么红绿灯就是上海城市的眼睛。穆时英的《上海的狐步舞》，即透过红绿灯下的景象，刻画了大上海畸形的繁荣："电车当当地驶进布满了大减价的广告旗和招牌的危险地带去，脚踏车挤在电车的旁边瞧着也可怜。坐在黄包车上的水兵箍着醉眼，瞧准了拉车的屁股踹了一脚便哈哈地笑了，红的交通灯，绿的交通灯，交通灯的柱子和印度巡捕一同地垂直在地上。交通灯一闪，便涌着人的潮，车的潮。"

交通现代化带来快节奏

在这篇长文行将结束之际，笔者还想说一说公共汽车的引进及发展。

上海最早的公共汽车经营者，是1922年宁波商人董杏生发起成立的上海公利汽车公司。该公司向公共租界工部局申请开办公共汽车业务获得许可后，于是年8月13日开始营业。线路是从静安寺出发，经愚园路、白利南路（今长宁路）、兆丰公园到达曹家渡，再从

1922年董杏生用卡车改装的公共汽车

极司菲尔路（今万航渡路）折回静安寺，全长4公里。这一天，就是上海公共汽车的首次开行。公共汽车也分头等、二等两种座位，车内可坐30人。为方便乘客，沿途不设固定站点，可随时上下。但这条线路开设不到一年，便因客流不足、工部局压迫而停驶。继之而起的是英商中国汽车公司。该公司开行9路公共汽车，线路是从静安寺沿福煦路、爱多亚路到外滩，配车6辆，票价高于电车。

现在上海马路上随处可见的双层公共汽车，在1934年时就已经驶上了上海街头。当年，由中国汽车公司向英国史蒂文工厂定制了40辆双层公共汽车，引进上海载客。这种双层公共汽车不仅外观新颖，而且载客量大，下层可坐44人，上层可坐38人。第一条线路是由静安寺沿南京路至虹口公园。双层汽车高耸的车身，庞大的体积，最能吸引路人的眼球。在夏天的晚上，许多人喜欢坐在上层的前排

广告商青睐的双层公交车

兜风，可算是花钱最少的娱乐之一。双层公共汽车也是广告商的宠儿，从当年的照片看，许多双层汽车车身上涂满了五花八门的商品广告。就在这一年，上海还建造了双层码头、双层轮渡，这一年被称为上海的"双层交通工具年"。

公交线路一般经过各大公共场所和繁华商业区，在为市民出行提供方便的同时，也带动了他们的娱乐、休闲、购物的愿望。如夏令匹克影戏院、卡尔登大戏院、四大公司、大世界游乐场等，都是经过车辆的必停之地。上海生活的快节奏，"什么都得快，无事也得忙"，公交或许起了很大作用。从电车和汽车公司来说，规定每天要开几趟车，停多少站点，少一趟都不行，于是司机拼命赶车，车开得快，停站也快，往往车没停稳，司机和售票员就叫："快点！快点！"立足未稳，车便开动了，即使后面有乘客气喘吁吁奔过来，也不一定会把车停下来等你。天长日久，出行的人想不快也难，无形中养成了上海人快节奏的生活方式。

如厕难：上海开埠后的尴尬事
——漫话上海公厕之一

叶苇荼

也许是工作需要吧，我常有机会同老上海们聊天。有一天，曾在旧上海当过学徒的周志敏先生，跟我讲起过去学到的种种绝活。他颇有些神秘地说，有一种本事专门在"性命交关的辰光"派用场。啥本事？寻厕所。

20世纪30年代，有一天周先生外出办事，正走到宁波路

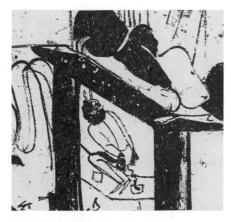

敦煌莫高窟290号窟中的蹲厕图

上，突然感觉内急了。他一看附近没有公用厕所，就当机立断拦下一辆三轮车。周先生一边跳上车，一边急吼吼地说："快朝前走！快朝前走！"车夫被指挥得莫名其妙，以为出了啥大事体，连忙骑着车向前冲。将至江西路，周先生大声叫停，扔下车资，转身冲进路旁一幢办公大楼。一进门，头也不回直奔二楼。

我问："你怎么知道厕所肯定在二楼呢？"

周先生说："在上海，寻厕所是要有门槛的。马路边小铺面、小商行的马桶专给自己人用，外面人想借厕，只丢给你一张冷面孔。

碰到'急事体',附近如果没有公用厕所,就去找弄堂,大弄堂总归有小便池。要是再踏空,就找写字间。写字间大楼的厕所都在二楼,进去就上楼,勿要犹豫。东张西望,搞不好会被人家拦下来的。"

听了周先生一番妙论,我不禁莞尔。记得老上海杂志《论语》上刊登过这么一则故事,说美国的一位航空队长因飞机出事,被困太平洋中21天。获救后,他上岸做的第一件事是急忙去大便,而不是找餐馆。可见人的生理反应中,屎尿之急甚至超过了口腹之欲。

有人漫话老饭店,有人漫话老茶馆,有人漫话老戏院,咱们何不来个"贯通上下,雅集东西",去巡览一番沪上公厕的百年变迁呢。

农耕社会便溺本来很自由

人虽然自称"万物之灵",但和其他生命体一样,也要新陈代谢,一面从大自然汲取养料,一面不断排出废物。圣奥古斯丁曾经说过:"我们都生于屎尿之间。"尽管语带诙谐,终不失为至理名言。

在人类漫长的历史中,便溺的规矩并没有后来那么多,至少对大多数人是如此。过去农村有一首童谣:"德发德发,拉屎不擦,用手一抠,站起就溜。"说的是一个叫德发的孩子在庄稼地里,突然来了屙意,就地一泄了事。那时,农村里很少有人随身携带手纸(有的地方可能还没见过手纸),便后多用草叶、树叶或土疙瘩来草草收拾。更有甚者,连土疙瘩等都不用,就像童谣中所唱的"用手一抠,站起就溜"。

国人对排泄的随意性,似与中国长期是农业社会有直接关联。地广人稀,刀耕火种;大千化物,百滓不留。何况粪能肥田,是不能浪费的宝贝,所以人们在田头地边"随便"一下,不仅不会受到谴责,有时还颇受欢迎呢。1868年,一个外国人在宁波就受到了这样的礼遇。他看见到处"整齐地摆放着粪桶……街道旁边排开的小房子的窗户都开着,路过的人经常会听到主人说:'先生,往附近的地里撒泡尿吧。'有时会拉着路人去撒尿"。

　　类似的情况在江南相当普遍。英国商人立德的妻子在上海县城的城墙下,也见过一排"长长的无遮无拦的粪缸",她当作一件新鲜事,特意用相机拍了下来。立德太太还注意到那时的上海人,生活得优哉游哉。确实,直至开埠前,上海本地人"工不出乡,商不越燕、齐、荆、楚",人口流动并不频繁。对排泄之事,市民们既未形成现代的文明观,更无法体会人多厕少的"压迫感"。走在路上有了"便意",或向茶馆饭店借个厕,或使用路边的粪缸,再不然拣个僻静处"方便"一下都无所谓。过去每到秋季,中药店还会派遣伙计在街头巷尾的尿缸上刮取尿垢,用来炼制一味中药,名为"秋石"。所以即便瞧见路边或墙脚有些屎尿,也不过是肥料或"秋石"而已,没什么人会大惊小怪的。

　　然而,事情总会起变化的。自从上海开埠后,随着城市经济的发展和人口密度的增加,尤其是西方文明登陆后,便溺的规矩就越来越讲究了。那些人生地疏的外乡人来到这座似乎变得越来越大的城市,总要为腹急之事而张皇四顾,"哪里有厕所"便成了路人问讯的常见话题。正如袁祖志《海上竹枝词·沪北竹枝词》所咏:"千门万户好楼台,曲巷长街绝点埃。底事路人频问讯,问从何处便旋来。"

一溲所费可买50斤大米

　　说到这座城市如厕难,有一位叫陈伯熙的老文化人颇有感触。他自清末旅居沪上从事报业,以专研上海史闻名,撰述颇丰。其流传较广的著作《老上海》(又名《上海轶事大观》)中,曾屡次提到沪地如厕趣闻。陈伯熙说:他的朋友余某来沪旅游,一天独自去逛租界,忽觉腹痛欲泄。大概听说过租界的规矩,余某不敢"随便",可又找不到公厕,情急之下,只好花洋5角租了一间旅馆来大解。朱文炳《海上竹枝词》云:"途中尿急最心焦,马路旁边莫乱浇。倘被巡捕拖进去,罚洋三角不宽饶。"如果竹枝词中描述的确为实情,那么,陈伯熙的这位朋友为了这"颜面攸关"的尴尬事,从兜里掏出的钱比罚银还多呢。不过,为了找个方便之所,比余某花钱更多的还大有人在。

民国笔记《老上海三十年见闻录》中写道,有一个人初来上海,由沪上朋友陪着逛街。走到四马路棋盘街的转角处,这外地人急着要解手。因为附近无公厕,朋友就带他进了一家妓院,叫上一桌茶围,花洋2元,方得"解脱"。以当时的物价来算,银洋2元价值几何?

《老上海三十年见闻录》是1928年4月首次出版,作者叫陈无我。周瘦鹃曾讲过:"他(陈无我)比我早出世十多年,在报界吃饭也足足有三十年了。"周氏生于1894年,那么陈无我应该出生在1880年左右。据此推算,《老上海三十年见闻录》的叙事时间,应该在1898至1928年之间。以《上海价格志》中历年的米价做参照,在这个时间范围内,2元银洋最多可买50斤、至少也能买13斤大米。如此看来,"2元一溲"可真的蛮贵呢!

然而,不惜破费者毕竟少数,更多的是找不到厕所就随地解决的。同样在陈无我的笔下,也有这么一位,因找不到茅房在马路上大便,被巡捕逮了个正着。巡捕要他交罚款,大便者不依,闹到会审公廨。法官以他随地便溺且扰乱公堂,仍判罚钱。那人高声抗辩道:"难道上海人都是一肚子屎,从不大便!"法官说:"不是不让你大便。大便应该去茅厕,不能当街便溺。"可大便者不买账,愤愤不平地说:"那老爷何不多出告示!分明是欺负我这初来乍到的。上海人腹中能容得许多粪,我熬不住!"

"便宜行事"的三处热门区

其实,"熬不住"自是人生常态,谁都会碰上的。像本文开头周志敏先生那样直奔办公大楼去"方便"的,终究属于守规矩者,而有不少人在情急之下便顾不得那些讲究了。当然,也不会像牛马鸡犬般满街乱撒,多少还是有些规律可循的。说来不免好笑,我发现老上海人"便宜行事"有那么三处热门区:

一是人家墙根下。1854年10月7日,鹭宾·赫德第一次来到上海。抵达的当天夜里,他便与在沪供职的老友孟甘,一起去拜访教会印刷所的印刷商伟烈亚力先生。伟烈亚力带他们参观完一所育婴堂后,走到了街上。他指给赫德和孟甘看那些画在街头巷尾墙上的乌龟,介绍说:"这相当于我们英国'勿损公益'的标记,意思是行为有损公益的人就像墙上所画的东西那样不足取。"这种具有"中国特色"的警示标记,也被人写进了十里洋场的竹枝词:"须知此地是家基,不许行人作小遗。还恐人家不识字,画来一只大乌龟。"

明代松江人、俗称"山中宰相"的陈继儒,在他编写的《时新笑话》中,也收录了一则"墙上大乌龟"的趣闻,可见墙根撒尿之传统"源远流长"。故事说:某家墙根下恐人撒尿,画个乌龟在墙上,下书警示文字:"撒尿者此物也!"谁知偏有不长眼的仍去"光顾",主人骂道:"眼睛不瞎,也不抬头看看!"撒尿者抬头看见墙上的图画和文字,却故作惊讶,拱手作揖:"多有得罪,不知您老爹在此!"

笑话尚可逗人一乐,然因撒尿而酿出人命案来,恐怕就笑不出来了。1932年6月19日的《申报》报道了一桩惨案,案发在县城西门外、万生桥一带。川沙人唐香林在那儿的典当弄吉坊一号开了家成衣店,他的表舅、年仅23岁的瞿阿秀亦是成衣匠,住在唐家。6月

《点石斋画报》：一男子叫茶围不付钱，遭群妓泼粪

16日夜间，瞿阿秀跑到外面，寻个僻静处小便，选中的是厂间弄一号的后门。恰好被那家的主人范崇岩撞见，遂大发雷霆，一把揪住瞿阿秀拳打脚踢。多亏邻居出来劝架，瞿阿秀方得狼狈脱身。谁知第二天下午，瞿阿秀忽然卧床不起，整夜呼痛不止，于第三天（18日）清晨不幸身亡。唐家人报警后，凶手被扭送法办。

第二处"热门区"是遍布全市的私家小弄堂。1873年8月4日，亨达利洋行帮办气愤地向工部局投诉，说毗连他们洋行的私人弄堂竟成了过往行人的小便处。他强调说："在这种令人作呕的情况未获解决前，亨达利公司是不会支付所欠工部局税款的。"工部局调查后发现，这条弄堂属于E. M. 史密斯所有。但是按当时的《土地章程·附则》所录条款，对地产业主不清理私人弄堂里的污秽，工部局无可奈何，只能呼吁史密斯积极配合。

1884年9月8日，毛礼逊要求工部局董事们关注租界内的小路和弄堂，因为那里常被华人当成厕所使用。他建议，在适当的地点建造厕所，并经常供应冲洗用水。1893年8月29日，顺利洋行报告工部局，在麦加利房子和他们江西路19号的房屋之间有条弄堂，那里每天有人小便，要求工部局帮助解决。由于该处同样是私人地产，工部局爱莫能助，只能建议顺利洋行去要求业主在那儿安装一扇门，以阻止便溺者入内。

第三处"热门区"，今天的市民恐怕难以想象，竟是荒地和坟场。如今在上海市区，荒地已难得一见，坟场早已不存在了。然而回到19世纪末，荒地、坟场不难找到，往往成了公共排泄处，让住在附近的洋人烦恼不已。1884年9月，Y. J. 林乐知牧师致信工部局，说租界西南角上那一大片无人过问的空地，自去年起一直被华人作为厕所使用，让过路者感到恶心。林乐知要求工部局立刻采取措施阻止这种行为。1886年3月19日，工部局的卫生稽查员报告，虹口地区有一块位于医院后面的空地，被华人当成露天公厕。1892年8月9日，毛礼逊土木工程建筑公司投诉说，近来在新纪浜路东边、与苏州河交叉处的坟地上放了几口新棺材，附近居民都抱怨棺材有臭味。工部局派捕房督察长前去察看，结果发现坟地上并无新棺材，只是附近华人百姓普遍上坟地如厕，还在那儿堆放垃圾，致使该处产生骇人的恶臭。

其实，将荒地和坟场当厕所，除了不卫生外，还会隐藏危险。1933年6月20日，本埠报纸上刊有一则题为《上海到处有危险，荒地大便误触炸弹》的新闻，说刚过不惑之年、家住闸北交通路鸿兴茶园内的湖北木匠李炳升，因住处无便桶，跑到中兴路宝昌路口红十字分会施诊所门前的荒场上解手。他发现在草地上排放着5个用外国报纸包裹的纸包，顿时好奇心起，用脚试着踢了踢其中的一只。

突然,"轰"一声巨响,纸包竟爆炸了!李炳升负重伤,右半身血肉模糊……

人口快速增长而公厕少得可怜

有读者要问:难道当时市区内没有公厕吗?答曰:公厕是有的,但远远赶不上城市发展和人口增长的需要。

1843年上海开埠时,全市只有23万人,排在全国城市人口数的第12位。仅仅十年后,就达到了54.4万人。1880年,上海人口已突破百万大关,不久超过北京,成为中国第一大城市,人口增长速度之快堪称奇迹。恭逢其时的老文化人王韬,正月里和朋友去喝茶,回家后在日记中写道:"游人杂沓,几至肩摩而踵接也。"

日本的著名记者、历史学家和评论家德富苏峰,在分析这一人口"奇迹"的成因时,说:"中国人一遇到身边有危险的事发生,或者感觉到不自由,或对周围稍微有点恐惧感的时候,都会携家产来到上海这块租界地,把自己的生命和财产都托付在这里。也就是说,中国一有什么事发生,上海的人口就会膨胀一次。"德富苏峰来过中国两次,每次都要待上3个月左右,并详细记下历程和感受。他的观察应当是较为准确的。

那么,当时沪上公厕有多少呢?据笔者收集的材料显示,19世纪60年代前,上海几乎没有象征现代文明的公厕。上文中已经提到,本地沿路设有粪缸,供路人便溺。一位使用过这种"粪缸公厕"的老上海曾详细向我描绘过它的模样:三分之二埋在地下,露在地面的部分给路人当座厕使用。考究点的会在粪缸上架一块竹爿,起到现在马桶座圈的作用。有的缸面还会覆盖一层薄薄的稻草,既防止屎尿蒸发,又可收到隔臭之效。如果没有粪缸,另一个正当途径是上茶楼饭店借厕。

可是，当人口激增时，这种模式显然滞后了。1865年后，工部局考虑到租界内随地便溺的情况日益严重，遂发布禁令并设立公厕、小便池。至1884年，租界内有公厕14座、小便池177处。以当时英美租界的面积计算，平均约0.17平方公里的土地上才有一座公厕，约0.01平方公里的地方才有一座小便池。

而那时沪上人口已过百万人，公厕"寡不敌众"的态势可想而知。比如南京路旁、盆汤弄内的一座公厕，据1891年5月的统计，16小时内平均有4 800人使用，即每小时300人，每分钟至少也有5人。陈伯熙描述过当时如厕的"盛况"：上公厕的人很多，往往是前面的刚结束，后面就接着上去，还常有站着等了半天才轮到用厕的。

虽然工部局也颇费心思百般筹划，将公厕遍设租界各处，然而无奈它们的间距很难均等，加上过去总认为厕所是难登大雅之堂的东西，当然也有考虑节省地皮等因素，所以总把公厕设在犄角旮旯里，不容易找到。

其实，欧洲人这种选厕址的观念至今没变。一位从欧洲旅行回来的小姐说，伦敦的公用厕所大都建在地下，巴黎也一样，因此在街上找它并不容易。余秋雨在《行者无疆》中也写了一段自己在欧洲寻厕的"郁闷"经历："在（爱因斯坦的）故居里转了两圈，没找到卫生间……一问之下，果然不出所料，顺楼梯往下走，转弯处一个小门，便是爱因斯坦家与另外一家合用的卫生间。"

曾为英国殖民地的香港，19世纪末开始在中环区兴建公厕，也和伦敦的一样设在地下。如今，香港的地下公厕，只剩下威灵顿街与皇后大道中交叉处，那座建于1913年的"狗捻"（港人对它的称呼）还在使用，其他均已关闭。1884年，也曾有洋人向工部局申请，在上海租界内按香港的式样造公厕。此项申请若能获准，说不定黄浦江畔也有地下公厕呢！

闲话休提，我们回头再来看晚清的上海城内，人多厕少，且设点偏僻，还缺少明显的厕所标识，这些是造成如厕难的主要原因。老杂志《论语》上有署名思果者，对这种状况的批评最深刻，他说："我常奇怪一条大街上会有许多吃食馆，往往却没有公共厕所——即是商业的也好。曾有一人急不过就在路上小解了，情愿给警察捉去罚款。再不然只有找条小弄堂偷偷摸摸拆了。世上因为没有正当出路，结果便连法律也不顾的事，这是一个例子。"

日产六十多吨粪便难以清运

人多厕少，还仅仅是大都市麻烦的开始；接下来，如何清除粪便同样十分棘手。开埠前，上海人的粪便清运处于原始阶段，城中清粪普遍由农民逐户完成，双方议明互不收费。而农民清粪的频率与庄稼的施肥周期密切相关：施肥旺季，乡农清厕自然勤快，而到了农作物的停肥期，城里那些厕所就长时间无人打扫。农民可以减

清末进城挑粪的农民

少挑粪次数，但城里那么多人天天拉屎撒尿不会减少。于是，城中有坑厕的地方臭气熏蒸不说，粪便淤积严重时，人们都难以入内使用。比如1894年间，里虹口缫丝厂附近的两个华人厕所常常积满了粪便，非得等到每次来船清运后，才能勉强应对几天。

同治元年（1862年），日本兰学家（即研习各种欧洲学术的学者）峰源藏随日轮"千岁丸"号来到上海。他看到上海县城内除官署、庙堂之外，都是店肆街坊。街道极为狭隘，阔仅六尺左右，行人来往非常拥挤。垃圾粪土堆满道路，泥尘埋足，臭气刺鼻，"污秽非言可宣"。他草率地断定，上海人是忙于眼前生计，大多去做按日论薪的缫丝短工，没有闲暇去从事农作。倘若都定期去城中清粪作肥料，街道自然不会像这样脏。其实，那年头除了上海人热衷当缫丝工之外，也有市郊战乱等其他原因，才使粪便清运工作严重滞后。

然而，即便没有以上那些因素，仍由农民定期清粪，也早已跟不上城中所需要的工作量了。请允许我做一个粗略的推算。据全国医学专科学校试用教材《医学生理学》所示：尽管每人每天的排便量会因食量、食物品质、个人消化系统情况而有所不同，但就总体而言，食物纤维摄取量多的人，排便量也较多。欧美人平均每人每天的排便量约为60至70克，而一个日本人一天的排便量约125克或180克。取一个平均值吧，我假定每个上海人的日排便量为109克。1862年上海总人口50万人，人口流动受战乱或瘟疫影响，最高还达到过70多万人。依此推算，上海当年总人口的日平均产粪量约为65.4吨。以目前世界上最大的陆栖动物——大象为参照物，65.4吨约等于13头成年大象的重量。

运走65.4吨粪便，需要多大的劳动量？从事这项工作的是工部局聘用的粪便承包人。其合同规定：承包者要在每晚8时至次日早晨7时之间完成粪便的收集与起运。粪便须运到租界外至少2英里（即3.2公里）远的地方。如果使用劳力运粪，按《国际劳工组织大会

1967年最大负重量建议书》要求，每位成年男性人力运输的最大负重量不能超过55公斤，约为3桶纯净水的重量。假设粪便承包人手下有100个苦力，那么每个苦力每次需担3桶纯净水走3公里，以每次1小时的速度运11次。如果用船运，按工部局的垃圾清运合同的条件来算，承包人要配备5艘载重3吨的船，连续跑5趟。

以上两种方式，无论哪一种工作量都很大，加上合同规定的时间限制，似乎都很难完成。生存空间日趋拥挤，卫生意识普遍缺乏，而每天的60多吨排泄物却无法完全清除——这就是当年作为新兴城市的大上海所不得不面对的严峻现实。

建公厕：城市卫生的艰难一步
——漫话上海公厕之二

叶苇茶

　　记得罗伯特·路威在描述人类消化新事物之缓慢时，曾做过一个生动的比喻："人类的进步可以比作一个老大的生徒，大半生消磨在幼稚园里面，然后雷奔电掣似的由小学而中学而大学。"

　　就拿倒夜壶这件小事来说，中世纪欧洲人有将夜壶倒向窗外的习惯，法国妇女在"夜香"落下前会高呼："小心水！"虽然早在14世纪末，巴黎官方就颁布了"严禁将人体排泄物及其他垃圾扔出窗外"的法令，然而直到17世纪，这一陋习还没有根本改变，可见在接受新文明的过程中，人们"消磨在幼稚园里"的时间多么漫长。

　　清华大学的学生，应该算是国人中最容易接受新鲜事物的群体了吧？然而，当年让他们来使用抽水马桶也很不容易。老校友梁实秋回忆说："临毕业的前一年是最舒适的一年，搬到向往已久的大楼里面去住，另是一番滋味。这一部分的宿舍有较好的设备，床是钢丝的，屋里有暖气炉，厕所里面有淋浴、有抽水马桶，不过也有人不能适应抽水马桶，以为这种事而不采取蹲的姿势是无法完成任务的。"如果那些走在时代前列的青年都难以适应新的如厕方式，那么要让平民大众养成文明的习惯该有多么不易啊！

"溲溲一溲溲，顷刻变罪囚"

晚清时期，生活在上海的外国人总抱怨他们不动产附近的卫生环境太差，让人难以忍受。事实上，当时的欧洲——那些侨民的祖国，环卫状况也未必好到哪里去。就城市卫生而言，东西方几乎是在同一起跑线上。

那么，欧洲的改变始于何时呢？那是1832年，在过度拥挤和阴暗的欧洲城市里暴发了一场霍乱，穷苦劳工的高死亡率震惊了当权者。疫病过后，英国卫生改革先驱埃德温·查德维克（Edwin Chadwick）发表了一篇题为《英国劳动阶级之卫生状况》的报告，着力论述了过度拥挤的生活环境及人类对粪便的不当处理，是直接导致大规模传染病的根源所在。伦敦政府采纳了查德维克的理论，制定出首部《公共卫生法案》。到19世纪60年代，"清除沼泽地、下水道气体和腐烂物质的气味"，基本被西方社会接受，成为城市文明的一个标志。正是从此时起，那些来自英国的环卫理念和管理措施，在上海租界中几乎是同步推广开来。

1861年9月，英国退伍炮兵军士詹姆斯·卡莱尔被任命为英租界首位卫生稽查员。翌年，租界管理机构中诞生了一个新部门，名叫"秽物清除股"，简称粪秽股（Nuisance Branch）。它是工部局首个专门管理公共卫生的机构，隶属警务委员会。

其实，这一套也是英国人从他们本土搬来的。早在都铎王朝时期（1485年至1603年），英国就已出现由民众推选的公众卫生官员。卫生官专门负责清理街道、调解纷争，积极宣传自己的业务，并四处分发业务卡。如果出现连卫生官都爱莫能助的问题，市民可以向专门裁决卫生争端的法官求助。这位"卫生裁判"就职前须具备在基层工作的经验，比如当过清道夫。

工部局派出的清道夫在清扫街道

　　我不知道当年工部局任命的卫生官是否经过基层锻炼，但可以肯定的是，最初两任都未有大的作为，直至第三任——约翰·豪斯（John Hoses）才做出了一些成绩。1862年3月26日，豪斯走马上任了。从当时的工部局记录中可以知道，他是由总办皮克沃德经过仔细调查后，从几位候选人中择优录取的。

　　某天，豪斯抓到了4个当街撒尿的华人，这是《工部局董事会会议录》上记载时间最早的一次抓到当街撒尿者的记录。当时，豪斯找不到任何可依据的规章来实施处罚，只好把4人带到工部局董事会上，让领导们来处理。但洋大人们也无"法"可依，最后仅给了个口头警告就放人了。

然而几年后，随着租界内有关公共卫生的法规出台，再抓到随地便溺者就不会那么客气了。1872年11月8日，一位刚刚来沪的广东人尿急难忍，竟跑到美国公使馆门口欲行方便。时值下午3点，街上人来人往，他当即被巡捕抓了起来。会审公堂的洋大人对此异常愤怒。平日里抓个便溺者，仅处罚一元半元罢了，而这次，洋大人要罚那个广东人洋钱20元，并戴枷号一个月。幸亏一旁的代理正会审官张秀芝求情，才将戴枷号的刑期缩短为3日。

切不要以为服刑期间仅是戴个枷号，犯人还要送去充当苦力，这种做法有些类似现在香港的社会服务令。辰桥的《申江百咏》中就有生动描述："铁环连锁犯人多，击石研砂计日过。聊借工夫堪赎罪，此中定律亦平和。"诗后注曰："租界中，乡人不知禁令或误溺街边、或与人争斗，为巡捕所见，必执之入捕房，名曰犯人。铁环连锁，命其击石研砂修补马路，立法以罪之轻重计日之长短，限满释放矣。"

当然，惩罚毕竟不是目的，督促市民"不要随地便溺"才是正题，故当时媒体也多有宣传。1912年，《图画日报·上海社会之现象》登了这样一幅图，内容是警察处罚沿街便溺者的情形。配图有一首《溲溲调》，呼吁人们养成正确的行为规范：

溲溲一溲溲，要小便的人儿心内乱稠稠，忙寻到一个墙角，解裤急飕飕。管什么街、什么路、什么浜、什么弄堂口，珍珠泉满地流。溲溲一溲溲，要小便的人儿不知暗担忧，哪晓得上海捕房警察局，沿街不许来解溲。道路怕糟蹋，卫生知道否？你不该太自由，警捕来瞧见，当时一把揪。溲溲一溲溲，顷刻变罪囚，要逃你向哪里走？溲溲一溲溲，愿告小便人，大家把心留。熬一刻，我尿沟。溲溲一溲溲，必须要大家把心留。

《图画日报》刊登的"警捕拘罚沿街便溺者"图画

沪上有公厕,还应早两年

前文提到的那种设在大弄堂里的简易小便池,大约是在19世纪60年代进入上海的。当时还出过一点小状况,起初洋人引进的是一种名为麦克法伦式小便池。然不知是华人搞不懂这种洋茅房如何使用,还是小便池的保洁没有做到家,总之就是有些人不愿入内排泄,结果里里外外都成了撒尿区,臭气熏天,只好统统拆掉。1870年初,工部局重新向英国订购了一批莫尔式干土防污小便池，开始新的尝试。

除了简易小便池，当然还得建造一些像样点的公共厕所（简称"公厕"）。据《上海环境卫生志·大事记》所述，市区首座公厕是1864年建于南京路虹庙后、盆汤弄里的，时人称为"大尿坑"。但我觉得这个说法值得商榷。因为据《工部局董事会会议录》显示，1862年工部局就已造了一座公厕。

1862年春天，工部局董事格鲁拟了一份兴建公共厕所的提案，打算在马路（今南京路）附近选择一个地点。总办皮克沃德专门为此去见了英国领事。领事建议，将这个提案放到5月5日租地人大会上讨论。等提案通过后，皮克沃德在马路北面的石路（今福建中路）界上选了一块地。谁知好事多磨，总办选的地皮上竟发现有一块汉璧礼的界石（说明此地属于洋商汉璧礼），这又平添一番交涉。几经周折，直到9月10日后，这项工程才破土动工，至12月3日完工。新公厕隶属老闸区，工部局决定对其免收捐税。12月10日，卫生稽查员为它找了个承包人负责保洁。

这是在我所见的史料中，上海市区建造最早的公厕。关于这座公厕，另有一个鲜为人知的小插曲：动工前，当时上任才1个月的卫生稽查员豪斯，在工部局董事会会议上，说出了自己的顾虑。他说：建造公共厕所是弊多于利。他担心华人将就此不再清理自家的粪便，而统统改用公厕来解决问题。但董事们仍坚持将建厕计划进行到底。他们告诉豪斯，权当这项工程是一种试验，以观后效。

你会感到不可思议吧，主持环卫事务的官员，起初居然反对造公厕！可见，当一座城市正在摸索着走向现代化时，无论是普通民众，还是行政官员，无论是中国百姓，还是"洋大人"，都会有自己的盲点。

造厕已不易，地皮更难觅

俗话说"万事开头难"，建造新型公厕也是如此。建厕所需要土地，而这恰恰成了建造公厕的"瓶颈"。问题出在哪儿呢？

其一，厕所总被视为污秽之地，谁都不愿公厕设在自家门口。1869年，工务处工程师奥利弗设计的公厕、小便池平面图，直至1870年才得到地产业主的建造许可。但业主不愿卖地，仅同意出租，所以工部局打算在1873年实施的建厕计划几乎成了一堆废纸。

19世纪70年代，工部局为保证色情从业者的健康，在广西路与望平街之间的福州路上，开办了一家性病防治医院，定期为妓女检查身体（这家医院于20世纪初停办）。1881年，为改善界内缺少华人厕所的情况，卫生稽查员定下的三个亟须设厕的地点，其一就是在性病防治医院附近，另两处为湖北路的空地及北京路和浙江路交叉处。拖了半年，工部局才最终拟定，在毗邻性病防治医院的那块工部局所有的空地上建厕。可决定下达还没几天，丰泰洋行的买办卡明就来信反对，说那会妨碍人们租用他新建的房屋。就这样，建厕计划又流产了。之后，工部局也试图租赁华人的房屋设厕，但同样一无进展。1886年3月，卫生稽查员再次呼吁建造公厕，他将九江路西藏路口和福州路广西路口（即靠近性病防治医院的地方），形容成"危险的沼泽地带，热病产生的中心"。他建议，在夏季到来之前，应将地面填高，把积水排出，并盖好厕所，防止市民在此露天排泄。这项提议是否付诸实施，笔者不得而知。但是从1932年的上海老地图上可以发现，这一区域后来至少有两座公厕，一座在福州路浙江路口的小菜场内，另一座在广西路北海路的格致中学旁边。

"地皮难觅"的原因之二，是地产业主漫天要价，条件苛刻。1906年新一轮的设厕方案正是因此而大幅缩水。原方案中，共有四个备选地点：一是徐家汇路（今华山路）。那里有一块0.6亩的地，业主宋应龙要价每月7美金，为期20年。二是新闸桥路（今新桥路大统路），业主为虞裕大和徐大兴，但他们拒绝租售。第三处在梧州路，业主叫朱张发，他有面积约0.8亩的土地，除部分不租售外，其余标价在每亩3 000至3 750两。这个价格过高，被暂时搁置。最后一处是在韬朋路（今通北路），业主叫朱登胡，面积为0.15亩，价格是每亩2 000两，最终可能也只有这块地成交了。

霍乱频频发，铁腕治环境

然而，频频暴发的凶险疫病不断警示人们：必须妥善处理排泄物，才能确保身体健康和生命安全。当时的代理卫生官亨德森曾作过一份报告，他警告说："粪秽这样堆积，在任何时候都会引起流行性热病。在霍乱流行时期就会成为严重疾病，甚至成为危及性命的病症发源地。"

严峻的事实不容置疑：1862年，霍乱出现在上海城郊的外国兵营且迅即蔓延，疫情一直持续至次年才被遏止。此次流行病死亡率颇高，连江海关税务司德都德也未能幸免。1865年，霍乱又卷土重来，工部局巡捕布莱克和道路检察员威廉·史密斯先后病倒。之后的1874年、1883年和1887年，几次全球性霍乱大流行均殃及上海。除此之外，尚有猩红热、疟疾、鼠疫、天花和伤寒等诸多传染病流行。而面对疫病的侵袭，白种人似乎比黄种人更易感染且更难治愈。这一切使洋人更为紧张，不得不花大力气整治公共卫生环境了。

1868年，卫生官J. C. S. 科格希尔和警备委员会委员米列·欣臣先后呼吁：再也不能忽视厕所清洁了。为减少人们随地便溺，他们将租界内所有厕所都对公众开放。不论私厕公厕，均由警备委员会统一管理。警备委员会通知一些私营厕主，在3天内关闭地产上的露

工部局贴出的防疫宣传品

天厕所,并清除那里的粪便。工部局还指示工务委员会设计新公厕的图样,同时对现有厕所业主提供两种选择:要么按董事会的规定来重修厕所,并确保其清洁卫生;要么将这块地皮捐给工部局建造新厕所。

1886年9月,吴淞路上的美国公寓暴发霍乱。那是一家水手公寓,卫生稽查员闻讯立即赶往察看,发现其内部环境肮脏至极。楼上有24张床铺,但住了27个房客,其中11人已住院,3人被证实死亡。在一间不到20平方米的房间内,竟塞进了15张床。底层的两间后屋,有厨房、水缸、公用厕所、仆人床,还养着两头猪。整座公寓到处是垃圾、猪食和泔脚。

9月18日,警务处督察长麦克尤恩为此专程会晤了美国总领事,以获得授权。然后,麦克尤恩通知美国公寓的业主花雅各,要求他将房子粉刷和清扫干净。麦克尤恩还警告花雅各,如抗拒不办,将援引《租地条约附则》第30条之规定,处以每日10元的罚金。同时工部局会派人来强制执行粉刷、掏井、通沟、挑倒粪便等事,所需工费和罚款将一并由业主支付。花雅各很不服气,便写信给美国总领事申辩说:"公寓每天都彻底清扫,倒是附近一些华人公寓有污秽情况。"工部局闻讯,又派卫生官去检查那些华人公寓。卫生官回报说,华人公寓的后院确实很脏,尽是动物粪便和菜叶泔脚。有鉴于此,他认为花雅各的房产根本不适合做水手公寓。花雅各知道再申辩下去,形势对自己将愈发不利,只好姑且退让,按照工部局的要求对公寓作彻底清扫。那附近几家华人的后院,则由工部局雇小工进行清扫。

即使对那些超出他们管辖权限的角落,工部局也不轻易放过,想方设法进行干预。1886年8月9日,有个叫米勒斯的医生来信称:杨树浦路平和码头附近的村庄发出某种难闻气味。他观察后发现,这种气味来自村中一座华人使用的厕所、放在路边的两缸大粪以及一条死水沟。米勒斯医生建议把那座厕所搬到离马路六七十码的地方,把两口粪缸全都搬走,同时希望将那条死水沟挖深,然后请自来水公司来冲洗一番。工部局接报后,即在会上讨论。当时,有知情的官员说,在过去二三十年内,那个华人厕所一直都在这个地方,从来也没有人抱怨过,而且该厕所在租界之外,工部局恐怕无权管理。但工部局还是命卫生稽查员与地保一起,试着将米勒斯医生的建议付诸实施。

1897年,工部局共填没35处积水池塘和沟渠,拆除了18处房屋破败的华人厕所和粪坑,搬走76只粪缸,耗用了227 000加仑的消毒剂。

华界清道局，胡乱"一刀切"

经过一段时间的精心治理，租界的环境状况明显改善，与华界形成"一洁一秽"的鲜明对比。郑观应在1893年出版的《盛世危言》中描述得很形象："余见上海租界街道宽阔平整而洁净。一入中国地界，则污秽不堪，非牛溲马勃，即垃圾臭泥，甚至老幼随处可以便溺，疮毒恶疾之人无处不有。呻吟仆地，皆置不理，惟掩鼻过之而已。可见有司之失政，富室之无良，何怪乎外人轻侮也。"

当年报端的披露也证实了郑观应的感受：一进上海县城，城门边就排列着坑厕，且城墙下两侧都有，每走几步路即有一二处，令人无法回避。冬天走过这里已感觉臭气熏人、无法忍耐，而夏天则满城都是粪臭，入公厕排泄者竟致中暑，从坑厕旁走过的人"几欲闷死"。据《环境卫生志·大事记》载："清光绪九年（1883年），华界地区尚无公有公厕。上海城老北门西首起至小东门，沿城壕一带，布有私人设置的露天坑厕43座。"有竹枝词形容道："层楼栉比路纵横，多少街灯照眼明。试向小东门里去，鲍鱼滋味令人惊。"加上当时居民家家都用马桶，还习惯将马桶当街放置、随时冲刷，致使满街粪水横流。可见华界并非无厕，而是私厕太多，又没有重视清粪保洁工作，使偌大的上海县城臭气蒸熏，居民终年好像生活在卖鲍鱼的市场上。有的地方粪土堆积得高如小山，甚至险些酿成惨祸。1898年1月27日清晨，虹桥浜西面一座粪土山突然塌下，压倒旁边的两间民房。所幸房内主人及时逃出，未有人员伤亡。附近的百姓都惊骇不已。

作为县城的标志性建筑——城隍庙，周边"溺桶粪坑，列诸路侧，九曲池中水不畅流"。1921年，日本著名作家芥川龙之介来到上海，他在老城厢九曲桥游览时，恰好碰见一个穿着浅葱色棉布服、留

早期负责华界清道卫生的同仁辅元堂

着长辫子的中国人,正悠然地往湖内小便。他感叹道:"高耸入云的中国式亭子,溢满了病态的绿色湖面,和那斜着注入湖水里隆隆的一条小便——这不仅是一幅令人倍感忧郁的风景画,同时也是老大国辛辣的象征。"当时,《上海新报》上也有老外这样尖刻评论:"即在中原诸省,凡不洁之处,亦未有如上海城内之甚者也。"

难道华界就没有环卫机构来清扫管理吗?非也。早在清咸丰年间,就有著名的民间慈善组织——同仁辅元堂,负责老城厢的日常清洁工作。不知是嫌民办环卫不够得力,还是其他什么原因,1862

年，上海县署又增设了一个清道局。除了承建道路外，它对城中的公共卫生也负有责任。清道局成立后，知县曾发告示敕令"禁止沿街乱倒粪便"，然依旧收效甚微。《上海乡土志》的作者李维清，对此就颇有微词。他批评道："城内虽有清道局，然城河之水秽气触鼻，僻静之区坑厕接踵，较之租界几有天壤之异。"

同样有专门机构管理，为何华洋两界卫生状况的差别还那么大？

首先是管理者的工作方式不同。相比洋人的"精雕细琢"，华人管理显得十分粗率。以整顿私厕一事为例，洋人关了不合格的厕所，还会设法新建更好的，而清政府往往是简单化的"一刀切"。1883年夏天，地方官命令"限一个月内将所有坑厕拆去"。一时间，原坑厕处变"污秽为清净"，似乎颇见成效。但这种"乱作为"的强制办法最终是失败的，行人找不到厕所，只得随地便溺。"有厕污秽一点，无厕肮脏一片"，于是大片私厕很快"春风吹又生"。

1887年，蒯光华代理上海知县，他的做法就与众不同。首先蒯光华允许私人坑厕的存在，然后传谕厕主对露天坑厕须"四周砌墙，无力者允许以篱笆围之"。令出之后，蒯光华又亲至各处视察，违者"笞责以儆"。可惜这位能干的父母官，仅任职一年便离开了，取而代之的是一位曾把"农民兄弟"的厕所抢来牟利的裴知县，其抢厕手段之高明，且待下回分解。在裴大人的管理下，上海县的卫生情况也就可想而知了。

除了管理方式的粗率，环卫部门职责的变动不定、模糊不清也是一个重要因素。比如，环卫归清道局管，这是1862年就定下的。可到了1864年应宝时出任上海道台后，《申报》报道说，清洁事宜复归同仁辅元堂负责。翌年知县又宣布，老城厢清洁事宜"兹议定新章，于十二月初一日起，归果育堂办理"。1888年，新知县裴大中设立工程局，再度将"所有清道一局亦并归工程局办理"。因此当时的媒体，一会儿说环卫"归绅办理"，一会儿又报道"归官办理"，来来回回折腾不停。直到1905年，一群开明的县绅郭怀珠、李钟珏、姚文枌、莫锡纶等，仿照西方模式成立了上海城厢内外总工程局，环卫职能才算相对稳定了。总工程局就是上海市政厅的前身，它下设卫生处专管公共卫生。

1909年11月，士绅胡文炜等11人集资在南市侯家路，建造起华界第一座带有公共厕所性质的"公坑"。尽管它比租界首座公厕的出现晚了近半个世纪，但毕竟标志着上海乡绅阶层在卫生观念上的进步。

除粪臭：新奇的抽水马桶登陆沪上
——漫话上海公厕之三

叶苇荼

粪便堆积的地方，最大的问题就是臭味难闻。说到粪臭，老画家黄永玉有一段终生难忘的经历。那还是解放前，雕塑家刘开渠在上海的家中设宴请客，被邀请的有赵延年、庞薰琹、潘思同、黄永玉等很多同行。那里其实是一处工棚，大且长，唯有如此才能让刘开渠搞大型创作；然而令人诧异的是，工棚却毗邻工部局的一个化粪池。当时天热，仅在两米开外的露天化粪池，让艺术家们觉得"熏天的臭气把身子托起来了"。离开刘公馆时，大家可能都被臭气熏昏了，皆一言不发。

有趣的是，举世闻名的艺术大师里奥纳多·达·芬奇也忌讳粪臭，且看他设计的公厕："座圈应能够旋转，……天花板上满是小孔，如此人们才能呼吸自如"，强调的就是通风除臭。"英雄所见略同"者，还有我国明代的文豪李笠翁。他梦想在书房的墙上凿一小孔，嵌上小竹管，用它将尿排出屋外，以保室内无臭味。可见如何去除厕所中的特殊气味，是古往今来一件很伤脑筋的事情。

"约翰森公厕"为何受欢迎

在前文中曾提到过，1864年盆汤弄建了一座"大尿坑"，后来

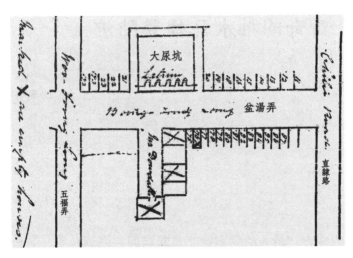

大尿坑粪臭案中工部局的手绘示意图

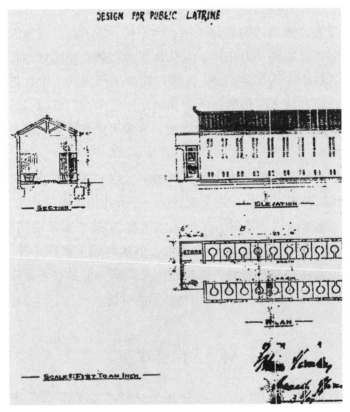

工部局的公厕示意图

因粪臭出了事端。起因是大尿坑的地皮乃工部局向同仁保安堂（一家民间慈善组织）所借，随着"四周房屋造齐，户口日盛"，问题也接踵而至。"平日该坑秽气侵人，天热更甚，邻居因之感生疾病者甚多"，盆汤弄的房屋出租受其影响少人问津，因此常有居民到保安堂抗议。1891年，10位居民联合上书要求收回地皮、拆除公厕。信中说："上中两等之人及附近居民，家内有桶，却不要用该坑。用之者，大半系下贱之人，如小工、乞丐、流氓、扒窃等人为多。即使坑厕设在较远，此等人亦可奔驰而赴，不必（将公厕）设在房屋枥比热闹之区。且堂中今岁亦欲起造房屋，必须收还该地。特为联名吁求贵工部局董事大人，速赐饬将该坑迁至僻静空阔之处，并将基地交还堂中，以使居民而安生业。"接信后，工部局原则上虽同意归还地皮，但命卫生稽查员先查清此举之利弊。

　　卫生稽查员调查后回禀：由于附近没有其他厕所，很多华人都在使用它。如果将"大尿坑"迁走，会带来更多麻烦。他建议，可以按照"萨姆·约翰森式样"在附近重造一个厕所。这一建议获得了批准。方案定下后，总董麦格雷戈和工程师一起去实地察看。几天后，他们在盆汤弄靠近五福弄的一侧，谈定了一处地皮。但业主开出的条件非常苛刻，且不说那昂贵的租金——每月6元，为期10年，单看他对厕所建筑的要求就很复杂：厕所须建6米多高的外墙，它与民房之间要保留22.5平方米的空间。整个建筑只能开一扇宽约0.76米的门。除了设天窗通风外，不准建其他窗口，且房屋式样不能对毗邻的住户造成污染。另外，工部局还要派一名全天候的专职管理员来值班，维持厕所内的干净卫生。工部局为了设厕并除臭，不得不向附近的居民做了些妥协。

　　尽管很多人嫌弃茅厕，可也有人把它作为一项事业来用心经营。上文提到的萨姆·约翰森正是其中之一。1891年，约翰森向工部局申请，在天潼路和北四川路转角处自建一座公厕，以取代工部局原有的那座。在此之前，约翰森已承建过好几座厕所，卫生状况均良好，所以卫生稽查员极力促成他的申请。刚巧，北四川路的居民也反感那座臭不可闻的老厕所，纷纷要求把它迁走。可这块厕所的地皮属于玛礼逊土木工程建筑公司的沙逊先生。工部局找沙逊商谈时，他不但拒绝让约翰森在那儿造新厕，还要求把老公厕也迁走。于是，有工部局董事提出，可以在汉璧礼路的延伸段造一座公共小便池。过去工部局在那儿买下的一块土地正闲着，其面积足够用来建厕所。他说，将来的新厕所可租给萨姆·约翰森经营，同时允许约翰森向使用者收取适当的费用。

为什么人们信任约翰森经营的公厕呢？据档案显示，约翰森的公厕里铺设了石块地坪，白天经常清洗消毒，晚间还有灯光照明，因此成为当年一种高档公厕的代表。

中国留学生眼中的抽水马桶

19世纪末，为了除臭和保洁，工部局推出了从简装到豪华的各种新厕所，大致可归为以下四种：

最廉价的是仅需35两白银便可建成的简易厕所。1894年6月，卫生处考虑到暑天防疫问题严峻，在3周内填平了16个粪坑，然后建了一批这样的简易厕所供苦力使用。它们有墙和顶棚，但没有自来水，内置可移动的便桶，每天清除2次。

比简易厕所稍微高档些的是水泥小便池，当时大多建在汇山区。它们占地少，为三合土地面，造价仅白银60两，但设有管道与市政下水道相连，便于冲洗。

第三种就是大名鼎鼎的"约翰森厕所"。1894年，工部局预拨白银2 000两，在虹口的老街弄、头坝路以及玛礼逊路上建了3座。其中以老街弄的那座最高档，不算煤气和自来水，共耗银784两。另外

2座内部设施和老街弄的一样,但因采用木制结构建筑,故而造价较低,除煤气和自来水外,每座不超过460两。

最豪华的要数一种安装自动冲洗水箱的公厕。这种自动水箱每只造价42两白银,每15分钟冲水25加仑,与过去使用的每天冲水1万加仑的恒量冲水器相比,耗水量大幅降低。1891年,租界内共安装了4只这样的水箱。其中第一只便装在南京路虹庙后、盆汤弄的"大尿坑"里。

而在英国,装有冲水箱的公厕比上海早出现40年。1852年,伦敦舰队街就有了首家冲水公厕,不久后在霍尔本路上又建了一座,更让人津津乐道的是,其中男用小便池的冲水箱内竟养了一些金鱼,每次冲水时,这些金鱼都得奋力抵抗向下冲的水流压力,就像它们在大海涨潮时做的那样。除金鱼外,设计者还在水箱上画了大英帝国的各种旗帜,将它装饰得花花绿绿,较之那些上海工部局建的豪华公厕,它可花俏多了。

这种带自动冲洗水箱的坑厕,今天的读者已不难理解,可泛称为抽水马桶。然而,当中国人初见到它时,觉得十分新鲜,甚至还不知道用什么来称呼它。

据我所知,最早描绘抽水马桶的中国人叫张德彝。他是北京同文馆学员,还当过光绪皇帝的外语老师,一生8次出国,记录下各种新奇见闻。1866年,张德彝在从上海至天津的英国轮船上,见到了这种处理排泄物的新奇装置。他在《航海述奇》中写道:"两舱之中各一净房,亦有划门(即移门)。入门有净桶,提起上盖,下有瓷盆,盆下有孔通于水面,左右各一桶环,便溺毕则抽左环,自有水上洗涤盆桶。再抽右环,则污秽随水而下矣。"

洋务运动中,另一位中国留学生志刚,在《初使泰西记》中,也有一段关于抽水马桶的记述。那是同治七年(1868年)他访美时所记,时间上比张德彝晚了两年。志刚所见的抽水马桶是一个木箱,里面设一白瓷便桶。跟张德彝所见稍有不同，仅有一个开关，只要拉住它，"清水细流犹自盎口板缝旋转而下，并秽浊之气味亦吸而去矣"。这个马桶底部有一片可活动的铜页，志刚称之为"当"。放了开关，"则铜托上抵，旋流之余，又存清水二寸许矣"。

为安装抽水马桶而对簿公堂

对于抽水马桶这个舶来品，中国的有识之士很快就察觉出它的价值，并将其视为文明的标志。20世纪30年代，《东方杂志》举办过一个题为"梦想中国"的全国性征文活动，吸引了陈立夫、柳亚子、梁漱溟、巴金、老舍、林语堂、周作人、徐悲鸿等一大批知名人士的热情参与。其中尤以周谷城教授的"梦想"最引人注目，他说："我梦想中的未来中国首要之件便是：人人能有机会坐在抽水马桶上大便。"

这个听来让人喷饭的梦想，现在已基本实现，今天享惯抽水马桶种种好处的城里人，甚至"不可一日无此君"呢！著名文化人马未都就说过："我小时候家庭条件还是不错的，家中有抽水马桶，所以从小坐马桶已成习惯。记得十八岁下乡蹲农村的厕所，如此污秽恶臭尚可克服，唯一的问题是蹲便十分不习惯……对我这种从小养成在厕所看书磨蹭习惯的人来说，简直是一种酷刑……"然而一个世纪前，当抽水马桶登陆上海滩时，却遭到了强烈的抵制。

1893年8月，卫生稽查员报告说，大约一个月以前，汇丰银行安装了抽水马桶和小便池，其排水口与房子北边的排水沟连接，污水最终将流入海关码头南边的黄浦江中。而上海总会在几年前就同样安装了这个设备。听到这些负面反映，工部局的首脑们认为，必须制止这种行为。因为所有这些排水沟都属于工部局，市民私自将抽水马桶的排污管与之相连，会造成严重污染。

事实上，英国人对这种行径并不陌生。伦敦曾有妇女将自家厕所的排污管与公共雨水沟相连，结果公家的水沟很快就堵塞了，害得街坊都苦不堪言。经历过几次疫病大流行后，身在上海的洋官们好不容易把租界的公共卫生收拾得稍有起色，却发现了这种让他们早已深恶痛绝的行径，当然反应强烈。1904年，卫生官向上级建议，应采取措施制止在租界安装抽水马桶，甚至已为此拟改了建筑规章。可工部局首脑的思维不会这样极端，他们只想以提高清洁费的方式，给那些热衷尝试新设备的人设道门槛。

然而，应时而生的新事物，总是"青山遮不住，毕竟东流去"的。1905年，申请安装抽水马桶的数量非但没有因清洁费的提高而减少，相反还与日俱增。1907年，租界的精神病院要建抽水马桶，工部局虽然还是坚持不准将排污管直接与租界的污水管道相接，但允许他们仿照外滩等地一些高级楼房的流行设计，建一个槽式污水池。

让抽水马桶之争引起公众注意的，是麦克贝恩公司与工部局对簿公堂一案。1913年，麦克贝恩公司从轮船招商局手中买下原旗昌洋行的不动产，拆去旧屋兴建大楼。施工时，他们打算在新楼内安装抽水马桶，而工部局以《土地章程》第30条和《工部局通告第1789号》为依据加以阻挠，于是麦克贝恩公司向领事法庭提起诉讼。1915年7月21日，领事法庭宣布：工部局所依据的法规实质上已超越权限，所以阻止安装抽水马桶也是一种越权行为。法庭要求工部局修改规章，同时也规定麦克贝恩公司有义务将粪便定期运送到租界外，使卫生处满意。

其实，工部局对安装抽水马桶的种种顾虑，有一部分可能来自对城市地下排污系统的担忧，因为他们修建的下水道存在先天不足。这事还得从1852年说起。当年，工部局董事金能亨提出修建下水道的建议时，反响冷淡。有租地人甚至认为，以租界现有的卫生状况根本不需要庞大的排水系统，"好望角以东还未找到一处如上海这般少有疾病的地方，所以不必为卫生状况而花销巨额经费"。可事实证明了这一论调的荒谬。1862年起，工部局还是不得不为这座日益膨胀的都市修建下水道。但那个工程是在资金极为拮据的情况下启动的：按预算整个工程需耗银132 800两，而工部局筹到的资金，连预算金额的六分之一都未达到，仅为20 000两，所以该工程质量可想而知。

抽水马桶官司结束后，按领事法庭的要求，工部局于1916年11月29日颁布了新的《关于抽水马桶的规定》，强调申请安装抽水马桶和化粪池者，要提供一式两份按规定比例绘制的建筑物平面图和剖面图。抽水马桶间的外墙，应有1扇面积不小于4平方英尺的窗子，马桶间内安装容积3加仑水箱1只，供冲洗马桶用，并安装通气管。化粪池应建造在车辆可进出的地方，其容量按照抽水马桶的数量和使用人数而定，建造化粪池要用钢筋混凝土等不透水材料。卫生官还建议：征收临时税款作为工部局清理厕所阴沟污水的费用。按他的想法，每个厕所应收税2两，每个化粪池的最低额为20两，这样就足够应付建设排污设施所需的费用，还能订购2辆清洁用的水柜车。他的建议获得上级批准。但总董皮尔斯认为，应把税款的数额降低一点，以便让社会形成使用工部局设备的风尚。

从此，抽水马桶大踏步地走进了上海。仅1917年这一年内，就增加了145只，那时租界内共有大约500只抽水马桶。

抽水马桶的发明到使用经历了两百年

有位老先生告诉我，20世纪30年代，他在父亲工作的写字楼里看到过老式的抽水马桶。其父供职的公司叫协隆地产，是一家中国人办的私营公司，开在静安寺路（今南京西路）和斜桥弄（今吴江路）交叉口的一幢大楼里。老先生还记得那个白瓷的抽水马桶，座圈是木头的。马桶上有个高高的水箱，它旁边伸出一根铁杆，杆上垂下一条绳子，绳子下端吊着个木制手柄，柄上雕着一圈一圈的纹路，握上去手感很好，轻轻一拉就会哗啦啦地冲水。水箱下是一根笔直的铁管，上面涂着铝粉漆。这个写字楼里的公用厕所，不分男女，也没有厕纸提供。面积大约10平方米不到，非常干净，地面铺着白瓷砖，墙上贴着白色的马赛克。除了木门上的那个毛玻璃窗，整间厕所都没有窗户，竟然也闻不到什么臭味。每次排泄完，只要简单的一拉一放就冲走了粪便，让便器干净一新，这让他感到十分新奇。然而他也许还不知道，为了能享受到这种便捷，欧洲人走过了不少于两百年的路程。

　　迄今为止，有关厕所史的著作基本都认同，抽水马桶的最初发明者为16世纪伊丽莎白女王的教子哈林顿爵士。据说那位伊丽莎白女王是个嗅觉敏感的人，为使教母的鼻子免受厕所臭气的困扰，哈林顿设计了一个能利用引力灌水冲洗的木马桶，名叫"埃阿斯"。他自信地说："我的这一发明不需要一个汪洋大海，而仅是一个蓄水池，无须整条泰晤士河，只须半吨水，就可使一切变得芳香宜人。"哈林顿在里士满宫中建了一个"埃阿斯"，让教母享用。尽管除臭效果良好，可伊丽莎白女王竟拒绝使用。于是，第一代抽水马桶就这样沉寂了两百年。

　　到了1775年，伦敦的一个钟表匠亚历山大·卡明斯，继承并改善了哈林顿的发明。卡明斯吸取了前者利用重力使水流加速的优点，又在设计中加入了一个S形水管，可用于阻止坐便器和排污管之间的脏水逆流。这种封闭臭气的装置，还可阻挡臭味从排污管中逆向溢出。三年后，一位叫约瑟夫·布拉马（Joseph Bramah）的发明家在亚历山大的成就上作了调整，他给抽水马桶加了一个阀门，使水在便器中呈漩涡状转动。这个设计使坐便器中的污物更易被清理干净。布拉马出生于农民家庭，是工程学领域的著名人物。至18世纪末，

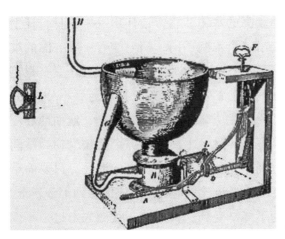

约瑟夫·布拉马发明的马桶装置

布拉马已在英国安装了6 000只抽水马桶。那时的法国人,将这种抽水马桶称为"宽敞的英国便利物"。张德彝在英国轮船上所见到的,很可能就是这种器具。

可是,布拉马式抽水马桶仍有一个致命的弱点,就在他设计的阀门上。因为18至19世纪欧洲和美洲的大部分厕所都设在屋外,通常是在花园附近,寒冷的季节中,阀门极易被冻住,那样抽水桶就无法正常工作了。1852年,英国有一位管道工乔治·詹宁斯(George Jennings)弥补了布拉马的缺陷。他发明出一种虹吸管式装置,加强了冲入便器中的水的压强。他首次将自己的发明同新建的公共排水系统连接在一起,以改善公共卫生。

不过,首个现代化的一体式抽水马桶,却并非出自詹宁斯之手。1879年,一位叫托马斯·崔佛(Thomas Twy-ford)的管道工,以瓷制坐便器淘汰了先前普遍使用的木制坐便器,并用U形弯管结构使瓷器马桶下保留一段水柱,隔绝管道的气味。之后,他的设计与克拉普尔的拉放系统合璧,最终完成了适用于现代公共卫生的便器进化。克拉普尔(Thomas Crapper)设计的无阀节水器,水箱内有一个带链条的活塞。拉动链条即打开活塞,水从管道中冲出来,取代了管道内的空气，水流运动产生的力量排空了水箱，又使干净之水能在没有滑阀的情况下自动装满水箱。因此用户无须一直拽着拉绳，直至便器中的粪便被彻底清空。这比张德彝所见到的抽水、排水需要两个拉环的抽水马桶，又前进了一步。崔佛抽水马桶一度流行，批量生产出多种型号，远销海内外。1927年，位于上海西区的兆丰公园进行公厕改造时，采用的就是崔佛216型的抽水马桶，当时它每个售价在白银7两左右。

我之所以会注意到兆丰公园的厕所，是因为《上海卫生志》上说："民国十八年（1929年），（工部局）卫生处在公共租界兆丰公园（今中山公园），建造上海第一座专供儿童使用的儿童公共厕所。"而当我为此去查阅工部局的档案时，却没有发现关于这座儿童公厕的记载，倒是意外地了解到其某些特殊的设计，这些且留待下一篇再叙。后来，据一位住在兆丰公园旁的老人回忆，似乎公园里早年确有儿童厕所，但它具体的位置在哪里，老人也说不清了。

新式公厕的"噱头"

抽水马桶需要用水冲刷。建造一座新公厕，往往就是一个配套工程，需要多方协力才能完成。如果市政建设的其他方面跟不上，再好的新设施也推广不开。

20世纪20年代，华界一些民间自治组织要求兴建公厕时，就遭遇到了这样的困难。当时闸北虬江路一带没有公厕，闸北虬宝各路商界联合会请求淞沪商埠督办公署公务处，在虬江路及交通路，即人和烟厂前门及西虬江路等处设厕。

1926年7月6日，保安处巡务科科长去现场勘定地点，选中宝山路与虬江路交界的西南角一块空地，绘制了一张备选厕址图，提请工务处处长审批。8月13日，建筑科派科员会同巡务科的人再去现场

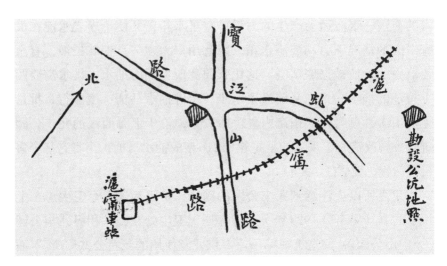

淞沪商埠督办公署保安处绘制的造厕址图

勘察地皮。回禀后,由建筑科科长呈报工务处处长。新厕施工期间,建筑科上报工务处,要求通知相关水电公司来装设水电。

工务处发公函给闸北水电公司,命水电公司将新厕所的总龙头打开放水并安装水表。不知是什么原因,闸北水电公司却没有将水龙头全部安装到位。不多久,工务处又发了一封公函给闸北水电公司,全文除了表达催促之意,更有一处颇耐人寻味的涂改痕迹:一般公函的结尾处使用的多是"至纫公谊"等表感激的书信套语,而此处"至纫公谊"四个字被墨圈草草涂去,在旁边改为"并希见复为荷",语气明显急迫了许多,还带些强制的意味。

9月10日,闸北水电公司终于派人来勘察了一番。随后,水电公司出公函给督办公署工务处,要求该处派人和水电公司的技术科联络,商量新厕内部如何装置等问题。因为这个公厕要转接租界自来水,所以水费问题是一个不得不商讨的焦点。9月11日,督办公署"一锤定音",说新厕水费"当照马路上公用龙头向章办理",然后将用水记数表送报卫生局第一科沪北区主任备案。这场历时三个月左右的公函"马拉松"才算跑到了终点。

　　正因如此，至20世纪40年代，华界有抽水马桶的公厕还属罕见。洪光祥先生告诉我，有一次去逛老城隍庙，竟然发现魁星殿外的西面墙上，挂着一块有趣的招牌，上面用黑色的大字颇为端正地写着"新式大便"。怪了，大便怎么还有新式旧式之分呢？当时，路人当然也包括洪先生，都感到十分好奇。购票入内一看，原来就是坐式的抽水马桶，因此物罕见，所以被厕主当作"噱头"来招揽生意了。

重细节：建造保护私密性的文明厕所
——漫话上海公厕之四

叶苇荼

据说，于右任在担任国民政府监察院院长期间，曾发现政府机关院内有随地便溺的现象，于是便提笔写下"不可随处小便"6个大字，命人贴在显眼处。因为于右任的墨宝一字千金，所以贴通告的人不但没照办，还偷着将字条拿回家去，裁成六小块，改变了原来的顺序，重新装裱后挂在自家厅堂上，其文成了"小处不可随便"。其实这样意思也通，如厕看似小事，却不可随便处之。

这让我联想起那本曾畅销一时的《细节决定成败》，自从它出现后，我们身边有关细节的话题就逐渐多了起来。因《天大的小事》一书而走红的学者王力，曾被北京市城管局请去演讲。在可容纳1 000多人的大礼堂里，王力一不谈国内生产总值，二不说消费者物价指数，花上35分钟仅仅谈了个厕所的问题，在他看来这就是"天大的事"。

的确，厕所虽然只是人类的排泄场所，但只要它的某个细节没被设计好，就会让人感到十分不舒服；反之，如果在设计上多照顾到一些细微之处，那么它给人带来的满足，又不仅仅是生理需要那么简单了。

让我先从民国元年一则日本人的上海游记讲起吧。

让日本人犯晕的上海旅店茅坑

1912年，日本广岛县立中学的老师中野孤山到四川"担负开发东洋的大任"，途经上海时入住一家中式旅店，那儿的厕所给他留下了深刻的印象：

厕所的构造也与我国迥然不同。在一个屋子里并排砌着好几个类似我国灶坑一样的东西，每个里面放一个土陶罐（可以取出来的），各坑之间没有挡板相隔，可以一眼望穿。解手时要蹲在坑上，有时好几个人并排蹲着。我们曾经遇到一件滑稽可笑的事情。……在中国旅社（可能叫永和祥里）住了一晚，第二天起床时，大家都表露出对环境的不满，觉得自己昨天还在"春日丸"（笔者注：他们搭乘的日本轮船）上当绅士，今天就要睡在这个像仓库一样的旅店，由绅士降格为伙计了。此时有一个年轻绅士，起床后直奔厕所而去，可是当时已经有一个华人先蹲在茅坑上，瞪着双眼，鼓着腮帮子，用尽了全身力气在解手。见此情景，他只好退出来。过了一阵见有人从厕所出来，他又进去，没想到这次里面并排蹲着两个人，他又退了出来。又过了一阵，他心想这下应该都出来了吧？他一边嘟囔一边进去一看，结果这次并排蹲着四个人，还悠哉游哉地抽着烟，满脸的不在乎。见此情景，他夹着屁股，铁青着脸，不知如何是好。我们都很同情他，没敢捧腹大笑。这便是出国之初，对他国国情不熟悉所造成的窘迫。

中野孤山的描述带着日本人特有的细致，多亏他的记录，使我看到了1912年上海旅馆内部的公厕构造。这是我在同类记载中所见到的最为生动和具象的文字。但我觉得中野孤山的表达多少有些自视甚高的意味,要知道当时的日本也不过刚刚普及抽水马桶而已。日本的平安时代(相当于我国唐宋之际),庶民阶层的住所都没有厕所。平安末期的作品《饿鬼草子》中就记录了男女老少在败墙颓垣下排泄的情景。公元934年前后成书的《倭名类聚抄》(即日本最古老的百科全书式汉日辞典)中收录了"川屋"这一条目,指的是当时那些临河而建的厕所,它们都将屎尿付之流水。而过去日本的宫廷、官府和上等人家的厕所,也都跟上海旅馆中一个样,是敞开的、没有隔断的长条坑槽。在日本的农村,有些厕所还是四个坑位环绕着一个厕纸台,如厕时彼此不也是"一览无余"吗?

其实,开放如厕甚至男女混厕,也不算什么稀罕事。20世纪40年代,张兴渠先生到上海川沙县走访亲友,曾在某渡口使用过一个男女混用的茅房。另一位郑先生也向我提起,1975年去宁波出差时,他就看到过不分男女的公厕,没有隔断亦无大门,如厕者一律坐式,面朝人来人往的大街。2009年5月,在"浙江第一渔村"——石浦东门岛,我还亲眼见过郑先生说的那种公厕,它们仍在被使用。

罗马人对此早有名言:"能在一起排便的民族,才是团结的民族。"所以世上最宽敞舒适又兼具公众休闲性质的公厕,就诞生于公元前4年的古罗马。美国作家哈丁·卡特撰写的《马桶如何拯救文明》一书中,详细描绘了罗马人的这一杰作。那些公厕为交谈而建,通常是一间宽敞开放的房间,没有间隔将使用者分开,人们可以一边排泄一边聊天。卸下负担后,那根浸在坑座前水道里的绕有海绵的棒子,就算是"厕纸"了。

"遮羞布"被提上了议事日程

尽管我对古罗马人心怀敬仰,可要亲身体验集体排便,不仅我会皱眉,现代都市人恐怕大多无法欣然前往吧。这是因为文明的进步会改变人的廉耻观。从中世纪开始,欧洲人就不再集体排泄了,他们开始讲究"回避"。1530年,埃拉斯穆斯·封·鹿特丹在一本对男孩们进行礼貌教育的书中,告诫大家要去隐蔽的地方解手。1570年,《韦尔尼格罗德的宫廷规矩》中要求:"不能当着妇人的面,或在门窗洞开的宫廷居室和其他房间内解手。"1589年,《不伦瑞克的宫廷规矩》又更进了一步,其中规定:"每一个人,无论是谁,白天黑夜、餐前餐后或就餐期间,都不能在走廊里、居室内、楼梯上或螺旋形的石阶上随便解手或乱丢污秽之物,而应该到合适的、规定的地点去方便。"

当欧洲工业革命兴起后,厕所文明观被彻底更新了。此时的欧洲人开始讲究如厕的私密性了,于是英国街头出现了全球首家流动公厕。当然,它是人工的。经营者是一个叫约翰尼的流动小贩,他身披宽大的黑色斗篷,手提便壶,在爱丁堡边走边高声吆喝:"便一便,半便士!"当客人"方便"时,他用黑斗篷把客人遮盖,保护其"隐私"。另一位法国药商卡迪·德·嘎西克尔在维也纳旅行时,也享受过类似的服务。他记述道:"那些充满山林气味的男子,站在公共广场或接近建筑物的狭窄场所,拿着有盖子的木桶和大布罩,木桶是坐式马桶的代用品,大布罩为了围住下方,甚至可以稳稳包住使用者的整个身体,以防暴露,(使客人)得以脱掉不得不脱的衣物。"但这种"便一便,半便士"的吆喝声,并没有收录在1885年出版的《古伦敦的街声》一书中,所以有人推断这种行当在19世纪的伦敦已经消亡。

中国"公坑"对私密性的不讲究,似乎在很长时间内都没发生变化。明代编纂的《三才图绘》中保留了一张当时厕所的示意图,从中可以看到,在坑位的正前方仅砌了一堵窄墙,只能从正面稍微阻挡一下外人的视线,但两边几乎没有遮挡。直到20世纪初,《点石斋

《点石斋画报》中关于上海老城厢小娘浜地区有挑水夫带病工作，如厕时落入粪坑身亡的报道

画报》中画的上海老城厢小娘浜的公厕依然如此，可见国人在这方面的观念进步之慢。当时来到上海的外国人，在廉耻观和优越感的共同作用下，保护私密性的观念更加剧了。比如前文中提到的那位住进上海旅店的日本人，他们刚经过明治维新，文明观念有了更新，就对华人如厕时的"开放"态度大为反感。

因此，工部局那些高鼻子蓝眼睛的官员给租界设计公厕时，对私密的保护就十分讲究，甚至可以说有些苛刻了。1891年10月的某次董事会会议上，与会者指出，租界内还有不少露天小便池，很不雅观。于是，工务处的工程师就受命为它们设置遮掩隔板。2个月后，总董白敦又指出，不久前给小便池安装的屏风仍有明显缺陷，路人照样能看到里面小便的人，请工程师再行改建。兆丰公园的女厕设计，更将这种保护排泄隐私的要求发挥到了极致，它被分隔成两个区域，分别供太太和女仆使用。

公厕的设计一向由工务处下属的工程师承担，所以只要有人指出设施存在缺陷，工程师就得一次次地修改。谁知后来有人竟主动揽下了这桩"苦差"，他就是1898年新任的卫生处处长斯坦因。1901年，工务处对斯坦因的设计提出了10条意见，其中不少就与"遮羞"有关：不仅是平行的两排坑位，让人们面对面排泄会很别扭，就是同列坑位间的隔断高度也不够，彼此能看到旁边的人。还有那些男厕附设的小便池，似乎是后来才想起补建的，结构上完全没有兼顾隐私的保护，使用时会被路人尽收眼底。

上述缺点尚能改进，难办的是通风口的设计：通风口要设在使厕内四个角都能接触新鲜空气的位置，这已经不容易了，何况它的尺寸还颇有讲究，开大了会"走光"，开小了又不能满足空气流通的需要。可见一座公厕的设计也有很多学问，不是随便什么人都能胜任的。

越来越讲究的厕内装潢

即便是由专业人士精心营造的新厕所，在投入使用后，还会不断地暴露出这样或那样的问题。比如一些公厕的面积仅为12平方米，实践证明在繁华路段，这样小的规模实在有些"供不应求"。此外，木建筑的厕所容易腐烂，而用混凝土建成的则相对牢固些。之前的不少砌砖的厕所，总爱在墙面上刷一层石灰，以为能够达到美观和保洁的效果，但经这样处理的墙面容易吸潮，远不如混凝土墙面干

20世纪50年代初,上海城乡接合部的公共厕所

净耐用,而且砌砖的地面会使尿水渗透到砖里,留下的臭味连消毒水都难以清除。所以1893年新建的7座混凝土小便池全部以水泥铺地,以免尿液被吸收。这种混凝土材料,经卫生处检验合格后被推广使用。其中,位于山东路与松江路(今延安东路)交界处的那座小便池最早建成,它的墙壁有3.81厘米厚,使用14年后仍完好无损。那里面还安装了一根钻有小孔的管子,作为冲水的喷头。

  然而不久,卫生处的官员又发现了混凝土的缺点。因为新厕所每天都要消毒2次,那时工部局采用的消毒水是一种叫"吉士"的杀虫液,其主要成分之一为阿摩尼亚,中文可译为氨或氨水。1892年夏天,卫生官发现"吉士"中的阿摩尼亚会使混凝土背墙产生恶臭。他建议用平石板代替混凝土,这样改造23处小便池估计要花费1 000两白银。而工部局的首脑们则认为,许多小便池都是新建的,没有必要立刻更换。再说几处主要的小便池均配有自动冲洗槽,应该不至于发出严重的臭味。就算阿摩尼亚会散发不良气味，也不会危害健康（但今天的科学家普遍认为，氨的气味对人体是有一定影响的）。不过，他们答应可尝试寻找比"吉士"更有效的消毒剂来取代它。对那些背墙已经破损或将要兴建的小便池，工部局同意按卫生官的建议采用石板背墙。

不料，这些石板很快又被瓷砖所替代。这项更新的动力，可能来自于公厕内泛滥的小广告和"小说家、漫画家的作品"。《上海鳞爪》的作者郁慕侠写过《尿坑上的张贴》一文，其中感叹道："随便走到哪一处里边去小便，抬起脑袋来瞧瞧，出卖花柳药的××堂、××局的张贴，总是红红绿绿，密如繁星般粘着，使人看了目为之迷。"1909年朱炳成所撰《海上竹枝词》中亦有云："春江花柳病诚多，却喜医家善揣摩。小便池边招纸遍，寄声有恙可寻他。"而铺设瓷砖的好处就在于，贴在釉面上的小广告易于清理，用铲刀一刮就下来了，而且还不易在上面涂抹刻画。所以，1927年兆丰公园建男厕所时，6个小便池、3个可以独立封闭的水冲大便处、2个固定的洗手盆及可以放置毛巾的容器，一律都是瓷器的，连内墙也贴了釉面砖。而女厕所内的"太太区"设有5个硬木坐厕，各配一只3加仑的水箱；"女仆区"为5个蹲厕，各配一只2加仑水箱。与现在不同的是，那些蹲厕的冲水脚踏板也是白瓷做的。

麦克利从严监管公园厕所

主持租界公园事务的是一位园地监督。上海成为大都市后，戏院、茶楼、电影院、公园等娱乐场所也兴盛起来。1899年，因公园的事务日渐增多，工部局不得不找一位专职人员来管理，于是便有了"园地监督"这一岗位。在此之前，1894年的夏天，兰心戏院附近以及公家花园内都兴建了小便池。

公家花园未建厕所之前，游客们大多把园中的假山当成"掩体"来解决"内急"，日积月累，假山周边臭味熏人，所以工部局才不得不紧急拨款建厕。可公厕到底建在哪里，却产生了意见分歧：有的侨民建议就造在假山附近，有的则主张建在靠外白渡桥一侧。结果厕址选在了沿江一带。投入使用一年后，工部局收到的抱怨颇多，说该公厕临江的一边完全暴露于江面。为此，工程师又设计了一道石墙来遮掩。尽管如此，人们还是不喜欢使用它，不少绅士都选择去公园旁的游艇俱乐部如厕，而不愿就近光顾。

1905年，一位名叫麦克利（Macgregor）的苏格兰人来到上海，担任了园地监督一职。他是一位园艺及植物专家。麦克利对工作很认真又很专业。20世纪一二十年代，工部局任命的不少卫生检察员都羞于进入女厕所检查，而园地监督麦克利则无所回避，每周至少去各公园女厕所检查三次，当然也去男厕所。后来，他甚至主动肩负起监管所有公园厕所的责任。每当新公园即将落成时，麦克利总会提出为它们建造公厕的申请。1906年，工部局还为租界内的中国公园（即后来的"河滨公园"）造了有3个蹲坑并附设小便池的公厕。据《旧上海史料汇编》记载："虹口、兆丰两公园的宏规巨模，都是他一手经营的。"因为麦克利的尽心尽力，所以1929年6月他告老回国时，很多人都为之惋惜。

但麦克利的工作也并非一帆风顺。据麦克利和那些公园厕所管理员8年的观察，女厕所的卫生状况总比男厕所更糟糕。故而在1909年以前，麦克利就向上级申请改建公家花园内的女厕所。可卫生处处长斯坦利坚持说，那里的女厕所很干净，不需要改造。就这样，一笔改造女厕的财政拨款足足拖了8年才批下来。1916年左右，工程师特纳根据麦克利所画的草图，精心设计了那座用拨款改造的女厕。内部装修期间，由于玻璃窗的造价过高，又向工部局申请了一笔补助金才安装到位。对外开放时，有15位洋妇人邀请她们的丈夫一起来参观这座新女厕。事实证明麦克利的规划是英明的：当初花重金改建的这座女厕，使用多年后依然干净整洁，从未出现过任何投诉或报修。

"世纪之厕"的影响超越国界

然而在西方人的观念里，那些设于休闲场所的公厕仅仅干净整洁还远远不够。在美式英语里，人们把餐馆和酒店等公共休闲场所中的公厕也称为"restroom"（中文译为化妆间、休息室）。在其中工作的服务员，不叫厕所管理员，也不是清洁工，他们有个特殊的称谓叫"休息室主人"。《华尔街日报》曾报道，在美国当"休息室主人"成了"优差"，旺市时，一晚赚得二三百美元的小费是常事。由于收入可观，吸引了一批"高大威"的青年入行。当厕所服务员为何有那么多的小费呢？原来他们全部受过规范训练，都来自一家连锁性的厕所经营公司。该公司专门向酒店及娱乐所场的厕所派遣训练有素的"休息室主人"。当客人如厕后洗完手时，"主人"会及时地递上抹手毛巾和薄荷糖，甚至还为客人喷古龙水呢。细致入微的服务，几乎不亚于我国晋代富豪石崇的厕所侍应。

这也就解释了在改良抽水马桶的众多发明家中，何以只有约翰·詹宁斯一人被誉为"现代马桶之父"。詹宁斯凭的不是其发明的虹吸系统，而在于他规划出了"世纪之厕"。1859年，詹宁斯设想将自己的发明与新建的城市排水系统连接起来。于是他花了20年的时间，争取公共经费普及公厕，终于在世纪之交，将他设想中的公厕建到了美国、阿根廷、南非及墨西哥等国的火车站、公园和城市道路上。作为首批现代公厕，它们通常都隐蔽在某些建筑或公共照明设施的后面，不少还建在地下，以免触怒那些"脆弱敏感之人"。詹宁斯的"世纪之厕"中有一名服务员，他将收取1便士的工钱，然后为顾客提供干净的擦手纸、一把梳子，并用一片湿润的皮革擦洗前者使用过的座圈。此外，还有一位擦鞋匠会在一旁听候客人差遣。这些都成为服务性公厕的蓝本，在全球迅速传播开来。

受其影响，当时上海的公厕也有了一些服务性项目。我所见到的材料中，最早的这类记录出现在1926年7月麦克利写给工务处副处长的报告上。麦克利说，他注意到不少公园厕所存在管理漏洞，比如当时每座公园厕所都备有24条毛巾供客人使用，而他检查时，却发现毛巾摆放的位置不明显，因而未能物尽其用，应该及时做出调整。

类似提供毛巾这样的温馨设计，在公园厕所中还有不少。比如1925年，一个叫惠尔（Wheeler）的人设计出一种固定装置，它既可以被当成坐便器，又可以让如厕者蹲着使用。虹口公园、兆丰公园和公家花园的男厕及公共运动场的公厕中，都安装了这一装置。遗憾的是，据麦克利和公厕管理员的观察，它的使用率并不高。

杜威目睹便池上挂着火腿

当上海租界娱乐性场所的公厕中开始出现人性化服务时，华人的饭馆里还大都没有厕所。1921年，友人请在中国旅行的日本作家芥川龙之介在雅叙园吃饭。饭后，芥川龙之介问跑堂厕所在哪里。谁知，跑堂竟指点他去厨房的水槽上解手。实际上在此之前，一个满身油污的厨师已经在那儿做了示范。后来，芥川龙之介在其游记中写道："在雅叙园、杏花楼乃至兴华川菜馆等，味觉以外的感觉与其说得到了满足，不如说是受到了强烈的刺激……我对此算是大大地折服了。"

这倒不是邻邦作家恶意贬损上海饭店，咱们的梁实秋先生也曾这样说过："我们的烹饪常用旺油爆炒，油烟熏渍，四壁当然黯黮无光。其中无数的蟋蟀、蚂蚁、蟑螂之类的小动物昼伏夜出,大量繁衍,与人和平共处,主客翕然。在有些餐厅里,为了空间经济,厨房、厕所干脆不大分开,大师傅汗淋淋的赤膊站在灶前掌勺,白案子上的师傅吊着烟卷在旁边揉面,墙角上就赫然列着大桶供客方便。多少人称赞中国的菜肴天下独步,如果他在餐前净手,看看厨房的那一份脏,他的胃口可能要差一点。"听郑建华先生说,解放后不少饭店的厕所里,还是有这样一个大木桶呢!

  饭店的厕所仅是简陋肮脏倒也罢了,有些居然还在厕所内放置即将用于烹饪的食料。1919年前后,扬州教育团体邀请美国大学者杜威去讲演。结束后,大家把杜威送回镇江,带他到万花楼吃面。席间杜威去用厕,抬头一看,便池上竟然挂着火腿。当时作为欢迎代表之一的陈邦贤也在场。杜威虽然没说什么,但陈邦贤却觉得很难堪,认为"我国这些不卫生、缺教育的弱点都被人家看出来了"。

  更让外国人瞧不起的是,华人设置厕所的位置往往不恰当。晚清的德国传教士、汉学家花之安(Ernest Faber)说:"(中国)庙之侧多设尿缸,贪图射利,臭气熏天,不洁之状,莫此为甚。"我不知他这感想是否由上海而发,因为沪地有首广为流传的竹枝词,说的就是那尊著名的"撒尿菩萨":"菩萨应将香气承,缘何此独撒尿称?只因身处毛坑侧,遂至终朝臭味蒸。"据说那是一座嵌墙庙,地址在小东门外洋行街,终日香火鼎盛。但这位菩萨究竟是保佑什么的,则说法不一,有说他是财神,也有说他是保佑淫业兴隆的。此非本文主题,姑且并录存疑吧。

  习以为常的事,并非就是合理的。1924年,闸北满洲路附近的北公益里建了一座自流井,以改善居民的饮用水质量,可是这井却偏偏挨着一座坑厕。北公益里本属著名士绅沈镛的产业。沈镛,字联芳,浙江湖州人,1910年起任闸北商会会长、闸北市政厅厅长、上海总商会副会长。他曾力阻租界向北扩张,并尽力开发闸北。1926

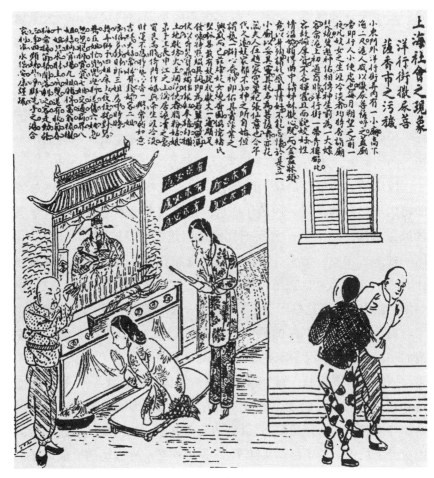

《图画日报》描绘的洋行街上的"撒尿菩萨"

年夏，沈镛考虑到北公益里坑井毗连，加之天气炎热，难免污染水质，于是致信淞沪商埠督办公署，要求将坑厕拆除，又"深恐于人民不便"，希望另建一座坑厕。督办公署果然照办，在靠近蒙古路的一侧重建了公厕。

尽管国人对待茅厕之事一向粗率随意，但也不断有人在试图改变这种明显落后的习俗。沈镛是其中之一，天才的物理学家束星北则是另一位。20世纪60年代，束星北被错打成"反革命"，被强迫在青岛医学院打扫厕所。在身受迫害的日子里，他居然还在认真琢磨如何改造厕所，希望通过自己的长期实验来解决"为什么大便经常拉在坑外、大便经常用水冲不掉、水箱经常坏"等问题。

"小处不可随便"，从细节可以洞悉一国的国民性。我想，随着中国社会的不断进步，重视厕所文明的人，应该总会越来越多吧。

海纳百川

漫话上海疫情报告制度

许洪新

2003年"非典"流行，全民迎战。在这场制服"非典"的人民战争中，人们的社会意识和公众利益意识极大提高，自报和举报疫情与人员流动情况，已成风尚。为了鼓励这种风尚，有的社区对报告者实施了奖励。这样，就为构建遏堵SARS毒魔肆虐的坚固屏障提供了可靠的情报。流行病学强调，及时掌握疫情，是控制和防治传染病的首要环节。其实，这也是评价现代社会管理机制和社会文明进步的重要标准。在"闭门家中坐"的日子里，笔者翻检了有关上海疫情报告制度的史料，虽然只是一鳞半爪，然抚今追昔，亦感触多多。

民国五年颁布的疫情报告规定

传染病旧称瘟疫，在科学欠发达的古代时常发生。特别在大灾或大战过后，或在人口密集而又环境脏乱的地区，每逢特定季节，常呈暴发状态。上海最早的瘟疫记录是明景泰五年（1454年）。之后，某年"大疫，十室九病"之类文字不绝于史，仅有清一代，即大疫50余次。如清道光二十九年（1849年）"冬，大疫，民大饥，饿殍载道"。旧方志人物卷中，医生是颇突出的一族，所记除善治疑难杂症

中華民國五年四月三日

⊙傳染病豫防條例（三月十二日公布）（續）

第六條 依前條第七款第八款對於市街村落之全部或一部停止其所用之水或禁止汲水時於停止或禁止期間內應由自治區供給其用水。

第七條 醫師診斷傳染病患者或檢查其屍體後應將消毒方法指示其家屬並須於十二小時以內報告於患者屍體所在地之該管官署其結束時亦同。

第八條 與傳染病及疑似傳染病或因此等病症致死者之家宅及其他處所應即延聘醫師診斷或檢查並須於二十四小時以內報告於其所在地之該管官署前項報告義務人如左

一病者或死者之家長或家屬 二無家長或家屬時其同居人 三旅舍店肆或舟車之主人或其管理人 四學校寺院病院工場公司及一切公共處所之監督人或管理人 五感化院發育院監獄及與此相類處所之監督人或管理人

第九條 凡傳染病患者之家宅及其他處所無論病患者以外之人已否傳染均應服從醫師或檢疫防疫官吏之指示施行清潔方法並消毒方法

第十條 凡經該管官署認為有傳染病豫防上必要時得使患傳染病者入傳染病院或隔離病舍

第十一條 凡經該管官署認為有傳染病豫防上之必要時得以一定之期間使傳染病患者或疑似傳染病患者之家屬及其近鄰隔絕交通

第十二條 傳染病患者及其屍體非經該管官吏之許可不得移至他處

第十三條 對於傳染病患者之屍體所施消毒方法經醫師檢查及該管官吏認可後須於二十四小時內成殮並執行埋葬

第十四條 傳染病者之屍體之埋葬須於距離城市及人烟稠密之所三里以外之地行之掘土須深至七尺以上埋葬後非經過三年不得改葬 傳染病者之屍體受毒較重者該管官署認為預防上實有必要時得命其火葬其家屬若怠於實行時得依行政執行法代執行規定行之

第十五條 凡殮葬及將殮葬之屍體如有傳染病之疑者該管官吏就其屍體及家宅並一切物件得依本條例之規定執行相當之處分

第十六條 地方行政長官認為有傳染病豫防上之必要時得將其事由通告第八條之報告義務人執行檢查但檢查員以持有執照為斷

第十七條 已辦自治地方關於第二條第三條第五條第七款第九款第六條之費用由自治經費中支出之但由自治會議決經地方最高行政長官核准得由國庫酌予補助 地方行政長官為前項之核准後須咨陳內務部 除第一項外因執行本條例所需之經費均由國庫支出之

第十八條 依本條例或依本條例所發布之告示不於法定或該官署所指定之期限內奉行者處五圓以下之罰金

第十九條 醫師診斷傳染病患者或檢查其屍體後不依本條例報告或報告不實者處五十元以下五元以上之罰金

第二十條 對於該管官署官吏或醫師依本條例之規定所為指示不奉行者或依本條例應行報告事項而不報告或報告不

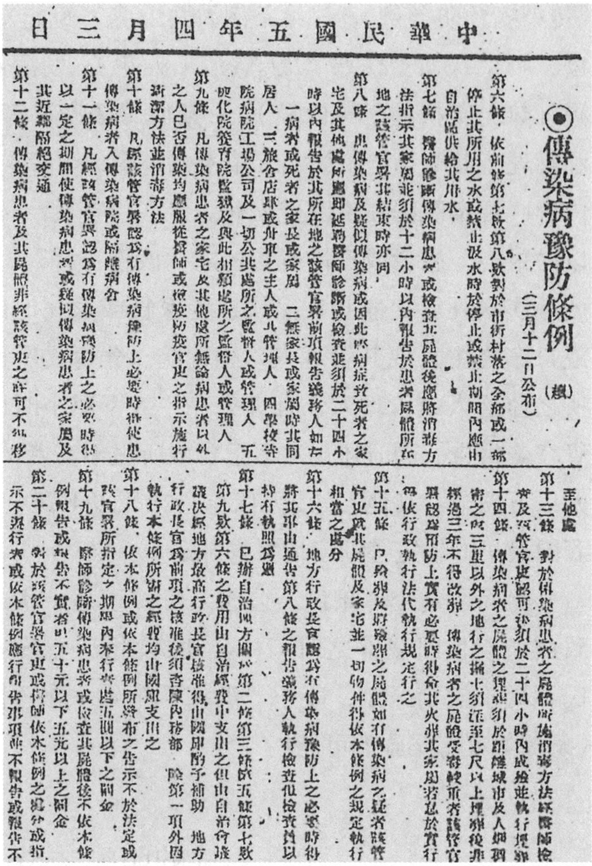

1916年《申报》刊登的《传染病预防条例》

外，多为大疫中，或以某方某法“治之，活人无算”，或义诊施药，“人多颂之”，这也是传染病经常流行的一种佐证与反映。在一些笔记和谱牒中，还间有时疫起时“人皆远之”，“各自闭户以自保”和“避趋他乡”等记载，这或可视为自发性的隔离吧。但由官府颁行的疫情报告规定，则至今未见。至于那种家有死者或发现死者，由家人或发现者，通过地保、里正报告官府的制度，当属治安性质，与疫情报告无涉。

1916年3月12日，北京政府参照欧美及日本的制度，颁布了

《传染病预防条例》。该《条例》共25条,确定对虎列拉(霍乱)、赤痢、肠窒扶斯(伤寒)、天然痘(天花)、发疹窒扶斯(斑疹伤寒)、猩红热、实扶的里(白喉)、百斯脱(鼠疫)等8种传染病进行防治和管理。其中第七、第八、第十九、第二十等4条是关于疫情报告的内容,规定医师在诊断传染病患者或检查其尸体后,"须在十二小时以内报告"患者或尸体所在地之"该管官署";患者及疑似患者或因此等疾病死者之家长、家属、无家长或家属时的同居人,旅舍店肆或舟车之主人或其管理人,感化院、养育院、监狱及与此相类似处所之监督人或管理人,有义务在"二十四小时以内"向所在地之该管官署报告。同时还规定不报告或所报不实者,医师处5元以上、50元以下罚金,其他人处2元以上、20元以下罚金。这是笔者目前所见我国最早的较完善的疫情报告规定。

然而,这个《条例》公布之日,正是中华革命党和全国人民一致声讨袁世凯复辟之时,社会动荡剧烈。《条例》公布仅10天,袁氏不得不撤销帝制,废止"洪宪"年号。在这样的大气候里,此等《条例》哪有实施的可能!

上海租界的防疫举措

由于医学科学的体系与发展水准的差异,以及对公共机构管理职能范围的认识不同,租界当局对公共卫生管理和传染病防治较清政府及后来的民国政府要重视得多。上海租界本城外村野之地,小刀会起义(1853—1855年)前,人口甚少,外侨更少,环境卫生和防疫上的问题尚不突出。即使如此,租界内也还发生过传染病,道光三十年(1850年)4月仁济医馆曾报告过伤寒流行的情况,报告中说"几乎所有居民都戴孝"。小刀会起义后,租界内华人剧增,出于防疫目的的环境冲突日趋尖锐,租界当局采取了一些比较符合科学要求的举措,如收集与清运垃圾等废弃物,填没日益黑臭的河道并埋铺排水涵管,清除和限期搬迁坟地、浮棺及寄厝灵柩的殡舍等。光绪二十二年(1896年)和二十四年,法租界与公共租界相继成立公共卫生处,专事公共卫生、防疫和医疗机构与医师的管理。在发生疫情时,也较早建立消毒、检疫、隔离的制度。如公共租界,同治九年(1870年)为居民接种牛痘;光绪二十年,香港与日本流行鼠疫,两租界对所有进口船只实行消毒,旅客经疫检后,凭"免疫通行证"入境;光绪二十三年起,还在吴淞口设立防疫检查站,对来自疫情地区的船只进行检查;光绪二十六年设立华人隔离医院,光绪三十年建立外侨隔离医院与消毒所;等等。

1927年4月18日,南京国民政府建立。1928年9月18日,国民政府颁布《传染病预防条例》,10月30日又颁布《实施细则》。其内容与疫情报告方面的规定和1916年的《条例》雷同,唯所确定的病种增加了流行性脑炎,共计9种。该《条例》颁布后,两租界也相继

20世纪30年代法租界公董局用霍乱死者灵柩警告上海市民

20世纪30年代上海市卫生局动员市民打防疫针的宣传招贴画

制订了疫情报告的规定。最初规定报告的范围按国民政府的《条例》，也是9种。后来陆续增加，计有副伤寒、肺结核、白痢、回归热、麻风、疟疾、流行性感冒、脚气、狂犬病、麻疹、血吸虫病、脑膜炎等，公共租界还增加了霍乱性腹泻、痢疾、昏睡性脑炎、炭疽、肠胃炎等，法租界增加了产褥热、流行性腮腺炎、百日咳、丹毒、肺炎、沙眼、水痘、风疹、败血症等。

发生重大疫情时，两租界也采取了相应的措施，如1929年公共租界实施传染病家庭消毒，1930年开展灭蝇运动，还设点或开出流动车为市民注射疫苗等。1931年春霍乱流行，4月10日，国民政府卫生署、上海市卫生局、两租界公共卫生处及海关、铁路各方面负责人，在威海卫路（今威海路）43号市政府公余社举行联席会议，出席者有全国海港防疫处处长伍连德、国家卫生署卫生试验所所长陈方之、上海卫生局局长胡鸿基、公共租界公共卫生处处长乔顿、法租界公共卫生处处长维特尔、红十字医院院长颜福庆等。会议决定建立联合防疫总机关,着重研究了如何阻断和根除病源的问题。

报告一例霍乱赏银1元

但当时租界内疫情报告规定缺乏严格的举措保证,更无强制性的死亡登记和执业医师注册登记等相关制度,只靠有限的医疗机构、注册医师与领事馆的自动报告以及一些不完全的死亡登记报告。因此,大量病例被漏报了,根本无法及时、准确地掌握疫情。如1937年底、1938年初麻疹流行,仅收得的街头病童露尸就近4 000具,而麻疹统计中却并无此数字。1939年法租界公共卫生处处长柏吕在一份报告中曾抱怨地写道:"城市卫生工作本就十分复杂,上海更是如此。这个大城市分成三个行政区域的情况和大量的流动人口,使复杂的局面更加复杂。"他列举了当时的霍乱,在香港、汕头、天津都有流行,却又无法控制这些城市与上海间的人口与货物的流动。柏吕还特别强调了"中日对立的形势"对防疫犹如"雪上加霜"。他说仅仅"八一三"事变后的三个星期,即1937年9月1日,法租界人口比事变前整整增加了一倍多,即从50万人上升到110万人。事实确实如此,厕身难民所的密集人口、所内恶劣的卫生状况、能有就不错了的劣质食物,使一切理论上的防疫措施都成了空话。如法租界承担防疫化检的巴斯德研究院,在1938年10月竭尽全力也只进行了1 242人次的烈性传染病检查和对贫民的救助性检查,只能眼睁睁看着传染病蔓延。仅1930年至1942年期间,也就是管理制度最完善的租界后期,天花、霍乱、伤寒、斑疹伤寒、猩红热、乙型脑炎、流行性脑炎、麻疹、回归热等传染病,在两租界与华界都年年流行,其中有多次还呈暴发状。1931年9月15日，上海被宣布为"霍乱流行港口"，1932年1月19日又被宣布为"天花流行港口"。据《1942年法租界卫生概况》披露，居法租界人口死亡原因第一位的是慢性传染病肺结核，第二位就是急性传染病伤寒与副伤寒。在1938年至1942年的3 195名伤寒病人中，死亡2 246人，死亡率高达70.3%，余为天花、白喉、霍乱等；1938年的天花患者607人，其中多属出血性天花，死亡率甚高，共有229人，死亡率也达37.7%。

面对疫情报告的零乱和大量漏报，两租界只能一再重申有关规定。公共租界还推出过"悬赏报告"的招数，1931年夏霍乱大暴发，就悬出了报告一例奖银1元的赏格。这笔赏金大约可购买1.5公斤猪肉或1件质量较好的40支棉毛衫，对于一般百姓而言，还是很有吸引力的。

抗战胜利后，国民政府及上海市政府，也曾先后6次颁布传染病报告的规定。从制度上言，有规定条例，有实施办法，还有一大批配套的表格。上海个别地区在防疫方面做了些实事，如嵩山区卫生事务所所长郁维，1947年6月建立传染病报告卡制度；1946年至1948年期间，与有关医学院密切合作，带领实业医师开展霍乱、天花、伤寒等流行病调查分析；老闸区卫生事务所也开展过清洁卫生周等。但内战战车疾驶，通货膨胀飚升，且不论连饮水卫生都无从解决的生活在肇家浜、蓍瓜弄、打浦桥、潭子湾棚户里的贫民，即便是旧式石库门中的72家房客，斗升之食尚且不保，生了病自然只能硬挺，医院里的医生虽负报告责任又岂能正确报告，当然是十漏八九了。

建立条块交叉的划区防疫制度

新中国成立后，人民政府极其重视传染病的管理。1950年1月，上海市人民政府颁行了《传染病报告暂行办法》，确定天花、白喉、

1950年上海市民带儿童到卫生事务所种牛痘

霍乱、鼠疫、斑疹伤寒、回归热、赤痢、伤寒与副伤寒、猩红热、百日咳、流行性脑脊髓膜炎、狂犬病等12种传染病必须报告，并以前6种为主要防治目标，接报后要求即进行家庭消毒；对烈度最大的前4种，更要"立即报告"，"未确诊前先作可疑病例报告"；如有不报、迟报、误报则予以劝告直到处分，对从未遗报者予以嘉奖。报告责任者也从医疗化验机构扩展至工厂、学校、机关、团体。为使报告网络切实运作，还专门组织对中医师进行流行病理论培训，扭转以往中医师疫情报告薄弱的状况。次年，又分别颁布了各级医院和独立门诊部关于传染病报告的《实施细则》。至1956年，报告责任单位已从原来19个扩大到857个。1957年推行划区医疗时，相应建立了划区防疫的制度。至此，疫情报告形成了条块交叉的运作网络。1959年起，又在居委会普遍建立红十字卫生站。之后，在农村人民公社的生产大队中建立卫生员和赤脚医生制度，使划区防疫细化落实到最基层的居委会和生产大队，疫情监督和报告的岗哨延伸到直接面对城乡每家每户。

报告的范围也随着对传染病认识的深化而变化。1949年以来，须报告的传染病病种先后调整了五六次。1950年是12种；1951年为17种；1956年为21种，并开始根据其烈度分类，当时划为甲、乙两类，其中甲类为鼠疫、霍乱及副霍乱、天花3种；1957年为27种；1978年改为24种；1979年根据《中华人民共和国急性传染病管理条例》调整为25种；1988年增加了艾滋病；1990年按《中华人民共和国传染病防治法》，改为甲、乙、丙三类共35种。

上海率先实现三级疫情微机联网

为了尽快掌握疫情，报告时限也不断缩短。1950年规定4种急性传染病"立即报告"，但当时尚无明确的时限制约，其余8种的时限

1960年上海的少先队员在街头宣传卫生知识

为48小时。1979年规定甲类病例或疑似病例的报告时限为城镇6小时，农村12小时；另两类传染病为城镇12小时，农村24小时；对暴发性疫情则要求"更快"。1989年，上海于全国率先实现市、区、县防疫站疫情微机联网，消除了逐级报告的时耗，从而为迅速掌握疫情，尽快采取应对措施，赢得了更多的宝贵时间。2003年5月，国务院颁行的《突发公共卫生事件应急条例》，将时限更缩短至1—2小时。

疫情报告一要快二要准。上海在组建网络的同时，逐渐形成了一院一册，门诊病史、化验登记、传染病报告登记三核对和区县防疫站季度、市防疫站年度检查的工作制度。平时，不断地对有关人员和广大群众进行防疫教育，加强对疫情报告的认识。从20世纪60年代初起，漏报率开始大大下降。据《上海卫生志》记载，1956年漏报率为19.9%，1963年降为3.2%。而"文化大革命"中，因防疫网络瘫痪，漏报率明显上升，如市中心某区1970年漏报率达32%。1979年起认真落实《上海市传染病管理细则》，80年代开始全市漏报率都在1%以下，许多区县已是连续十多年无漏报。

2003年"非典"流行，考验了上海包括疫情报告制度在内的防疫机制。而严格的属地化布防，防范"非典"监督员队伍的组建，对"非典"与疑似"非典"疫情以及人员流动的上门调查，大量市民的主动报告等，都将极大地充实和丰富疫情报告制度的内容与经验。2003年5月15日颁行的上海市地方法规《关于控制传染性非典型肺炎传播的决定》，更强化了对传染病防治和疫情报告的法制管理。通过抗击"非典"战役，由健全、高效的疫情报告制度及其他防疫制度构建的上海防疫壁垒，必将更加坚固。

1908：疫情中创办的时疫医院

柳和城

上海西藏路"大世界"斜对面的红光医院（今已拆除），原先叫上海时疫医院。它的历史可追溯到1907年一场中西人士联手抗击白喉疫情的战斗……

沈仲礼、朱葆三发起创办时疫医院

柯师太福

20世纪初，传染病被称为"时疫"。那时上海几乎每年都有时疫流行。1902年至1903年间出现了一种叫"红痧症"的流行病。患者初有微热，关节酸痛，不上两日遍身发红斑点。有人病急乱投医，服了过量的凉药，竟一命呜呼。不明真相者以讹传讹，谈"痧"色变。这病本来不至于死人，尚且出了人命，更不要说那些严重的传染病了。1907年夏，上海流行"烂喉痧"（即白喉），来势很凶，感染者成百上千，死亡病例不断增加。连邮传部高等学堂（今交通大学）也出现疫情，一人死亡，数人病危，学生纷纷离校避疫，一些外籍教师准备打道回国。社会上一片恐慌。

工部局深感疫情严重，赶紧在靶子路（今武进路）设立了一所医院，收治白喉病人，请来中国红十字会总医生、爱尔兰的柯师太福（Stanford Cox）主持医务。柯师太福1900年来华，定居上海，任江海关关医，负责进出口商品及出入境人员的检疫工作，后离开海关，参加中国红十字会，担任总医生。自受命救治白喉病人后，他全身心地投入工作。经他救治的143名患者，有101人治愈出院，仅42名不治而亡，大多是求治太迟、病情被耽误所致。柯师太福主要用盐水注射法治疗白喉病人。这种疗法今天已是极普通的治疗手段，然而在百年前，医生为病人注盐水是要冒一定风险的，因为注射时偶一不慎，空气注入血管，病人立即就会死亡。1881年至1907年间，上海公济医

沈敦和

海纳百川

朱葆三

院用此法施救408人，治愈者仅185人。柯师太福深知此法利弊，经过他多年摸索，改良注射器，这次抢救白喉患者，几乎百无一失，柯师太福自此名声大著。

白喉肆虐，疫情紧急。工部局所设医院在市区北隅，交通不便，再说偌大的上海仅此一所医院也远远不够。许多病人经不起长时间辗转奔波，耽误了治疗而死亡。租界当局对各界要求就近建立更多施救场所的呼吁置若罔闻。这下激怒了两位中国士绅。一位叫沈敦和（字仲礼），浙江鄞县人，1893年以江南水师学堂提调身份来沪，1905年任沪宁铁路总办，1906年参与创办"天足会"，时任

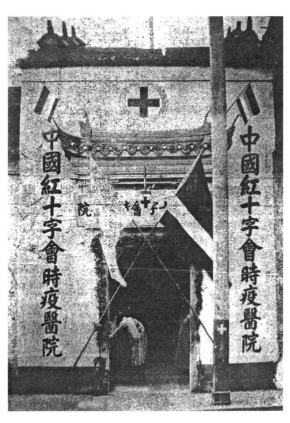

位于天津路上的时疫医院

总商会议董和中国红十字会副会长。另一位叫朱佩珍（字葆三），浙江定海人，著名实业家，在保险、银行、面粉、航运、水电等行业中拥有很多企业，威望颇高。他们又都热心社会公益事业，不忍看到更多的中国人在严重的疫情中倒下，相约联络各方，立即筹资创建"施救急痧医院"，朱葆三出资最多。"外国人不干，我们来干！"1908年初，一所中国人创办的专治白喉的医院在紧急疫情中诞生了。

这家医院最初设立在法租界四明公所后面宁波路（今淮海东路）43号的石库门房屋里，隶属中国红十字会，次年迁至原天津路316号。沈、朱力邀柯师太福主持诊务。建院之初，经费短绌，柯师太福和几位中国医生不仅不取分文报酬，而且还经常慷慨解囊，捐款助诊。1913年，改称时疫医院，柯师太福正式就任医务主任。他经手添置的医疗机器达20余架，病房可容纳数百人。

卫生防疫编入了教科书

旧中国贫穷落后，时疫横行，难以绝迹。清末以来，许多有识之士为传播健康卫生知识不遗余力地工作着。上海人在严重的疫情面前开始学得聪明了，卫生习惯大有改进。1907年白喉逞凶时，一个叫"中国国民卫生会"的组织，创办了一份《卫生世界》杂志，宣传日常卫生和疾病防治常识。1909年7月，上海医学研究会联合劝学所，在新北门沉香阁设立地方自治卫生宣讲所，定每周一、四、日为宣讲日，向市民讲解医学卫生知识，听众踊跃。上海时疫医院的医生也常常出现在宣讲台上。因为他们深深感到，市民的健康卫生才是防疫治疫的根本。

柯师太福医生更成了大忙人。他在主持时疫医院的同时，还兼任红十字会总医院（今华山医院前身）的医务主任。1910年，总医院在其旁设立医学堂,他又兼任内科教员,直接培养医疗和防疫的专门人才。这是上海较早的医学堂之一,第一批学生20人,学期五年。柯师太福知道时疫患者多数为劳动者,无钱治病,常常一拖再拖,致使病情加重,传染面更大。因此他对大众卫生问题也十分关注。在时疫医院中,他不断向病人及其家属宣传饮食卫生和堵塞病源的道理。夏天,他常常指着苏州河边苍蝇飞舞的西瓜摊,告诫人们:"这正是传染疾病的地方啊!"

在时疫医院等医学卫生机构的大力倡导下,出版界也行动起来了。且不说医学专科图书的出版,就连商务印书馆的教科书也增加了普及健康卫生知识的内容,语文课本编入了《鼠疫》的课文。1911年初该馆创刊的《少年杂志》,还连续刊登《鼠疫预防法》《蝇谈》和《卫生要话》等疫病防治的专文。上海市民对传染病的防治观念大大增强。

"治霍"之仗促使医院扩建

1918年沪上盛行一种传染病,患者表现为发热、足软、咳嗽,故名"软瘟症"。患病者很多,但不太严重,据称服用广东药铺的甘露茶即可痊愈。可是1919年夏天的霍乱大流行,却把上海闹得天翻地覆。事后统计,有32名外国人、648名中国人死于此疫,传染得病者不计其数。

面对暴发的严重疫情,时疫医院首当其冲,忙得不可开交。柯师太福医生的盐水注射法已闻名遐迩,因此求治者络绎不绝。医院地方不大,只能与位于华界的中国公立医院联手合作,并借用别处设立收治点,架起一排排临时病床。柯师太福和同事们日以继夜地工作,从一处赶到另一处,不停奔波着,就像打仗一样。有时柯师太福刚回家吃饭休息,电话铃就响了,他立刻放下碗碟赶到医院,又投入到抢救工作中去。霍乱本是个上吐下泻的急性肠道传染病,时值盛夏,场地内外秽物恶臭熏天。医生们却毫不在意,穿巡在病床之间。尤其是柯师太福,身为总负责人,却常常亲自动手,检查病人,用他那不太熟练的中国话询问病情,轻声安慰,就像慈祥的长者对待自己的孩子。病人们噙着泪水,拱手答谢这位和蔼可亲的外国医生。

四个月中,时疫医院靠柯师太福的高明技术,更依靠全体医务人员的高尚医德,治愈霍乱病人达7 500余人,打胜了这一场"治霍"硬仗。

总结1919年夏秋"治霍"之仗的经验教训,时疫医院董事会感到扩建新院刻不容缓。沈敦和、朱葆三发起向工部局募款活动,以解决经费问题。今存1920年春沈、朱两位致商务印书馆经理张元济的一封信,可见医院扩建工程的大概:

去夏时疫盛行,求诊较众,计开办四阅月,共救痊七千五百余人。惟以屋小人众,实不能容,不得已分寓公立医院及商假仁济善堂之大沽路一号房屋,始敷应用。本届公议购地建造医院,以为永久之计。已购定大世界对面道契地九分零,复租新普育堂与该地毗连之地一亩贰分,现在造屋图样绘成,亟须建筑,惟扩充之始,非赖群策群力,不足以策进行……

这封信由柯师太福亲自送到张元济手中。张民极为感动,回信称:"柯君外人,尚复如此热心,重以二公提倡,自当追随","鄙意能多邀商界中德望素著者数同仁,兹事较有裨益,业已将此意面告柯君矣。"

经过中外热心公益人士的共同努力,在市中心"大世界"对面矗立起时疫医院新院舍。1924年7月15日举行新院开业典礼。

位于西藏路的时疫医院新院舍

张元济的捐款收据

旧中国的卫生医疗单位,不少都隶属于社会慈善公益机构之下。一批热心公益活动的实业界、文教界人士出力甚大,朱葆三就是其中的著名人物之一。他除创办上海时疫医院外,还兴办义赈会、济良所、孤儿院、习艺所、贫民平粜局以及各种学校等,不下二三十个单位。他的去世还直接与时疫医院有关。

1926年夏,上海又流行时疫。当时沈敦和已去世,柯师太福也于上一年病逝于沪,朱葆三作为创办该院的元老担起全责。他眼见时疫医院几处收治点都人满为患,而经费短绌,不禁焦虑万分,冒暑赶到医院察看,还到处劝募捐款。无奈年老体衰,劳累过度,从中暑开始,病情日益加重,至秋天而去世,终年79岁。其遗体运回定海故乡,丧礼极其隆重,据称不亚于十年前盛宣怀的出殡。法租界公董局还破例在上海租界上命名一条马路为"朱葆三路"（今溪口路），以纪念他对社会公益事业所作出的贡献。

沈敦和、朱葆三相继去世后，时疫医院董事会聘定刘鸿生、史量才、窦耀庭任院长，继续挑起上海传染病防治的重担。刘鸿生是著名的"煤炭大王""火柴大王"，对中国民族工业的发展起过重要作用。他也十分热心社会公益事业，抗战胜利后还担任中国红十字会副会长。史量才则是大名鼎鼎的报业巨子、《申报》总经理。窦耀庭大约是实际负责医院日常事务的院长。

1928年张元济向时疫医院捐款的收据

张元济从1920年起应邀担任时疫医院董事会董事，每年都捐款，从未停止过。张元济哲嗣张树年先生保存的数张当年时疫医院的捐款收据，是存世不多的该院历史文献，弥足珍贵。还有一封1931年中国红十字会理事长王培元致张元济的信，称时疫医院天津路旧院舍即将拆迁，移至静安寺路（今南京西路）新世界附近，装修搬动需费较大，要求另行募款。由此可知时疫医院一直靠社会力量维持其运转。

租界里的理发风波
——上海理发业沧桑录之一

孙孟英

20世纪初,随着租界的不断扩大,来沪做生意的欧美商人也日渐增多。一些从事美容美发业的商人在上海开设了理发沙龙或美容院,主要服务对象是在沪的欧美商人。当时大多数的中国人还比较保守,把洋人男女同在一室理发美容视为"黄色"和"荒诞"。特别是当他们看到男理发师为女子理发或女子为男人洗头时,都会感到不解和震惊,从而引发出一幕幕令人啼笑皆非的闹剧。

西洋理发师正在为女顾客理发

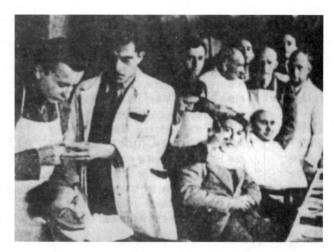

西洋理发师正在为顾客刮脸

洋人理发店外一片非议声

　　洋人理发店的优势在于不仅理发技术好,而且设施先进,顾客坐的椅子都是由铁器和铜器铸造而成,既美观,又牢固。其所使用的化妆品也都是国外生产的高档产品。店堂内装潢漂亮,环境优雅,窗明几净,所有的理发师都身穿白色的西装领长大褂,显得非常气派。

　　辛亥革命前,在南京路19号有一家名为法国理发沙龙的洋人理发店。由于这家店大门面朝南京路,行人透过玻璃橱窗便能一目了然地看到店内的情形。这在当时特别引人关注,每天都有不少留着长辫的华人在此驻足观望,边看边指手画脚,窃窃私语,充满了好奇心。

　　一天,一位男理发师正在为一个长得非常漂亮的西洋女子理发,立即招来不少路人探头张望。对长期受传统封建思想束缚的中国人来说,男女授受不亲,女性怎能让陌生男人摸头碰脸呢?更奇怪的是,那位西洋女子还满不在乎,真是不可思议。

突然，让他们目瞪口呆的一幕出现了：男理发师摇下了理发椅的靠背，而那位西洋美女竟然躺下了身子，一副怡然自得的模样，而此时男理发师转到了理发椅的靠背后，用双手在西洋女子的脸上涂抹化妆品，随后用双手在她脸上做按摩。那位西洋美女则闭着双眼舒舒服服地躺在那里。

"成何体统！"不少路人边看边骂，也有一些人一边看一边还念念有词："非礼勿视，非礼勿听，目不视身色，耳不听淫声……"

过了一会儿，西洋美女做完脸部护理，梳理了一个漂亮的波浪式发型，满脸红光，兴高采烈地走出理发店大门，并微笑着向围观她的人打招呼。这时，所有的人都惊呆了，没有了议论声，并迅速让出了一条通道，呆呆地看着她离去的背影。片刻间，人群中又有人说道："洋女人太放荡不羁了，不成体统，吾中华女性不该效仿之。"

更令人啼笑皆非的是，有人竟然还写了控告信送至上海道衙门，要求取缔外国人的理发沙龙，认为这有违中华礼教，影响和败坏吾国之风气。上海道台得知此事后，也很气愤，认为这种男女近距离接触的洋人理发沙龙必须关门，同时还派员同老板进行交涉。然而租界事务清政府无力干涉，此事最后不了了之。

安南巡捕理发遭"绑架"

租界的洋人理发店主要为洋人服务，梳理西式发型，而中国的剃头匠主要为中国人剃头，大都是千篇一律的剃发蓄辫。假如中国人也到洋人理发店里去剃头剪辫，那就被有些人视为大逆不道了。

那时，在上海法租界有一家法国美容院，主要为法租界里的洋人理发。当时，租界公董局为了租界治安的需要，专门从安南（越南）抽调了一批巡捕，在法租界从事巡街维持交通秩序等差事。由于越南人同中国广东等地的人长相和身材都非常相似,故一般人难以区分。

一个礼拜天的上午,法国美容院里有两个安南男子在理发,在理发店橱窗前张望的中国人错把越南人当成了中国人,不由得大吃一惊:大清臣民竟敢进入洋人理发店剃头,把辫子都剪掉了,真是胆大包天,岂不是触犯了大清的"天条"!橱窗前的人议论纷纷,认为这两个人出了这理发店必定要被人捕送到衙门,性命就难保了。

看热闹的人越来越多,把理发店围得水泄不通。果然,当那两人理完头发走出美容院的大门时,一群留着长辫的男子一哄而上,将他俩按倒在地,随后用早已准备好的麻绳把两人五花大绑。尽管那两个人声嘶力竭地大喊大叫,并用法文和越南语为自己申辩,然而因人声嘈杂,谁也听不清他俩在说些什么,劫人者只管押着他俩向衙门走去,领取赏钱。

这时,法国美容院的洋人理发师见中国人把两位顾客绑架了,感到大事不好,立刻跑到附近的巡捕房报警。法国巡捕骑着马赶到了事发地点,用长鞭子驱赶人群,并把劫人的那帮人一一扣住,解救了那两个安南人。后经过一番争执,大家方才知晓那两个人是安南巡捕,不是中国人,一场愚昧可笑的闹剧才得以收场。

中国理发师掀起"抗法"斗争

辛亥革命后,外国人开设的西式理发店逐渐增多,市场竞争也随之激烈起来。西式理发店的理发设备优良,美发技术先进,发型又时髦,因此,无论在公共租界还是法租界,追求时髦的有钱人都愿意到西式理发店去理发。

1918年,三种被上海消费者取名为"中分波曲""三七波曲"和"反包波曲"的西洋发型在上海风靡一时。"中分波曲"发式和

"三七波曲"发式的造型,以头发曲曲弯弯为特征,状如波浪起伏,上下凹凸,非常别致,颇受青年男子喜爱。而另一种"反包波曲"发型,没有头缝,额前的头发全部朝后梳,一曲曲地排列着,头发上再抹些重油,使整个发型黑亮油光,颇显气派,受到中年男子的青睐。

这三种时尚发型推向市场后,受到了中国理发师的注意。他们曾经多次研究过,就是掌握不了其中的核心技术。他们也曾多次派人去洋人理发店探秘,均因对方保密太严而无法得知。

当时,在法租界有一家美丽理发店,老板高大祥是扬州人。一天上午,他看到离自家店不远的一家法国人开设的鲍赛尔美容院正在招聘学徒。高大祥见状,不由心中一阵惊喜,这正是进入洋人理发店学习技艺的好机会。他马上回到店中,让在自己店里学理发的亲侄儿高丫头去应聘。高丫头时年19岁,长得眉清目秀、聪明伶俐,鲍赛尔美容院的法国老板一眼就相中了他。法国老板是个中国通,按照中国理发店收徒的规定:三年内当学徒,包吃包住不给钱,不到三年不得离开。

自从高丫头进入洋人理发店当学徒后,由于他聪明灵活、嘴脚勤快,很快就博得了法国老板的赏识,并逐渐地把美发绝技传授给他,想让他日后挑大梁。不到半年,高丫头就掌握了火烫"波曲"式等各种洋发型的技能与方法,得知不同的发型需要采用不同的理发工具,否则费多大劲也是徒劳的。

临近农历新年,理发店进入了最繁忙的时候,高大祥就把侄子高丫头叫到自己的店里干活。而鲍赛尔美容院的法国老板见高丫头不见了,心里很着急,就派人到美丽理发店问明情况。当得知高丫头正在他叔叔的理发店里"忙着"时,法国老板非常生气,认为这是一种背信弃义的行为,就带着两个人赶到了美丽理发店,要高丫头回鲍赛尔美容院干活。高大祥出面阻拦,两人由口角发展到肢体碰撞,打了起来。由于法国老板势单力薄,便暂时离开了美丽理发店。

不多时,法国老板带着一群巡捕闯进美丽理发店,不由分说拉起高丫头就朝外走,老板高大祥及店里的其他人全都扑了过去,争夺高丫头。一时间,店堂内你推我打,一片混乱,椅子、凳子、剪刀、梳子等翻落一地。在巡捕中,有一个人高马大的印度巡捕,在厮打中猛地一脚踢在了高丫头的身上,致使他当场昏死过去,鲜血直流……

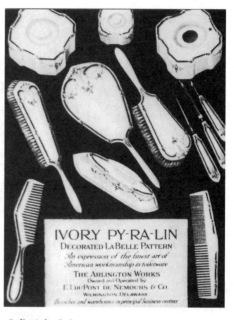
西式理发用具

上海的扬帮理发师都是彼此沾亲带故的乡亲,得知老乡遭法国老板的欺负,把一个好端端的小伙子打伤了,不由得群情激愤。扬州"理发社"(类似同乡会)还组织了租界内外的理发师到巡捕房讨回公道,要求经济赔偿,却被法国巡捕当作"胡闹之徒"给抓了起来。这下激怒了全上海的理发师,大家认为这是对中国理发师的歧视,一定要给洋人一点颜色看看。

一天深夜,法租界里近十家法国人开设的理发店突然被砸。租界当局出于对本国商人利益和财产安全方面的考虑,认为这是一起有预谋的针对法国人的暴力事件,必须把肇事者绳之以法。他们首先把有严重嫌疑的美丽理发店老板高大祥给抓了起来。

在没有证据的情况下乱抓人,更激起了上海理发师的极大愤怒。全市的理发师在"理发社"的组织下到法租界游行示威,不少上海市民也积极参与游行,上海主要街市上的理发店联合罢市,一些其他行业的小老板为了声援理发师也跟着罢市。这下把法国领事惊动了,要求上海军政府出面解决此事。然而,当时军政府中有不少强硬派,本来就对洋人的自以为是、专横跋扈感到厌恶,这次见理发师和上海市民齐心抗争,不由暗中叫好,于是以"租界之内无权过问"为由,对法国领事的要求不予理睬。

此次游行罢市,使法租界当局看到了中国人团结起来的力量,最终不得不作出让步,将高大祥释放,并让鲍赛尔美容院的老板给予其一定的经济赔偿,这场风波才得以平息。

女子剪发潮涌上海
——上海理发业沧桑录之二

孙孟英

五四运动之后，女子剪发热潮开始席卷神州大地。在上海的一些教会学校、教堂等都极力主张女性剪发，以展示新女性的精神面貌。女子剪发潮的掀起，再次推动了理发业的发展。

各阶层女性宣传剪发

中国男人剪掉了受尽耻辱的长辫之后，也促进了中国女性的思想进步，许多女性也要求剪掉长发。上海许多知识女性不仅带头剪发，而且积极宣传和鼓励别的女性剪发。尤其是上海的大学、中学里的女教师和女学生们，更是纷纷剪掉长辫，梳理一个可爱的童花式或刘海式发型，曾经风靡一时。

为了宣传和鼓励女子剪发，一些大学和中学还专门组织女学生上街宣传。上海交通大学、上海同德医学院、上海沪西女子教会中学、上海爱国女子中学等中高等学府，纷纷印刷

刘海式发型

女子短发发型

宣传单,到街道以及戏院等人流集中的地方散发。宣传内容多种多样:有的把女子剪发提升到妇女解放、男女平等的高度;有的把女性剪发与个人卫生、身体健康联系起来;有的则把女子剪发同自身形象的整洁、审美相结合;有的还以女性的自尊、自爱、自强为号召,以吸引更多女子来剪发。

在动员和宣传女子剪发的潮流中,还有一些爱国宗教人士也纷纷参与其中。礼拜天,在一些天主教堂和基督教堂里,神父、牧师、长老、基督徒见有留长发的女性进门,都会用"爱心语言"来劝说其剪发,从身心健康的角度来赞美女性剪发后精神焕发、容颜美丽。这种劝剪方式,对宣传剪辫起到了相当有效的作用。

20世纪20年代,北京女学生在草坪上的毕业合影

在女性剪发潮中，从业于书场和戏院的女艺人，同样也起了很大作用。她们不仅自己剪发，而且自编曲目，在舞台上以说唱来宣传剪辫。她们在舞台上现身说法，直接激发起女性观众的剪发热情，同时也打动了一些男性观众回家劝说女眷去剪发。女性艺人以舞台为阵地，参与宣传剪发活动，不能不说是独到之举，其所起到的社会效果也是非常大的。

曾有报纸这样描写当时的情形："凡梨园艺人、名媛佳丽无不剪发露妖容也。"

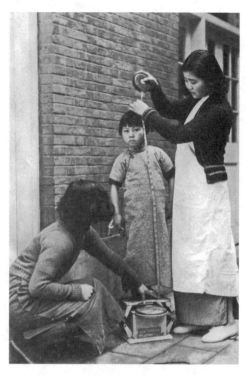
1936年，女子剪发已成当时的时尚

澡堂内有了"女子修发所"

女性剪发的日益增多，对理发业来说是一种商机。在早期上海的浴室里，有专为男性剪辫理发的服务项目，却没有为女性理发的服务项目。女子剪发潮掀起后，一些澡堂专门在女子洗澡部开辟一间专为女性服务的"女子理发室"，从服务员到理发师全部都是女性，男性一律不得入内。理发室的门口挂着一块大的棉布来遮挡，这样外面的人就看不到里面，给人一种很神秘的感觉。

1927年6月13日，浙江路上的"龙泉女子浴室"在《申报》上做了一则广告：

真正的女子剪发出现　龙泉女子浴室内特辟女子剪发部

中国女子爱美只讲究脂粉,外国女子爱美的却注重清洁。清洁之道,沐浴最关紧要。上海这么一个繁盛地方,却没有一个中国女子浴室,许多爱洁净的女子就很不便利。本主人有鉴于斯,特于去年创办了一个龙泉女子家庭浴室,内分大小房间,安设白瓷洋盆,各分各间,毫不串杂。布置的精美,伺候的周到,都是女子招待,绝无男女混杂之弊,凡到过的都十分满意。浴室中向来所有的梳头、扦脚、擦背等应有尽有,惟女子修发部独付阙如。本主人因此特在浴室内辟一精舍,专作女子修发所,聘请女子理发师数位专门剪发、烫发,以应客需。兰汤浴罢,继以修饰,诚无上之爽身乐意处也。尚祈各界女士闺阁名媛,盍兴乎来,毋任欢迎。

浙江路新清和对面弄内龙泉女子家庭浴室谨启

龙泉女子浴室专门建立"女子修发所",聘请女子理发师为顾客剪发、烫发,在当时引起轰动,吸引了不少女子前来沐浴剪发。然而,当时绝大多数浴室的理发室在设施方面都比较简陋和低档,主要是方便洗澡后的女子理发,而且当时的女性理发师都是一些女服务员兼职,理发技术一般,因此收费也相当便宜,很受下层女性的欢迎。这是上海理发业推出女性理发服务项目的最初阶段。

理发店辟出女子理发部

与此同时,上海不少理发店不甘落后,也纷纷推出女子理发服务项目。但是,当时的女性不太愿意到理发店理发,生意比不过浴室开设的女子理发室,这曾让一些理发店的老板感到不可思议。因为无论设备设施、理发用品、理发技术、理发环境还是服务形式、服务态度等,理发店都远比浴室的女子理发室好得多,可为何就是不能吸引女性顾客呢?

他们经过认真调查,才弄明白原委。"五四"期间,虽然提出妇女解放、男女平等,但中国几千年的封建传统束缚,使"男女有别"的封建观念根深蒂固,无法一下改变,让女性进入理发店与男性同室理发,显然是很困难的。尤其是男性理发师为女性理发,不仅女性不愿意,就连女性的家人也不愿意。因而在最初的一段时期内,理发店里女性顾客寥寥无几。

后来,为了赢得女性顾客,上海一些理发店大张旗鼓,开始对店内进行全新改造,把店堂一隔为二,一边是男子部,一边是女子部。有的理发店还对门面进行重新装修,把进出门分成两扇,左边男子进出,右边女子进出,彼此不相接触。而女子理发部的理发师和服务员也全部为女性,男性不能随便进入。这样一来,到理发店理发的女性顾客就不再有畏惧感了。

理发店的这一举措,再加上其高超的理发技术和良好的理发环境,很快吸引了不少女顾客前来理发,这也使浴室中的女子理发室很快在竞争中处于下风。

高档女子理发店应运而生

20世纪20年代中期,随着西风东渐,追求时髦的上海女性也开始把美发当作生活中不可缺少的一部分。女子理发不再是为了清洁方便,而有了更多的审美需求,这也促进了理发行业消费市场不断扩大和细分。

女性消费市场的不断扩大,促使一些老板别出心裁,开设了专为女性美发服务的专业店。1926年,在湖北路靠近南京路一处,开设了上海第一家大型女子理发店,取名"美丽阁女子理发所",双开间门面,装潢精美。20位美发师、美容师、助工全部是广东女青年,她们身穿西式白套装,梳理统一的小童花头,脚蹬黑色尖头小皮靴,统一的站立姿势,向顾客微笑相迎,递巾倒茶,一整套得体的服务,在当时非常吸引人。"美丽阁"在消费者和同行中引起了轰动,不少爱美女性纷纷前来体验,因此生意相当红火。

美丽阁女子理发所的出现,引来了许多商人的效仿。女青年会在博物院路(今虎丘路)开设了一家四育轩女子理发所,聘请留洋女性理发师为女顾客服务。其橱窗内摆放的西方女子的发型照片,吸引了不少路人驻足观望。由于四育轩女子理发所理出的发式新潮、西化,不少外国领事馆里的洋太太、洋小姐频频光顾,上海一些富贵人家的夫人和姨太太也成了这家理发所的老顾客。

同时,在三马路(今汉口路)上有一家很有名的龙凤理发店,老板为了赚大钱,花巨资对理发店进行了翻新,并扩大了规模,聘请留法博士设计店堂,使店堂看起来豪华气派,成为当时规模较大的西式女性专业理发店。该店在开业前,更名为"中国女子理发社",所聘的理发师全部是意大利人创办的女子理发专科学校毕业的青年女技师和美容师,因而技术力量雄厚,在沪上首屈一指。该女子理发社设计出的发型以浪漫、奔放闻名,深受时髦女性的青睐。

从1919年五四运动到1929年底的十年间,租界内的女子理发店、理发所达30多家,这是上海理发业发展的一大新气象。

女子理发店与戏院联动大促销

20世纪20年代,上海服务业发展迅速,经营者之间的竞争也越来越激烈。为了共同赢利,一些女子理发店与戏院、影院联手促销,获得了双赢的效果。

1927年初,上海的电影商引进了美国华纳影片公司拍摄的滑稽侦探片《剪发奇缘》(又名《剪发女子》)。这部电影围绕着女子剪发所，以社会上对女子剪发的两种不同看法的碰撞为主线，说明女子剪发体现了文明与进步。这部电影整体思想进步，又切合当时正在变化的国情。如何使这部电影一炮打响，让更多的人进影院观看，做广告是必不可少的。1927年1月23日，中央大戏院在《申报》上刊登了一则电影广告，内容如下：

欲解决女子应否剪发问题者请观《剪发女子》

《剪发女子》为华纳影片公司之滑稽侦探影片，由玛丽·拨蓬馥丝主演，情节之曲折，表演之诙谐，在滑稽言情片中可称杰作。剧情略述：一富家女与二少年爱好甚笃，一新一旧。新者欲女剪发，俾得成婚；旧者劝女勿剪，则可与女即日成伉俪。女为之左右为难，因演成许多可惊可喜之事。际此女子剪发之风甚盛，欲研究女子应否剪发之问题者，不可不观此片。

中央大戏院启

然而，一些影院老板深知仅靠广告是不够的，必须扩大促销的力度与范围。电影商很自然地想到了女子理发店。为此，中央大戏院主动与"美丽阁""四育轩"及"女光"等女子专业理发店合作，推出互惠互利的双赢计划：电影院、戏院印制购票券给女子理发店，由女子理发店赠给理发的女顾客，女顾客凭券到指定的电影院、戏院购电影票，可享受九折优惠；而电影院和戏院也同样替女子理发店发送理发券，凡看电影的女观众凭券到指定的女子理发店美发，可享受八折优惠。这种跨行业合作，对电影院、戏院和女子理发店来说，既获得了实实在在的利益，又提升了企业的知名度，创造了一个共赢的局面。

传教士与徐家汇藏书楼
——上海名人与图书馆之一

柳和城

上海市区西南徐家汇有座著名的天主堂，两座钟楼尖塔挺拔、雄伟，过去是这一地区最高的建筑。在它身旁有两幢相比之下不很显眼的楼房——徐家汇藏书楼，那是上海最早的图书馆之一。一百

徐家汇天主堂和近旁的藏书楼

多年来，围绕天主堂及其附近建筑群，曾经发生过许多令人难忘的故事……

南格禄"落户"徐家汇

鸦片战争后，法国耶稣会教士南格禄（P. Clandius Gotteland，1803—1856年）等人乘军舰前来中国，1841年11月抵澳门。1842年7月从澳门换乘英国"安娜号"机帆船驶进上海，随身携带有一批传教用图书和其他西学著作。起先他们相中南市董家渡，拟在此建堂传教。不巧，这块"风水宝地"早在意大利教士罗伯济的建堂计划之中，南格禄初来乍到，只得退居青浦横塘落脚。这里远离上海县城，地处偏僻，交通不便，很难求得发展。经过几年勘察，南格禄选定徐家汇作为传教中心。因为徐家汇是皈依天主教的明代大学士徐光启的故乡，徐的墓地在这里，徐氏后裔还有四户保持着信教传统，并建有一座小教堂。徐家汇又地处水陆交通要冲，西可通松江，东能达上海县城。

1847年3月，南格禄委派梅德尔司铎到徐家汇，通过一户徐氏信教子孙之手，购得一小块土地，就在徐氏小教堂毗邻处动工兴建耶稣会修道院院所。同年7月竣工，耶稣会据点从此由青浦横塘迁至徐家汇。后来南格禄将势力向北延伸，造起一排房子，却遭到数百名当地居民抗议。教士靠法国领事的帮忙，搬来官府的"安民告示"弹压。1850年，为建依纳爵公学（后改徐汇公学），又将天主堂范围扩展至原法华泾边，并在靠近当时徐家汇桥堍（法华泾在此与肇嘉浜汇合）筑瞭望塔，挂起法国国旗，俨然是租界外的"小租界"。

南格禄"落户"徐家汇时，从横塘带来大批图书文献，书库就设在耶稣会住院的修士室。在住院南侧建起一座希腊式教堂——依纳爵堂。这是今日徐家汇天主堂的前身，俗称旧堂。其时传教士们进一步搜集图书，藏书楼已初显轮廓。

南格禄精通数学、物理学，来华前在巴黎还接受过管理天文台的专门训练。他拟仿效明末利玛窦和18世纪来华传教士的方法，利用科学和教育间接进行传教。1853年底，他与法国公使布尔布隆乘法国军舰赴天京（南京），与太平天国当局接触，商谈教会问题。1856年南格禄被任命为江南教区耶稣会会长。可惜任命书还未抵沪，他就在徐家汇病逝了。

李秀成进驻天主堂

1860年3月，法国侵华远征军逐渐在上海集结。为屯兵需要，他们擅自将肇嘉浜改道东移，拓出大块土地，即今日上海气象局至徐家汇藏书楼一带。6月，太平军攻陷苏州、青浦等地，上海告急，部分法军就驻守徐家汇以保护教堂。

忠王李秀成率太平军进兵神速，下青浦，克松江，直逼上海。李秀成先照会上海英、美、法各国领事，宣布大军到上海，对外侨予以保护，望悬黄旗，以便辨别。这年8月18日，李秀成率领部抵达徐家汇，"司令部"就设在天主堂内。事前教士们率领徐汇公学学生赴董家渡天主堂避难，教堂区只留下少数胆大的教徒和村民。太平军纪律严明，没有惊扰教堂和地方百姓。李秀成还来到耶稣神像前跪拜祈祷。有人问忠王："我等信上帝念耶稣经，王爷何故也信上帝念耶稣经？"忠王听了，一笑而已。当时马相伯刚满二十岁，曾亲眼目睹了这奇特的一幕。

第二天，李秀成从天主堂出发，一路顺风打到离上海城墙不远的周泾边小土丘（今淮海公园一带）。他正等待着城里内应的接应，不料却遭到暗伏的"洋兄弟"猛烈的炮火阻击，数百名太平军将士倒在血泊之中，一片飞来的弹片差一点穿透忠王的喉咙。天公又不作美，雷声隆隆，暴雨滂沱，人马立脚不住，前进不得。不久，李秀成知道内应已暴露，全被清军杀了，只得率军退出上海。

李秀成在徐家汇天主堂老堂仅逗留一昼夜。据记载，他曾步入过修士室，是否注意到那里摆放着的藏书就不得而知了，但没有焚毁藏书则是肯定的。

传教士修建藏书楼

战乱之后，天主堂的教士们又恢复了平静的生活。他们大规模地收集中西图书，藏书渐渐增加，修士室已不敷使用。1897年在今漕溪北路80号地块，建起一幢两层楼的书库，这就是著名的上海徐家汇天主堂藏书楼。它的建成比1910年竣工的大教堂还早了十几年。

徐家汇天主堂藏书楼内景

外国传教士扮演的是"文化掮客"角色。他们传教的使命,说实话并不太成功,却无意中带来了西方的文化和新的理念,其中包括近代图书公藏观和它的实体——公共图书馆。

徐家汇藏书楼的图书,本来专供耶稣会教士研究之用。后来有所发展,凡教会中人或由教会人士介绍,经主管司铎同意者也可入内阅览。库内设阅览台一二张,坐椅数把,报纸杂志则开架放在司铎休息室里,任人选阅。

书楼建筑颇具特色。二楼仿梵蒂冈图书馆模式,分两层,上下层书架各高1.8米,专储西文书,有希腊文、拉丁文、英文、德文、法文等原版书,又以百科全书为主。底楼为中式书楼式样,沿墙而筑的书架高达3米多,用以储存中文书,分"四部"及"圣教"两大类,而编目按笔划顺序。书架架面一律涂以紫红底广漆,每架12格,上九下三,上狭下宽。上面放图书,下面可放报纸,环壁而立。每排书架第一格有特殊钢杆装置,可用来固定上下架的竹梯。每个书架都有一个表格,写明每格或每层所有的书籍名称,一目了然,让人查找十分方便。中文库内另有一些玻璃书柜,陈放碑帖字画。古色古香的目录柜,一张特制的"书根"书写台,还有一张带有半截书架的写字台,构成中文书库特殊的韵味。

1931年,在此楼南面又建起一座四层楼房"神父楼",为教士起居用,兼作藏书库。此为"南楼",原书库称之为"北楼"。徐家汇藏书楼隶属于徐家汇天主堂耶稣会总院。另外在徐家汇的耶稣会神学院、哲学院、文学院、徐汇公学、徐汇师范、天文台、博物院、大修道院、小修道院和土山湾孤儿院等机构,都有自己的图书馆,藏书总数在10万册以上,与徐家汇藏书楼组成规模庞大的"图书馆体系"。

据1935年的统计资料,徐家汇藏书楼共藏中外文图书20万册,为当时上海第一(因东方图书馆已毁)。其中西文图书大多为历代各国传教士随携来华,有来华传教士的著作,如南怀仁用西方近代科技绘制的《坤舆全图》，已为世所罕见，此外还有相当数量的中国经典著作的西文译本。中文书籍则以地方志最为珍贵，品种、数量名列全国第四。近代报刊是所藏文献另一重要部分。1861年创刊的《上海新报》、1868年创刊的《教会新报》、1872年创刊的《申报》、1874年创刊的《汇报》、1876年创刊的《小孩月报》、1878年创刊的《益闻录》等早期报刊，这里应有尽有。《北华捷报》《中国评论》《字林西报》《亚洲文会北华支会会报》等外文报刊大多备有全套，为我们研究近代史保存了难得的史料。

徐宗泽搜罗地方志

徐家汇藏书楼犹如一座取之不尽、用之不竭的史料"富矿"，始终是中外人士为之神往的地方。1917年，《大公报》创办人英敛之在一封信中说："在徐家汇藏书楼阅书四日，颇有所获。明末清初名著，存者不少，恨无暇暑通读之也。"1924年，徐宗泽司铎担任馆长后，它的开放程度有所扩大，凡是学人想利用，徐氏无不热诚接待。戈公振的《中国报学史》即在该楼完成，徐氏还保留其使用过的书桌，以资纪念。1926年，徐家汇藏书楼加入中华图书馆协会，成为该会机关会员。该年1月，上海图书馆协会借江苏省教育会举办过一次图书展览会，徐家汇藏书楼提供的"锡兰贝叶经""满文圣经""一赐乐业教人赵映乘殿试卷"等珍品，引来2 000多名参观者驻足观看。

徐宗泽（1886—1947年），字润农，青浦人，徐光启十二世裔孙。19岁中秀才，21岁入徐家汇耶稣会会士院，后奉派赴欧美攻读文学、哲学及神学，先后获哲学和神学博士，晋升为神父。1921年回国，先在南汇传教，两年后任《圣教杂志》主编兼徐家汇天主堂藏书楼馆长。他对藏书楼的最大贡献是收集地方志书。

徐宗泽在《圣教杂志》上常年刊登《收买志书通启》和所缺志

书目录，希望各地教友和学界人士代购。对于东三省、新疆、云南、贵州、广西、四川等边远省区的志书，他煞费苦心搜罗备致。明史专家谢国桢30年代初曾到藏书楼看书，认为徐家汇藏书楼最大的特点是有1 600余种地方志。他说，如果再加400余种，那么中国各地的方志就可以齐全了。这一愿望后来在徐宗泽手中终于实现。"八一三"淞沪抗战之后，《圣教杂志》停刊，他便专心致力于图书馆工作，整理收集地方志书，使徐家汇天主堂藏书楼的方志收藏达到2 100余种，一跃而为全国第一。

徐宗泽还收集各地出版的平装书籍，这在今天看来是很有远见的。入藏数量虽不多，但质量很高，包括目录学、图书馆学、新闻学、哲学、宗教、社会学、经济、政治、文学及艺术等类目。许多现在称为"旧平装"的图书，其史料价值并不比善本古籍差。此外，他搜集了大量明末清初来华传教的耶稣会教士的著作、笔记、信件，加以整理研究，撰成《中国天主教传教史概论》《明清间耶稣会士译著提要》《明末清初灌输西学之伟人》等著作。他的个人收藏也极丰富，据称《申报》创刊号流传下来的仅两份，其中一份即为徐宗泽所收藏。

抗战时期，徐家汇藏书楼靠教会庇护，未遭日寇劫掠，只是一向有抗日爱国言论的《圣教杂志》被迫停刊。抗战胜利后，徐宗泽有两大愿望：一是将藏书楼改为现代化图书馆，公诸社会；二是恢复《圣教杂志》。但都未获教会支持。

徐宗泽于1947年6月20日得斑疹伤寒不治而逝。他的堂弟徐应乔新中国成立后也是天主教上海教区神职人员。

张春桥遮丑施淫威

上海解放前夕，美国驻华官员曾想用1亿美元代价，买走徐家汇藏书楼的全部藏书。因人民解放军进军神速,此交易才未成功。1955年11月,该藏书楼收归国有。由陈毅、粟裕签发的上海市军事管制委员会命令,授权上海市文化局:"为了保护国家历史文献,适应国家文化工作的需要,兹决定将徐家汇耶稣会神学院藏书楼全部图书文物及专用器具予以征用,并决定由你局负责会同有关单位组织工作组,立即执行。"1956年底,徐家汇藏书楼正式并入上海图书馆,成为其分馆。藏书楼建成后50年间,从未挂过牌子,因此它的名称有各种叫法。1957年起,藏书楼便挂起"上海图书馆徐家汇藏书楼"的招牌,至1966年"文革"爆发,此牌被迫取下。

1967年4月起,刚躲过了焚书危机的徐家汇藏书楼"奉命"开放,接待一批又一批红卫兵、造反派。"小将"们是冲着这里丰富的旧报刊来的。他们小心翼翼地查阅着发黄变脆了的报纸杂志,想从纷繁的启事和新闻的字里行间揪出几个大叛徒、大特务。有人在旧报纸上发现了"张春桥"的名字,问图书管理员葛正慧:"这个张春桥,可就是现在的中央文革首长张春桥?"葛正慧点点头。葛正慧在上海图书馆有"活字典"之称,他研究过笔名学,对张春桥化名"狄克"、撰文攻击鲁迅先生的历史了若指掌。他从书库里搬出1936年3月的《大晚报》,翻到狄克的《我们要执行自我批判》,让红卫兵看。接着葛正慧又"辅导"他们读了鲁迅为萧军《八月的乡村》、萧红《生死场》写的序,以及《三月的租界》和《出关的"关"》。

"狄克究竟是谁?"红卫兵问。

葛正慧轻声地说:"狄克就是张春桥。"

差不多与此同时,一些文艺界的造反派也来到徐家汇藏书楼。他们原本是想查找"英勇旗手"30年代鲜红历史的,想不到从葛正慧手中接过的《电影通报》《大公报·星期影画》《大晚报》《申报》《青春电影》等旧报刊,看到当年的蓝苹竟然是那样一个角色。他们惊愕不已……

"炮打张春桥""炮轰江青"的浪潮从上海滩涌向全国。

张、江之流慌了手脚,密令追查,很快查到徐家汇藏书楼。"市革会"清档组迅即草成《关于查封上海图书馆徐家汇藏书楼的紧急请示报告》。报告"紧急",张春桥的批示也来了个"紧急"。于是,旧中国30年代的全部图书报刊资料被查封。

藏书楼的工作人员则横遭灾祸,批斗、隔离,步步升级。"藏书楼案件"一时成了"特大反革命案件"。张春桥通过他在上海的特务组织"扫雷纵队",查出提供这些"防扩散"材料的人正是葛正慧。葛正慧被捕了。打手们逼他承认"狄克=张春桥"是造谣。葛理直气壮地说:"我没有造谣,我有根据。"他知道有一本1937年千秋出版社出的《鲁迅先生轶事》,那是唯一透露狄克之谜的书,上海图书馆只有一本,一旦说出,被他们销毁就麻烦了。于是他推托忘了是什么书,无论打手们怎样逼迫,就是咬紧牙关不说,而他一关就是5年多!

洋教授书楼研汉学

从1956年到1962年,先后有亚洲文会图书馆、尚贤堂、上海市报刊图书馆、上海市历史文献图书馆、海光图书馆以及耶稣会文学院、神学院图书馆的外文旧藏和报刊,并入徐家汇藏书楼,藏书从23.8万册增加到70万册,由此成为近代史料的一座宝库。它藏有1515年以来出版的拉丁文、英文、德文、法文、意大利文、希腊文等语种的外文图书20余万种,1857年以来的中文杂志1.87万余种,1850年以来的中西文报纸3 500余种,还有一批数量可观的地图、年画、历史图片等特种资料。20世纪80年代以来,这里收藏齐全的《申报》《民国日报》《点石斋画报》《图画日报》等近代报刊,已陆续影印出版,广为流传,引起中外学界瞩目。

1996年,德国汉学会主席、德国海德堡大学汉学研究所所长鲁道夫·瓦格纳教授,在巴黎、上海、伦敦召开的国际学术研讨会上,就"《申报》·《点石斋画报》·美查"这一主题,宣读了多篇论文。欧美汉学同行为其中引用的丰富原始材料所折服,他颇为自豪地宣布:"论文材料大部分来自上海图书馆徐家汇藏书楼!"洋教授书楼寻宝,一时传为佳话。

众名流急呼救危楼

徐家汇藏书楼曾被评为上海市优秀近代建筑,但是它毕竟历经沧桑,"年事已高",墙面渗水,屋面漏水,管道破损,可谓"百病缠身"。1990年,上海地铁1号线施工通过它的附近,又引起墙体开裂,地面沉降,真是险象环生!

1991年10月起,《新民晚报》发表了《惨不忍睹》《救救徐家汇藏书楼》《人民的图书馆人民建》等报道和相关照片,引起各界的关注。苏步青、谢希德、黄佐临等著名人士纷纷发表谈话,紧急呼吁抢救这座百年危楼。11月9日,《新民晚报》又以《大家都来关心藏书楼》为题,发表了记者采访文学泰斗巴金的报道。巴老说:"早就听说,徐家汇藏书楼收藏的地方志是全国最完整的,那么多珍本保留下来,真不容易啊!现在藏书楼出现险情,如果我们连保存都没有保存好,怎么能谈得上文化建设呢?""藏书楼是人民的藏书楼,大家都来关心藏书楼,大家都来保护藏书楼。"巴老登高一呼,掷地有声!

上海图书馆在上海市政府的支持下,对书楼内的珍贵文献采取了保护性措施,先将近20万册地方志和旧西文图书移出,后又将中文旧平装本和中外文报刊迁运至淮海中路新馆。同时拨款修缮藏书楼。修复后的徐家汇藏书楼成为西文旧书和文献的收藏阅览中心。其独特的建筑风格和历史渊源,也成为上海丰富多彩的历史文化旅游景点之一。

伟烈亚力和傅兰雅催生的"产儿"
——上海名人与图书馆之二

柳和城

历史让西方传教士玩了一个大魔术,当他们打开《圣经》布道时,把科学的幽灵也放飞了出来。伟烈亚力和傅兰雅就这样将自己的名字留在了中国近代史辞典上。

墨海书馆新来的年轻人

伟烈亚力

19世纪中叶,上海小北门大境阁附近有家墨海书馆(后迁至山东路麦家圈),由英国伦敦会传教士麦都思创办,是上海基督教编译出版中心。在它存世的近30年中,除印制《圣经》等宗教书籍外,还出版了许多科学著作,在近代西学传播史上有重要地位。它的印制机器用牛拉机轴作动力,成为当时上海一大奇观。1847年8月,墨海书馆来了一位年轻人,他就是刚从英国漂洋过海来华的伟烈亚力。

伟烈亚力（Alexander Wylie，1815—1887年），伦敦会传教士，被委派来华协助麦都思管理墨海书馆。白天印刷工作繁忙，他就利用清晨和傍晚的时间学习汉语、满语、蒙古语以及法、德、俄、希腊语和梵语。他研读中国的"四书五经"，并试着译成英文。同时，他广泛收集汉语书籍、西藏佛碑、四教经轴、满文诸集，日积月累，逐渐形成了一个藏书丰富的私人图书馆。

1852年，数学家李善兰进入墨海书馆，伟烈亚力与他成为好朋友。伟氏从李善兰那里知道了中国数学的悠久历史和伟大成就，于是开始了中西数学的比较研究。其间他翻译了许多有影响的西学著作，有些是与中国同事合译的。最早的一种是《数学启蒙》（1853年），以后有与李善兰合译的《续几何原本》《谈天》和《代微积拾级》，与王韬合译的《西国天文源流》和《重学浅说》、《代数学》《中西通史》等。晚清著名外交家郭嵩焘1856年曾过访墨海书馆，为觅《数学启蒙》一书，与伟氏见面，日记中称"伟君状貌无他奇，而专工数学"。古希腊欧几里得《几何原本》是世界数学名著，共15卷，明末利玛窦与徐光启合译了前6卷。伟烈亚力的续译，终于使《几何原本》完整地传入中国。而《重学浅说》是传入中国的第一部力学著作，《代微积拾级》则是传入中国的第一部高等数学著作，由此可见伟氏传播西学之功。1857年，他还主编了上海第一份综合性中文杂志《六合丛谈》。

由于译书和编杂志的需要，伟烈亚力阅读了大量中西文献图籍。1867年，他在上海出版了两本重要著作——《中国文献题解》和《在华新教传教士纪念集》。《题解》按《四库全书》分类，对2 000多种中国著作作了介绍。李约瑟博士称它"迄今仍是研究中国文献的最好的英文入门书"。

黄浦滩头的亚洲文会楼

亚洲文会新大楼模型

英国早在1823年就有一个名为"皇家亚洲文会"的组织,主要目的是收集亚洲各地自然和矿产标本。英国侵占香港后,于1847年在香港设立"亚洲文会中国支会"。1857年10月,以伟烈亚力为首的一批外国侨民在上海发起成立了研究东亚文化的学术机构,初名"上海文理学会"。第二年该会并入英国皇家亚洲文会,改名"亚洲文会北中国分会"。按照伟氏的思路,亚洲文会应该帮助中国多出标准科学著作,他建议创办一本介绍各门科学之概貌以及所有新发现的年刊。但是时任亚洲文会主席的美国驻沪领事西华却认为,亚洲文会的目的乃是从中国和其他东方国家收集资料,而不是向它们提供西方知识,伟氏的意见被否定。1868年,驻沪英国领事馆拨款建会所,包括博物院、图书馆和演讲厅。1871年,在外滩附近建起一座亚洲文会楼,因为其中的博物院十分有名,后来楼前的马路被命名为博物院路(今虎丘路)。

博物院在亚洲文会楼上层,陈列动物、植物、矿物标本和考古展

《图画日报》中的亚洲文会博物院

品以及钱币、工业产品等。伟烈亚力负责考古和钱币类。开馆之初，动物类标本有野猪、小鼠、鹰、鹊、麻雀、螳螂、蚱蜢、蝴蝶等，参观者众多，大家都啧啧称奇。当时上海《图画日报》介绍云："该院任人游览，不取游资。诚开通智识之一助也。"可见其影响很大。

亚洲文会图书馆，全称"英国皇家亚洲文会北中国支会图书馆"。开办时有1 300多册藏书，其中700余册即来自伟烈亚力的捐助。原来1869年4月，伟氏拟回国，亚洲文会理事会决定收购伟氏的私人图书馆，作为亚洲文会图书馆的核心部分。3年后，任该图书馆馆长的高第按宗教、科学与艺术、文学、历史和期刊五大类，为其编写了书目。他充分利用了伟氏的这些图书，著成《西人论中国书目》。

伟烈亚力第二次来华后，在多年的研究生涯中又积聚了大量有关中国的中西文图书，其中珍本很多。他为自己的新图书馆自豪地说，在华西人中，只有威妥玛的藏书量能够超过它。伟氏新聚的图书，后来大部分也归亚洲文会图书馆继藏。

沈毓桂为伟烈亚力送行

伟烈亚力在华20余年，不避艰险，足迹踏遍当时中国18个行省中的15个。1853年，他与另一传教士慕维廉扮成中国人，到苏州传教，在玄妙观对上千人布道，被官府当作太平军奸细逮捕。伟氏的假辫子被拉脱，慕氏还挨了打。另一次在水上旅行，遭强盗打劫，当他刚刚离开座位的一刹那，一颗子弹射中了他的坐椅……

沈毓桂

伟烈亚力曾于1862年休假回英国，脱离伦敦会；1863年11月，作为大英圣书公会代理人返华，到中国各地推销《圣经》。据说他在任期内共推销了100万本《新约全书》。其间，伟氏被江南制造局译书院聘请译书。大约那时他忙于推销《圣经》，故译书不多，仅译有《汽车发轫》和《谈天》几种。前一种为近代蒸汽机原理及轮船行驶知识最早的译本之一；后一种则是1859年与李善兰合译的《谈天》补译本，标志着西方近代天文学知识开始系统地介绍进中国。

伟烈亚力与许多上海文人建立有良好的友谊。除王韬、李善兰、华蘅芳、贾步纬等，还有韩应陛和沈毓桂。韩应陛是松江著名藏书家，喜欢西学，曾出资刊刻《续几何原本》。沈毓桂1850年皈依基督教，担任传教士林乐知的助手，长期主持《万国公报》。他不识西文，译稿多由他人口述或据初稿润色而成。他主译的是传教士们的时政论文。1881年后协助林乐知创办中西书院，任"掌教"和"总司院"等职。他一生主张中西文化交流。1895年他在《万国公报》

上发表《匡时策》，首次提出"中学为体，西学为用"的观点。人们只知道中体西用说是张之洞的"发明"，却很少知道沈毓桂的"首创权"。沈氏与伟烈亚力自1867年相识以来，交游甚笃，曾助伟氏译稿。1877年，伟烈亚力因严重眼疾返回英国，沈毓桂有诗相赠：

> 抱道来华三十年，书成微积与谈天。
> 重洋跋涉休嫌远，赢得才名到处传。
> 阅遍山川眼界开，校书终岁又敲推。
> 罗胸星宿谁能似，格致探源众妙该。
> ……

"伍连德讲堂"有来历

亚洲文会图书馆经过数十年的经营，到20世纪30年代初藏书已达14万册，系统地收藏了外国传教士、学者调查研究中国及东南亚地区的著作，内容涉及政治、经济、历史、地理、宗教、语言、科学、艺术等。绝大部分是西文书，中文书仅千余册。一些中西文期刊报纸更属难得，特别是《皇家亚洲文会会报》及各支会的会报，具有重要参考价值。图书馆对公众开放，亚洲文会会员可入书库自行查阅，这是与其他图书馆所不同的。

由于博物院楼已届60年，破旧不堪，1930年起拆除，在原地重建起一座五层新厦。其中三楼按图书馆要求设计，设有书库、阅览室和辅助用房。底层仍为演讲厅，不过这次被命名为"伍连德讲堂"，用了一位中国人的名字。

伍连德（1879—1960年）是一位医学博士，广东台山人，出生于马来亚槟榔屿一个华侨家庭。他毕业于英国剑桥大学医科，1906年应聘回祖国服务，在北洋军医处任职。1910年他受命前往东北各

身穿海港检疫处制服的伍连德

地,对治疗鼠疫贡献很大。1932年,他在上海主持防治霍乱临时事务所,几年内接种疫苗者达60万人次。伍连德同时还担任全国海港检疫管理处处长,改变了外国人垄断中国海关检疫权的历史。他撰有《肺疾论》《霍乱》《中国医学史》等论文和专著,是公认的鼠疫、霍乱防治专家和海关检疫工作的奠基人。他曾被选为中央研究院院士。1937年伍连德回马来亚行医,并写下了一部英文自传《防疫斗士》。

伍连德收藏有大量中英文书籍,20年代他就捐献给了亚洲文会图书馆,数量在万册以上。正由于这段因缘,亚洲文会新厦辟"伍连德讲堂"以资纪念。伍连德还是最早使用藏书票的中国藏书家,他印有"伍连德书楼"中英文藏书票,粘贴在自己的藏书中。

亚洲文会图书馆保护了一批中国国宝,在抗战期间保护的上海宝礼堂的宋刊《礼记正义》等100多部古籍尤为珍贵。而它的图书馆藏书却在日本占领上海期间遭了殃,有7万余册图书被日寇掠走并在东京成立了一个"民族研究所",日本投降后才追回大部分藏书。上海解放时,亚洲文会北中国分会理事会会长是著名教育家黎照寰,副理事高博爱、阿伯兰罕,共有19国国籍的会员235人。当时图书馆仍对外开放,每月有读者700余人。此后由于经费来源断绝,黎照寰等主动要求政府接管。经上海市军管会批准,政府于1952年6月接管亚洲文会图书馆,1955年初划归上海图书馆,其9万余册藏书转至徐家汇藏书楼。虎丘路20号的原亚洲文会楼,近些年来为青岛证券交易公司等机构使用。

格致书院的灵魂人物

1874年3月24日晚，在亚洲文会图书馆会议室，英国驻沪领事麦华陀主持格致书院"良好祝愿者会议"。会议对书院应备置哪些书刊展开了讨论。最后还推举了董事会，有5位董事，外国人为麦华陀、福勃士、伟烈亚力和傅兰雅，中国人为唐景星（后又有王锦堂和徐寿加入）。

经过一段时期的筹备，在北海路上建起一座新式书院——格致书院。

《图画日报》中的格致书院藏书楼

傅兰雅

1876年6月格致书院落成举行开学典礼时，中外来宾达200多人，轰动一时。它是近代中国第一所科普学校。由徐寿拟的《格致书院章程六条》中，专设藏书一条："院中陈列旧译泰西格致书、各种史志、上海制造局新译诸书、各处旧有及续印新报、西国文字、各种格致机器新旧之书、格致机器新报、机器新式图形，以及天球、地球、各种机器小样、天文仪器、化学各器、格致入门各器、五金矿石各样。又备中国经史子集，以期考古证今，开心益智，广见博闻。"书院虽备有中国传统典籍，但更多的是科技类图书。格致书院被称为"科技之家"，经营者中先后有三位灵魂人物，即傅兰雅、徐寿和王韬，其中尤以校董、英国传教士傅兰雅致力最勤，贡献也最大。

傅兰雅（John Fryer，1839—1928年），出身于英国一个贫困的基督教牧师家庭，自幼向往中国这块神秘的东方大地。1861年他22岁时来到香港担任圣保罗书院校长，两年后，被聘为北京同文馆英文教习。又过了两年，傅兰雅到了上海。他被这座刚刚崛起的新兴城市所深深吸引，一边教授英文，一边努力学习汉语，甚至还掌握了三种方言。1868年他去江南制造局翻译馆任翻译，一干就是28年。为了译介各种西学著作，他常常上午研究煤炭及开矿，下午学化学，晚上学声学。他第一个孩子出生后只活了8天便夭亡，却无暇多安慰自己的妻子，又一头扎进了学术研究中。他所译著的书有130多种，其中《化学鉴原》《佐治刍言》《公法总论》等，在晚清知识界有深远影响。谭嗣同1893年夏来上海会见了傅兰雅，受傅氏的启示，欣然购买了大批译著，回去后精心研读，思想渐渐起了变化。1896年3月，他抱着"虚心受教"的宏愿又来到上海，再次访问傅兰雅。"于傅兰雅座见到万年前化石"，"又见算学器，人不须解算"，"又见照相一纸，系新法用电气照成，能见肝胆、肺肠、筋络、骨肉，朗朗如玻璃，如穿空……"他见到了当时西方最先进的手摇计算机和X光照片，联想到中国的落后，更坚定了他"思猛进"、走变法之路的决心。

傅兰雅在译书之外，还创办了近代中国第一份科普杂志——《格致汇编》，创设了中国第一家科技书店——格致书室。在中国，傅兰雅失去了一个孩子，却"催生"了几个"产儿"——包括藏书楼在内的好几个科学文化之家。

第一所为华人服务的图书馆

1896年傅兰雅去美国加州大学任教，但仍然经常来华，关心着上海的教育文化事业。1901年，他与格致书院徐寿等几位华董，正式发起建立格致书院藏书楼，对公众开放。传教士潘慎文、季理斐先后主持书楼。清末上海环球社刊印的《图画日报》称它为上海四藏书楼之一："庋藏经史子集丛书、东西文译本，奚止千万卷。楼上窗明几净，宽敞书室数大间，遍列各书。另有司事管理收发诸事。楼下备有笔砚簿，欲观书者，先将姓名地址及书名登册，一面由司事照填联单，凭单取书。""每日下午二时起五时止，夜七时起九时半止，星期停阅。""凡阅卷者，只准自备纸稿抄录，不准借出。不取阅费，书室内不准吸烟。"

100多年前，这已经是一所很正规的公共图书馆了。所谓"四藏书楼"，另三家大约是指工部局公众图书馆、亚洲文会图书馆和国学保存会藏书楼。徐家汇天主堂藏书楼因只对教会人士开放，可能没被列入公共型图书馆。

格致书院藏书楼开办时，藏书有1 400余种，报章24种，都是中文书，三分之一为东西学译本，四部旧籍占三分之二。它可以说是上海第一所以华人为服务对象的公共图书馆。1907年编印《上海格致书院藏书目》，江南制造局翻译馆陈洙作序云："居今日而欲裨益学术，光我文治，抗衡欧美，度非地方公建之藏书楼不为功矣。上海处东大陆交冲，文明程度，高出内地。各都邑比年学堂、学会相踵林立，独藏书楼之建，自海上书藏旋作旋辍外，惟兹楼幸观厥成。"创办宗旨及书楼意义，说得十分清楚。序文对傅兰雅的贡献评价甚高："虽由中西绅宦捐助书册，足资扩充，然非傅君等组织经营，成效曷能如此之速！"该书目内附《观书约》9条，应该是中国早期图书馆的一份相当周详的阅览规则。

1915年格致书院改格致公学，旧屋拆除，格致书院藏书楼由北海路迁至龙华路，仍保留原来名义。可惜后来遭大火，残书由上海地方教育机关保存，1932年归上海市立图书馆时尚存4 300多册。

傅兰雅在中国生活了35年。晚年定居美国，但仍念念不忘中国。1911年他捐银6万两，创建上海盲童学校。1915年在旧金山与黄炎培谈起帮助中国建立盲童学校的原因时，他深情地说："我几十年生活，全靠中国人民养我。我必须想一办法报答中国人民。"此话非同凡响。传教士历来以拯救者自居，像傅兰雅这样谦逊的实属罕见。为了办好盲童教育，他特地让自己最小的儿子傅步兰在美国学习助残特殊教育，然后将他派往上海。傅步兰后来曾担任上海盲童学校校长。

"维新"和"洋务"的文化蓝图
——上海名人与图书馆之三

柳和城

晚清维新派主张变法维新,洋务派推行"自强运动"。他们的政治观点并不一致,可在他们各自的兴国方略中,公共图书馆却都占有显著的位置,可谓不谋而合。

清末上海人在街头观看照片展览

王韬从海外带回的信息

　　1849年，上海墨海书馆来了一位江苏吴县秀才王韬。其人思想敏锐，狂傲不羁。他帮助麦都思、伟烈亚力、艾约瑟等英国传教士译介《圣经》和各种西学著作。他的家就安在书馆里，居室内挂着一副对联，表达了他对自己工作的钟情："短衣匹马随李广，纸阁芦帘对孟光。"1861年，他随负有与太平军联络使命的艾约瑟来到太平天国首都天京一游，不久又以"黄畹"的化名上书太平军，为李秀成攻打上海出谋献策。书信落入官府手中，王韬不得不匆忙逃往香港避祸。当时他34岁。

　　在港22年，王韬先助英华书院院长理雅各译介中国经典，后创办《循环日报》，主张变法自强。因他在报上的言论无所顾忌，连洋官、兵头也对他敬畏三分。国内洋务大员及粤地抵港官员，莫不乐与之交游，李鸿章、丁日昌及出洋诸使臣，与王韬都有书札往还。港人称他"王师爷"，知名度颇高。

　　1867年，王韬随同理雅各游历欧洲。每到一地，他总要考察公共图书馆，并记入他的《漫游随录》一书。在法国，王韬与"波素拿书库"馆长、一位通汉文的犹太学者儒理成了好朋友，后来还写了《法国儒理传》一文。他还对英国图书馆的普及程度赞叹不已。伦敦的大型图书馆"四海各邦之书，卷帙浩繁"，连中国的经史子集也都齐备，"都中人士，无论贫富"，人人可以入内阅读。王韬参观爱丁堡大学，得知其图书馆每年接待读者1 400余人，"学成名文而去者不凡几"，啧啧称奇。在苏格兰一个叫金亚尔的乡村，王韬正遇上乡人建造图书馆，知道图书还可以外借，他大为赞许，特撰《金亚尔乡藏书记》赠与馆主，希望"院成当勒诸石，以垂不朽"。

　　从欧洲返回香港，王韬自己说，他已经由一个风流自赏的唐伯虎，变成了忧国忧时的魏默深，公开宣布自己是魏源"师夷长技"主张的继承者。时人也把他从欧洲回港后写的《普法战纪》一书，与魏源的《海国图志》相提并论。

1879年，王韬东游日本。在日期间，他曾参观东京"书籍馆"，与日本学者笔谈、赋诗。明治维新时代日本朝野求知兴邦的热情，给他留下深刻的印象。记述王韬海外见闻的《漫游随录》和《扶桑游记》两书出版后，成为国人较早认识外部世界的一个窗口。书中所介绍的西方和日本图书馆事业，更为有识之士所津津乐道。

王韬在香港时，曾协助友人创设一座新式藏书楼，取名"香海"。在《征设香海藏书楼序》中，他写道：中国嗜古力学之士虽"雅喜藏书"，但是"皆私藏而非公储"，"若其一邑一里之中，群好学者输资购书，藏庋公库，俾远方异旅皆得入而搜讨，此惟欧洲诸国为然，中土向来未有也"。他感慨地说："夫藏书于私家，固不如藏书于公所。私家之书积自一人，公所之书积自众人。私家之书

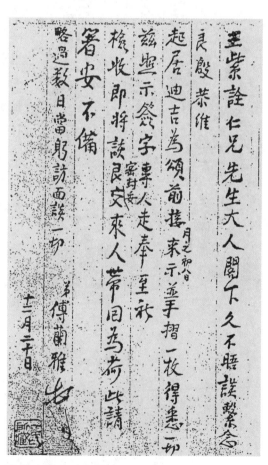

傅兰雅致王韬书札

辛苦积于一人，而其子孙或不能守，每叹聚之艰而散之易。惟能萃于公，则日见其多，而无虞其散矣。"他竭力介绍西方图书公藏观念和它的优点。王韬创设香海藏书楼的计划是否成功，现难考稽，但他的这篇序却成为中国近代图书馆发展史上一块里程碑。

1884年，王韬经李鸿章默许返回阔别多年的上海，任《申报》主笔。翌年创办弢园书局，1887年又出任上海格致书院掌院。王韬重返上海后，与傅兰雅多有交往。李一氓先生原藏傅兰雅致王韬的中文书札及王氏复信，内容都是购书之事，可能与弢园书局或格致书院有关。

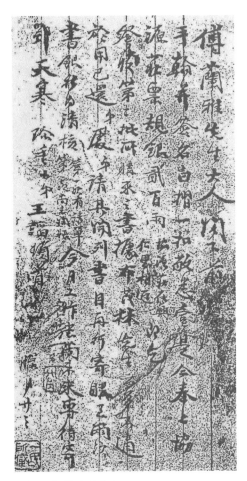

王韬回复傅兰雅书札

丁日昌与龙门书院藏书

一个半世纪以前，上海小西门尚文路一带还是"陂塘芦苇，颇似林居"的城西乡村，有一处吾园旧址，原是士绅李筠嘉的别业。1865年，这里兴建起一所新式书院——龙门书院。它的创办人是时任苏松太兵备道的丁日昌。入学者有张焕纶、姚文栋、李平书、姚

《图画日报》中的龙门师范学校

文枬等。首任山长为顾广誉，继任山长有著名学者刘熙载等。

丁日昌（1823—1882年），广东丰顺人，原为曾国藩部下，著名的洋务派政治家、外交家。洋务派重视人才培养，自然也重视图书在教育中的作用。鸦片战争后，一向讲经课士的书院因受到"西学东渐"影响，出现了新的改革势头，一批新式书院应运而生。龙门书院是较早的一所有影响的近代书院。建院之初就设有藏书楼，藏书166种，都是传统典籍。院长孙锵鸣在任时，受到该院"校友"、留学外国12年的姚文栋的鼓动，开始购置科学、哲学、教育、政治等方面的新书。至光绪年间，书院藏书达337种，三分之一为"新学""西学"之书。

当时龙门书院收藏大量的日文图书（即所谓"东文书籍"），闻名遐迩。这些书包括测量学、植物学、动物学、数学、化学、地理学、物理学、制造工艺以及历史、法律、教育等种类，较全面地反映了日本明治前后学校教育制度、教科书和教育法等。

光绪年间，上海县城里还有一所求志书院，也藏有8 000余册各类图书。1884年，求志藏书移贮龙门书院。至1905年书院改为龙门师范学堂为止，藏书达两三万册之多，当时号称上海老城厢地区"第一书库"。

其实，丁日昌也是一位著名藏书家，他的持静斋藏书很有名，只不过许多书的来历不很光彩。清军攻占太平军据守的苏州城后，丁日昌进城直驱藏书家顾沅的宅园，以"逆产"名义"接收"了顾氏艺海楼藏书。任上海道台时，他觊觎郁氏宜稼堂藏书，曾不顾"丁大人"的尊严，偷偷摸摸将书夹带至自己的轿中，还让人传话，借权势强索得十几种宋元珍本。当了江苏巡抚后，他又放出口风，说要到常熟铁琴铜剑楼瞿家观书。此公巧取豪夺他人藏书的名声播扬四方，瞿家只得来个"丢车保帅"，急急送上一批好书，免得丁大人光临。丁日昌对近代教育、出版还是有贡献的。他从政之暇，一生与书为伍。1868年，丁日昌于苏州创办晚清重要的官书局之一——江苏书局，主持编译并刻印过一批介绍西方先进技艺的书籍，成为他洋务活动的组成部分。

曾在龙门书院就读的姚文栋（1852—1929年），系上海人。他曾任驻日本使馆随员，后随洪钧出使欧洲，回国后又奉薛福成之命考察印度、缅甸及滇缅边界防务，著有《琉球地理志》《日本地理兵要》和《云南勘界筹边记》等，是一位有主见、懂实务的外交人才。在日本的几年中，姚文栋与日本维新人士多有往还。后来成为日本共产党创始人之一的片山潜，曾数次到中国使馆拜谒姚氏，执弟子礼，称姚氏为"海外知己"。戊戌变法时，姚文栋被光绪皇帝选为"懋勤殿十友"之一。翁同龢曾接见过他，在日记中翁氏称赞他是"龙门书院高材生"，读其《云南勘界筹边记》"慨叹久之"。戊戌政变后，姚文栋曾督办山西大学堂，还参与创建江南图书馆。辛亥革命后，姚文栋思想趋于保守落伍。其弟姚文枬时任上海市政厅议事会议长，力主拆除上海旧城墙，姚文栋却竭力反对，当时报纸有"兄弟阋于墙"的评述，传为沪上笑谈。

姚文栋也是一位藏书家。在日本期间，他大量购藏流入东土的中国古籍和日本刊印的汉文图籍。后来在上海南翔筑有归来草堂藏书楼，又称昌明文社书库，可惜毁于1937年日寇的侵华战火。

《盛世危言》中的"藏书"篇

1894年春，上海宏道堂书铺出版了一部叫《盛世危言》的书，风靡上海滩。翌年，盛宣怀带了此书到北京，分送京中高官，"以醒耳目"。后来又有人将书进献给光绪皇帝阅览。年轻的皇上被书中"富强救国"的主张和丰富的西学知识所深深吸引，置于案头，不时披阅。不久，光绪让总理衙门印制2 000部，分发各级官员阅看。此书还有后编、外编，印行过40多个版本，康有为、梁启超乃至孙中山都受到过《盛世危言》的影响。它的作者就是早期维新思想集大成者郑观应。

郑观应全家照

郑观应（1842—1922年），广东香山（今中山市）人，早年到上海学生意，入英华书院随傅兰雅学英文。后充任英商宝顺洋行、太古轮船公司买办，又投身实业，成为沪上富商。1880年后转入盛宣怀主持的官办企业，先后任上海机器织布局、上海电报分局、轮船招商局、汉阳铁厂、粤汉铁路总公司襄办、会办和总办等要职。他到过香港、越南和南洋等地，热心西学，主张变法御侮。1880年刊成《易学》，提出君主立宪的主张。他是近代中国第一个明确提出仿行西方资本主义议会制度的人。《盛世危言》是在《易学》基础上发展而成，为改良派的兴国方略，其中也有宏伟的文化蓝图。《藏书》和《西士论英国伦敦博物院书楼规则》，即是有关图书馆的专门文章。

郑观应在《藏书》篇中说："泰西各国均有藏书院、博物院，而英国之书籍尤多。自汉唐以来，无书不备。凡本国有新刊之书，例以二份送院收储。……通国书楼共二百所，藏书凡二百八十七万二千册。"他对法兰西、俄罗斯、德意志、奥地利、意大利各国藏书之丰富，书楼之众多，赞不绝口。郑观应认为，西方公共藏书制度与人才培养、国富民强之间关系极大。他以英国为例说，英国近数十年来能称雄世界，外间只知道他们有人才，而不知培植人才的方法正在于普及教育和图书馆。我们如能仿效，"人才之验亦必接踵而兴矣"。郑观应对西方开放式藏书制度与中国传统封闭式藏书制度之优劣作了比较，提出各省、厅、州、县都应"分设书院"，购备中外有用之书，藏贮其中，派员专管。"无论寒儒博士，领凭入院，即可遍读群书。至于经费或由官办，或出绅捐，或由各省外销款项、科场经费，将无益无名之用度稍为撙节，即可移购书籍而有余。"这些主张比王韬的图书公藏观又进了一步，在当时具有振聋发聩的意义。

郑观应任汉阳铁厂总办期间，曾创设图书室，供工厂技术和管理人员进修之用，可以说是上述蓝图的可贵实践。

汪康年慨言"兴国之盛举"

戊戌变法时期,维新人士的变法蓝图中无不有图书馆的地位。虽然称谓尚未统一,大都仍沿用传统叫法,其实内涵已大不相同,接近于西方公共图书馆形式。

1895年,上海强学会继北京强学会后正式设会开局。《上海强学会章程》规定该会任务"最要者四事",其三即"开大书藏",搜集中外学术著作,"以广考镜而备研究"。1896年8月,由梁启超为主编的《时务报》在上海创刊。创刊号载文说:"泰西教育人才之道,计有三事,曰学校,曰新闻馆,曰书籍馆。"同年11月,汪康年在《时务报》第13期《论中国求富强宜筹易行之法》一文中写

汪康年

道:"今日振兴之策,首在育人才,育人才则必新学术,新学术则必改科举设立学堂、定学会、建藏书楼……斯三者,皆兴国之盛举也。"

汪康年(1860—1911年),字穰卿,浙江杭州人,维新派宣传家。他奉康有为派遣来沪主持上海强学会。强学会解散后,他创办《时务报》,任经理,掌管财政、人事,间亦执笔论著。该报积极传播维新救亡思想,成为宣传变法图强的主要刊物,不数月即风靡海内。在一封致湖南巡抚陈宝箴的信中,汪康年说:"报册得荷提倡,湘省业正畅销。此间每期已销至七千余份,年拟添译书籍并建藏书楼,以仰副盛念。"汪康年的《时务报》藏书楼收集有大量新学书刊,还提供给北京的友人。当时在京任总理衙门章京的张元济,与一批维新人士兴办西学堂(后改称通艺学堂),设有图书室和阅报处。张元济

就经常请老友汪康年在沪代购各种西学新书,包括天文、地理、英文、算学、动植物学及物理学等方面的书籍。黄遵宪所著《日本国志》也是由汪康年代为购得,后来张元济将此书推荐给了光绪皇帝。

1898年,在维新风气的推动下,上海出现了一些名为阅报总会或阅报公会的组织,会中备置各种报刊,向公众开放。如西棋盘街金隆里有家阅报公会,除备各式报纸、各种时务书籍供人翻阅外,还请精通化学、农学之士来会演说。其中备有笔墨纸簿,读者浏览之余,如有心得体会,可以随手写于簿中,互相交流。阅报公会成为当时研究学术、议论时政的一个场所。这是维新变法时期上海街头的特殊景象。

盛宣怀没有办成的图书馆

清末随着中外交流的扩大,许多开明官员、士绅也开始效仿西方国家兴办公共图书馆。端方、戴鸿慈1906年奏请设立图书馆等四大公共文化设施,北京、南京及各省会相继办起了一系列官办图书馆,出现了一个不大不小的"图书馆热"。可当时上海却还没有一所官办的新式图书馆。洋务派实力人物盛宣怀对此状况颇为不满。

在盛宣怀的兴国方略中,教育文化始终是与机器制造、电报轮船相辅相成、并立而行的内容。于是他与两江总督端方相约,各自献出自己的藏书,在上海合办"松滨金石图书院"。盛宣怀还刻了"贻之子孙,不如公诸同好"的印章。不料后来端方变卦,盛宣怀只得唱起了"独脚戏"。

盛氏资产雄厚,又有众多懂得版本目录的幕僚为其张罗,因此他的藏书珍品颇丰,大都由江南著名藏书故家散出而获得,如苏州江氏灵鹣阁、巴陵方氏碧琳琅馆、杭州王氏退圃等。退圃为清末大学士王文韶别业,所藏御赐内府刻本及名家抄本十分有名。1908年,盛宣怀赴日本养病期间,特意考察各地图书馆、博物馆,为筹议中的图书馆作准备。在日本他多方搜求书籍,一些书商闻讯也纷纷登门求售,短短几个月便收罗千余种日汉新旧图书,满载而归。今存一份当时的购书清单,包括友人赠书共266部,中国古籍并不多,贸易、货币、金融、实业、教育、法律以及医学、卫生方面的书籍却占了很大比例,关于日本明治历史、外交、地舆的书也有十余部。这份清单从一个侧面反映了盛宣怀为他的图书馆准备的是"致用"的图书。

盛宣怀对自己的藏书颇为得意,他在一首《藏书诗》中写道:

江南巧宦孰居先?姓氏犹随洋务传。
独有书芸香不断,缤纷花雨散诸天。

1910年,他在上海寓所附近筑一西式三层楼房,占地十余亩,准备作为公共图书馆馆址(位于今南京西路成都路,现已拆除),取名"上海图书馆"。

盛氏提出要办图书馆,朝廷大加赞许,颁发嘉奖令,皇帝还特

交通大学图书馆旧址

赐"惠周多士"匾额。盛宣怀确实为此事花费了很大精力，即使在辛亥革命爆发后他逃亡日本的日子里，仍念念不忘为图书馆购书。他给上海的亲信赵凤昌写信说："闻南中旧家藏书，迫于乱离，倾箧而出"，让赵"广为搜罗"，"专买未见"之书。在国内盛氏家产被冻结的情况下，他还托人从日本带钱给赵凤昌作为购书经费。

民国政府后来发还了盛氏家产，盛宣怀也于1912年10月回国定居。由于形势变了，他认为再用"上海"冠名有种种不妥，于是改称愚斋图书馆，请来海上名士缪荃孙编制书目。当时其藏书已有10万余册，仅书目就编了18卷、16册之巨。盛氏所藏金石书画也不少，又曾收得以研究明史而著称的苏州藏书家王颂蔚旧藏明人尺牍数百札，原计划图书馆落成后再建一艺术馆，但可惜未成功。盛宣怀已到了风烛残年，无暇顾及愚斋图书馆的开放事宜了。1916年盛宣怀病逝沪上，图书馆始终没有对公众开放。

1934年，经宋子文干预，盛氏后人将愚斋图书分赠圣约翰大学、交通大学及山西铭贤学校。解放后，圣约翰大学所得的书调归华东师范大学，交通大学所得调归安徽大学，山西铭贤学校所得由山西农大继藏。1958年，华东师大又将30多种孤本医书转赠上海中医学院。此外，解放初政府从盛氏宗祠接收图书8万余册、盛氏自印书2万余册，以及盛宣怀第七子盛早颐保存的图书、文件、档案800多包（即著名的"盛宣怀档案"），为上海图书馆所收藏。

说到盛宣怀的文化事业，不能不提到1896年他创建的南洋公学。它是我国最早的具有师范、小学、中学、大学完整教育体制的新式学校。公学成立之初就设有图书馆，后来规模不断扩大，1919年在唐文治任校长时建起一栋图书馆楼。从南洋公学到今日的交通大学，多少学子得益于图书馆的藏书而步入社会、服务社会，谁能说没有学校创办者的远见和劳绩呢？这栋图书馆楼至今保存完好，是交大早期建筑之一。

延续百年的工部局图书馆
——上海名人与图书馆之四

柳和城

上海开埠以来,各种外国侨民组织都曾创建过一些公共型的"书会"或图书馆。它们的示范作用曾促进了中国图书馆事业的发展。它们的沿革过程,从一个侧面折射出中西文化互相交融、互相影响的历史轨迹。

西侨"书会"比工部局年长5岁

1849年3月,一批在沪西侨各自捐出自己的书,在柯克医生家组成Shanghai Book Club(上海书会),1851年改称Shanghai Library(上海图书馆)。参加者每年纳费25元,后减至15元,由会员中选出董事管理日常事务。到1854年,有书1 276册,期刊、报纸30种。由于经费问题,1865年主持者曾想把这个图书馆并给上海总会,后来甚至打算出售,但都没能成功。不过几十年来,它已在上海市民中产生了广泛的影响,人们习惯上称它为"洋文书院"。1877年3月22日《申报》有一则《藏书便读》的新闻说:"本埠西人,设有洋文书院,计藏书约有万卷,每年又添购新书五六百部。阅者止须每年费银十两,可随时取出披阅,阅毕缴换,此真至妙之法也。中国果能仿而行之,则寒儒所费无多,而众可称饱学矣。现计在书院挂号看书者，已有一百五十六人云。"西方图书公藏制度对当时的中国人来说，是十分诱人的。这则新闻，与其说是介绍，不如说是鼓吹。

该馆与工部局的关系很深。工部局虽比"上海书会"晚出世5年，但自1881年起每年赠款补助，条件是该馆"保持付于公众每天免费开放几小时"。当然，所谓"公众"仅是上海的西侨而已。那时的图书馆还没有一所固定的馆舍，直到1884年才租得博物院路（今虎丘路）1号为其第一个正式馆址。据1893年2月上海图书馆名誉秘书德罗蒙致工部局的一份报告称，当时该馆已设有公共阅览室，每天开放10小时，订有15种周报，还向租界三处巡捕房免费供给图书。

令人瞩目的"市政厅图书馆"

19世纪末，上海总会、规矩会、西侨青年会等西侨组织，都陆续办起规模不等的图书馆，也大都采用会员制，把上海图书馆的会

工部局市政厅（1903年至1929年工部局公众图书馆设于此处）

员拉走不少。工部局补贴虽从最初每年100两银子增至1 000两,但经费拮据始终困扰着图书馆。1903年,博物院路1号的房租倍增,图书馆待不下去了,恰巧建成于1898年、坐落在南京路的工部局市政厅尚有余房,于是经工部局批准迁往该地。1912年初,工部局接受上海图书馆的请求,将该馆收归公办,改名Public Library SMC,即工部局公众图书馆,但上海市民仍称其为"洋文书院""英文书院藏书楼"或"市政厅图书馆"。

工部局市政厅(今南京东路719号新雅粤菜馆地块)因房顶用瓦楞铁铺盖而得了个"铁房子"的诨名。这里原本是象征殖民主义权力

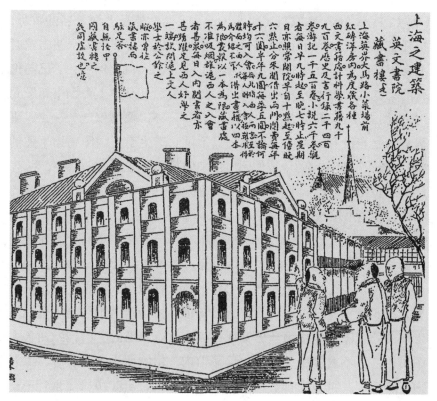

《图画日报》中的工部局公众图书馆

的地方。两幢二层砖木结构的西式建筑,附近还有一幢房屋,系租界武装——万国商团的驻地和操练大厅。图书馆的迁入,似乎增添了几分文化气息,工部局市政厅也成为中国文化人关注的地方。清末上海《图画日报》"上海之建筑"栏刊有"英文书院藏书楼"图,图中三位中国人在楼前指指点点,大有赞叹不已之感。说明文字除介绍地点、藏书量、开放时间及收费情况外,还说:"试问沪上文人学士,于公余之暇,亦曾往藏书楼而驻足否?自无怪中国藏书楼之几同虚设也。"作者对中西不同的藏书观的褒贬可见一斑。

工部局接管后,组成一个图书馆委员会,作为处理该馆事务的"顾问团"。第一年的三位委员是达文德(C. E. Darwent)、奥斯丁(W. C. P. Austin)和欧贝(H. S. Oppe)。达文德是上海著名的牧师,担任主席委员。他于1919年写过一本书,提到工部局公众图书馆时大言不惭地说:虽则只有1.2万册书,但"从人口比例看,它已与伦敦的大英图书馆相仿"。如此吹牛,令人咋舌!从"上海图书馆"到"公众图书馆",前后50年,由私立转归公办,藏书仅这么一点,更稀奇的是竟没有一本中文图书!只不过它产生于中国图书馆事业的"曙光初现"期,它的示范作用所带来的影响更有意义。

20世纪20年代,我国图书馆事业进入"旭升时代",上海各种类型的公共图书馆纷纷建立。1924年6月,由杜定友(复旦大学图书馆馆长)、黄警顽(广智流动图书馆馆长)、孙心磐(总商会商业图书馆馆长)发起,成立上海图书馆协会,有团体会员30家、个人会员16人,很快成为联合上海各图书馆的行会性组织。根据广大市民的反映和实际调查结果,1928年上海图书馆协会致函纳税华人会,对工部局公众图书馆提出严厉批评,呼吁改革。函云:"尝闻欧西各大图书馆,莫不遍收中文图书,珍藏馆内,供欧西人士之参考。上海为中华大埠,世界通都,而图书馆腐败至此,宁非市民之羞!……虽有阅览室,只限于少数之入会会员,而数十年前之旧字典,犹高

1954年，福州路菜场楼上的上海人民图书馆阅览室

置案头，其他种种腐败情形，不胜枚举。"

上海图书馆协会的呼吁在当时并未收到成效，因为公众图书馆正面临无处安身的危机，哪有精力管中国人的改革要求！1929年南京路市政厅被拆除，图书馆被迫迁出，到处"流浪"。该图书馆在南京路22号别发图书公司楼上待了较长时间，后因租金增加也只得迁出。1941年12月最终"落户"于福州路567号福州路菜场四楼。

1933年，上海总商会秘书严谔声捐赠中文古籍3 800册，"洋文书院"才第一次有了中文图书（严谔声在全国解放后曾任上海市工商联文史委员会主任）。严氏捐书后，图书馆也开始采办中文书刊，藏书逐步增至2.2万余册。1940年5月，奚玉书当选工部局图书馆委员会主任委员。在奚氏的主持下，工部局董事会通过增拨购书经费的决议，并规定20%用于购中文书。不久，连数千册的《丛书集成初编》也购置了一套。读者主要仍是在沪的外国侨民，借阅最多的是小说类图书。"八一三"后这种局面才有所改变。一些大学迁入租界，而图书馆未能迁来。经过交涉，学生交纳一定费用后允许在公众图书馆借书。于是华人读者大大增加，超过了外侨。

犹太作曲家馆长的中国情结

这家图书馆无论称"上海图书馆"或"公众图书馆"，都名不副实，它充其量不过是一家为少数西侨服务的文化设施而已。数位主任（馆长）都是外国人，最后一位叫阿甫夏洛穆夫（A. Arsholomoff，1894—1965年），俄国籍犹太人，是位作曲家。他1913年至1914年在瑞士苏黎世音乐学院学习，学成后移居中国。他对中国很有感情，曾到华北采风，酷爱中国音乐、戏曲，1925年定居上海。阿甫夏洛穆夫于1933年起担任工部局图书馆馆长达10年之久。其间，除管理图书馆外，他还参加音乐创作和演出活动，与任光、贺绿汀、聂耳、吕骥、沈知白、欧阳予倩、梅兰芳等中国音乐家、戏剧家有过交往，并与其中一些艺术家结下很深的友谊。

从1925年起，阿甫夏洛穆夫创作了一系列以中国为题材的乐曲和歌舞剧。1933年5月，在大光明大戏院曾连续数日举行工部局乐队的音乐会，其中就有阿甫夏洛穆夫创作的舞剧《琴心波光》。当时称"哑剧"，根据中国民间故事改编，音乐用中国五声音律编成。演员是天一影片公司明星袁美云等，梅兰芳登台介绍。鲁迅、许广平夫妇曾观摩过此剧预演，《鲁迅日记》中曾有评论。1945年，阿氏还创作了六幕十一场歌舞剧《孟姜女》，影响很大。同年11月25日该剧在兰心大戏院首演当日，《大公报》和《时代日报》同时刊出由梅兰芳、周信芳、夏衍、于伶等33人共同署名的《推荐〈孟姜女〉》一文，称赞这出融歌唱、舞蹈、对白为一体的中国歌舞剧。第二年，应宋庆龄的邀请，该剧为中国福利会募捐演出，成为当时轰动上海的大新闻。

阿甫夏洛穆夫后去美国定居，但他的中国情结终生未解。

菜场楼上的市立图书馆

　　1942年7月，工部局图书馆被日伪当局接收，改为"第一区公署图书馆"，后又改称"上海特别市市立图书馆"。抗战胜利后，国民党政府接管了这座栖身于小菜场楼上的图书馆，改为上海市立图书馆主馆，另在南市文庙和虹口塘沽路等处设有分馆，馆长周连宽。这时该馆藏书包括哲学、宗教、社会、自然科学、语言学、美术、文学、史地、传记等方面书籍约12万册，其中以文艺图书最多，其次为社会科学图书。1948年1月，在这里还举办过一个"中国历代图书版刻展览会"，陈列上起五代、下迄清代的古籍精品200余种，郑振铎、吴湖帆、王佩琤等名家曾来此参观，着实热闹了一阵。

　　不过图书馆的环境实在太差。同一楼面毗邻的是俗称"喇叭间"的交响乐团用房；楼下菜场飘来的鱼腥肉臭和叫卖噪声，还有入门处那部老掉牙的电梯运行时的轰隆声，终日不绝于耳……图书馆门口有块木牌，用英文写着"Silence"（安静），读者看了只会苦笑。当时一份馆刊曾为这样的环境发出过哀叹："蹙处于福州路菜场的楼上，烟尘弥漫，市廛喧嚣……哪能给市民安心读书呢？"

　　1949年7月，这所由100年前的"洋文书院"沿革而来的"市立图书馆"由人民政府接管，改称上海人民图书馆。1957年迁往文化广场大楼，后并入上海图书馆，原馆址移作他用。

　　工部局公众图书馆似无书目流传，对它的藏书以前评价不高，一般以为大都是些消遣性文艺作品而已。其实不然。新中国成立初，南京太平天国博物馆就在原公众图书馆的外文图书中，找到许多图片，从中可见当年太平军的形象。博物馆布置就参考了这些图片。当年经手此事的王元化先生，几十年后依然记忆犹新。

《黄报》：老上海最好的德文报纸

袁志英

从20世纪30年代起，便有大批的犹太人从欧洲逃到自由港上海。1939年底到达上海的难民突破了25 000人。难民中绝大部分是犹太人，又都说德语，于是在1939年和1941年间便出现了由犹太人创办的德文报纸，其中有两种晨报、一种晚报，此外还有周报和半月刊，一共有30多种。

这些报纸中最著名的是《黄报》（*Die Gelbe Post*）。它原为半月出一期，1939年底改为周报，1940年中又改为每天出版的日报。全部的《黄报》共有1 000多页。1999年，奥地利图利亚·康特出版社将最有价值的前七期集辑成册重新出版，一位德国友人购得一册，赠送给我。这就成了我介绍《黄报》的珍贵资料。

办报原为排解异乡寂寞

《黄报》在当时被称为最好的德语报。一位女读者曾这样写道："在上海所出版的形形色色的德语报刊中，《黄报》毫无疑问是其中唯一一份具有学术和文学水平的报刊。我认为它架起了一座通向中国的桥梁，这对于操德语的欧洲人来说是最最重要的。"

《黄报》创办者阿道尔夫·约瑟夫·施托菲尔（Adolf Josef

Storfer，1888—1945年）是来自奥地利的犹太人，弗洛伊德的学生，在大学攻读哲学、心理学和比较语言学。第一次世界大战后曾担任维也纳心理分析出版社的社长，同时兼任心理分析教育学杂志的副主编。作为语言学家，他出版过两部专著——《词和词的命运》和《在语言的丛林中》。

施托菲尔

1938年12月31日，施托菲尔逃到上海时，已是筋疲力尽，身无分文，煞是狼狈，全靠上海难民委员会救济。虽说当犹太人在死亡线上挣扎时，英、美等许多国家，还有为数众多的名人都纷纷发表声明，要对他们提供人道主义救助，可是具体落实起来又谈何容易。不论逃往哪个国家都需要签证，可对他们来讲，弄到签证真比登天还难；有些国家的移民法，为难民进入该国设置了不可逾越的障碍。正是在这危难之秋，上海的难民委员会发表声明，愿意无条件地接纳犹太流亡者。

施托菲尔一心自谋生计，首先试着和上海的高校建立联系，看看能否教授德语。他甚至想免费讲授德语，以此来换取通向中国知识界的入场券。可他忽略了上海在"八一三"抗战后的严峻形势：上海广大知识分子所关心的乃是抗战救国之事，无暇他顾。再者30年代末的上海也不是欧美知识分子云集之地，施托菲尔深深感到自己陷入了难言的寂寞之中，而创办《黄报》，正是他的一种自我解脱的办法。

1939年5月1日，在他到达上海整整4个月后，第一期《黄报》正式出版，他身兼社长、主编和作者。一个受迫害的异乡人，在一个人地生疏、语言不通的异邦，在4个月的时间里创办出一份报纸来，这不能不说是一个奇迹，所遇到的困难自然是很多的。他在该报第一期"编者的话"中这样写道:"出版《黄报》的准备时间非常短,技术条件和经济条件极差。比如说,这份报是由中国排字工人排版的,而他们对德语没有任何的知识,这在内行人看来肯定是个困难……"

施托菲尔在"编者的话"中强调"中立"的办报方针:只提供信息不表态,避免倾向性。这是因为当时所有中外出版物都要在工部局登记,日军虽说还没有占领租界,可整个上海已经处于日军的控制和影响之下。对于任何一个政治事件的公开表态,都会引起日本当局的警觉。然而,施托菲尔是站在中国人民这一边的,他的倾向性也是掩盖不了的,正是这一点给他个人的命运带来了严重后果。此是后话。

第一期《黄报》

该报为何叫"黄报"呢?施托菲尔在"编者的话"中对此也有说明:他请读者不要对《黄报》名称的来历妄加解释,不要去探讨背后的"深意"。这和"黄种""黄斑"以及奥匈帝国的黑黄国旗都毫无关系,也和外国那种"yellow press"(黄色刊物)没有任何关系,仅仅是因为黑色的铅字印在黄色的纸张上特别醒目,使人的眼睛感到舒服,所以才起了"黄报"这一名称。

一个鲜为人知的"云南工程"

开头七期《黄报》将重点放在亚洲,特别是中国。它向欧洲尤其是向来自中欧的流亡者系统地介绍上海,介绍中国,内容有名胜古迹、风俗习惯、社会问题、文化经济、文学艺术,还有一些人物。比如我们可以读到有关中国钱币的系列:"中国的铜钱""中国的银币""中国的纸币"。《文房四宝》一文则介绍了与欧洲迥异的中国书写文化。《黄报》甚至译载了那时才出版不久的茅盾《子夜》中的一

《黄报》刊登的介绍茅盾《子夜》的文章

章；对古典小说《金瓶梅》也有介绍，称它为"一部中国人的性爱小说"。此外中国的社会问题也是报道的内容，比如《北京乞丐选举他们的国王》《血染上海弄堂》《上海街头的流浪者》等。他在《向苦力致敬——踢一脚等于10分钱》一文中，表达了对租界底层中国人的同情，对殖民主义分子的愤怒。

中西文化交流也是该报的重要内容。《赫尔德尔论古老的中国》《中国基督教会和中国改革》《歌德论中国》《奥斯卡·王尔德的中文》《东方和西方——相互对立》《莱布尼茨的要求》等，都是很有意味并有学术价值的文章。

《黄报》在报道中国的同时，也注意对东亚其他国家的介绍，其中日本和朝鲜得到了特别的关注。比如，《黄报》就刊登过《日本的服饰艺术》《日本的渔业》《耳光以微笑化解》等。

作为弗洛伊德的学生，施托菲尔对心理分析有着特殊的兴趣，所以在《黄报》上发表了不少这方面的文章，如《心理分析在日本》和《中国书写中的心理分析》等。特别值得一提的是《论世界上对犹太人的仇恨——弗洛伊德的最新研究成果》一文。这是篇书评，评论对象乃是弗洛伊德的新著《摩西其人和一神宗教》，是用德语写的对弗洛伊德最后一部著作的第一篇评论文章。

同时，施托菲尔还是一位语言学家。《黄报》第一期中有一篇《在上海的学校里不教洋泾浜（混杂）英语》的文章，极为有趣。文中首先探讨了混杂语的来源，继而又谈到混杂英语的来源。施托菲尔具有极为丰富的语言社会学的知识，尤为令人惊异的是，他在4个月之内竟然了解了那么多上海洋泾浜英语。另有一篇《保卫汉语》也值得一读，作者是语言哲学家弗里茨·毛特纳尔。他在文中总结了汉语的特点，最后写道："我们不能拒绝拿我们语言结构和汉语的语言结构进行比较，我们要拒绝的是把我们语言结构的形式看成是衡量其他语言的尺度，甚至是价值尺度。"当时的中国是个弱国，备

《黄报》刊登的介绍上海洋泾浜英语的文章

受列强欺凌，连语言也受到歧视，而毛特纳尔所提出的原则实属难能可贵，甚至到今天还有现实意义。

施托菲尔是犹太人，《黄报》的读者大部分也是来自中欧的犹太人。犹太人的特殊问题当然成为《黄报》所关心的重点之一。可能现在很多人不知道，在六七十年前曾有一个所谓的"云南工程"，如果这一"工程"成功，战后的政治地图会和现在完全两样。犹太人离开中欧总得有个落脚之地，因此便出现了许多移民方案，"云南工程"便是其中之一。《黄报》第一期发表了克劳克尔题为《未来之地的云南》的文章。文中写道："本来当时的中国政府曾经考虑犹太人可以移居海南岛，可海南岛不久便为日本人占领，于是重庆政府提出犹太难民可去大西南，于是便出现了所谓的'云南工程'。"《黄报》连续几期都在讨论"云南工程"这一议题，许多记者、作家和商人也都参加了讨论。1939年8月，上海日本当局以及租界当局采取措施，限制欧洲流亡者继续流亡上海，"云南工程"也随之流产。

中国"辛德勒"曾是撰稿人

《黄报》不仅关注当时的犹太人，而且还追溯犹太人来华的历史。施托菲尔曾在《开封犹太人——抽筋教派》一文中写道："马可波罗早在1286年就已经提到中国的犹太人，提到他们在中国和蒙古曾有相当的政治影响。"在汉代，也就是说在公元前200年和公元后200年之间，就有犹太人来中国，他们很可能是从印度来华的。可是在这漫长的岁月里，这一小拨犹太人其生理和心理特征都已消失殆尽。犹太教堂已不复存在。

《黄报》还为流亡者提供了很多有关日常生活的信息，特别是有关上海的信息，比如《上海的地价和住房租金》《逛中国商店》《欧洲轮船到达上海》《上海每月的平均摄氏温度》《漫话上海》等。施托菲尔还专辟一栏，名为"上海漫笔"。

施托菲尔不仅是位知识渊博的学者，而且知人善任。他手下的工作人员个个都是中国通。比如一位叫凯姆的人，就是个"老上海"，写了很多社会批评类的文章，为《黄报》作出不小的贡献。还有一个名叫罗塔尔·布里格尔的撰稿人，也是《黄报》的主要干将之一。他曾这样介绍自己："首先我要向读者诸君介绍一下，我究为何人。我是一个落难之人、艺术史家和作家，现今生活在中国的上海。各位也许会说，生活在这里必定非常有趣，不过我能向诸位保证的是：在这里生活也非常的困难。"维利·唐是位汉学家，该报的许多文章都是由他从中文译成德文的，可以说他对该报的发展起了关键性的作用。1943年他为流亡者创办了东方学院，其座右铭是："教育不可没落。"

施托菲尔还非常看重同中国人的合作，尽力争取中国政治家、外交官、作家和记者的支持，其中包括宋美龄、茅盾、林语堂等。现在被称之为中国"辛德勒"的何凤山博士，曾于1938年5月至1940年5月任中国驻维也纳总领事，他也经常为《黄报》撰稿，对犹太人表现出极大的同情。在其任总领事期间，到底为犹太人签发了多少张"生命签证"已不可考，初步估计有数千份。

该报名为"中立"，实则站在中国人民的一边，字里行间充满了对中国人民的同情，以致不少文章惹恼了日本当局。有些文章矛头直指日本，如《一对日本夫妇站在中国一边》；何凤山博士撰写的《日本的两个论点》，有力地驳斥了日本侵略中国的"理由"。日本当局将这些文章看成是施托菲尔对他们的直接挑衅，施托菲尔面临着巨大的危险。1941年他逃往香港，继而经马尼拉到澳大利亚，最后定居墨尔本。1945年，他在墨尔本病逝。

1874：上海始发明信片
——老上海明信片的故事之一

孙孟英

明信片的问世，距今约有150年的历史。

1865年10月的一天，一位德国画家来到邮政局，要把他创作的一幅画作为结婚礼物邮寄给他的朋友。然而，由于这幅画太大，无法装入信封内。一位聪明的邮局职员建议画家在画的背面写上收件人

西方明信片上中国民间艺人在弹唱

的姓名、地址、内容，使之如信函一样寄出，结果达到了与寄信一样的效果。这幅硬卡纸画就是后来为世人公认的世界上第一张"明信片"。

第一张明信片的诞生引起人们的广泛关注。1869年，一位名叫荷曼的奥地利医生向政府提出发行邮政卡（即明信片）的建议，并主张邮政卡的大小要同信封一样，便于同信件一起投送。他的建议得到了奥地利政府的支持与采纳。1869年10月1日，首批预付邮资明信片公开发行。奥地利成为世界上第一个发行和推广明信片的国家。此后，明信片就迅速在欧洲各国得到推广、发行。

近代上海得风气之先，是中国最早发行明信片的城市。从上海公共租界工部局书信馆首次发行明信片，到大清邮政第一套"中国邮资明信片"的诞生，明信片开始从上海走向全国，且为中国大众所接受和喜爱。

西方明信片上的老上海风情

在19世纪80年代欧美掀起的明信片收藏热中，有不少明信片的封面图案取材于中国的风土人情及各类建筑等。其中一些明信片的封面上，印有反映上海风情的老照片，在欧美备受青睐。

1943年上海开埠后，随着英国、法国、美国等西方国家在上海设立租界，大量的西方传教士、政客、商人等纷纷涌入上海，并在上海设领事馆、开工厂、办公司、建俱乐部、开商店。洋人们除了热衷于传教、经商之外，对那些江南特色的小桥流水、飞檐翘角的明清建筑以及老城厢市民的生活习俗都充满了好奇和新鲜感，他们或将这些有特色的风景绘成油画，或拍摄成照片带回本国，在本国的报纸、杂志、书籍上发表，以满足西方人对神秘中国的好奇心，并以此赚取利润。

西方明信片上的上海洋泾浜

西方明信片上的上海街景

带有老上海风情的明信片,如早期上海外滩的景色、上海市民观望街景的各种神态、南京路上的建筑以及上海的名胜古迹,甚至还有上海的集市菜场和市郊的热闹小镇等,在当时欧美国家都非常受欢迎,尤其受到明信片收藏者们的青睐。

明信片上的"老上海",不仅向西方各国宣传了上海,还为我们保留下了一百多年前上海的真实面貌,具有很高的史料价值。

工部局最早发行"工部小龙"明信片

1843年上海开埠后,外国人开始在租界内办起书信馆(即邮政局),并开设了邮寄信函的业务。受到西方明信片热潮的影响,1874年,租界工部局责成书信馆设计并发行明信片。书信馆方面特邀洋人画家设计明信片。设计完成的明信片画面加入了中国文化元素,画有一条银淡紫色的小龙,被称为"工部小龙"明信片。明信片的整

上海工部局书信馆发行的"工部小龙"明信片

体形状呈长方形，四周有边框，上部印有"工部书信馆"五个大字，并有英文说明，片幅为120毫米×75毫米。明信片一经推出就受到租界内洋人们的青睐和追捧，上海一些洋行里的华人代理人也利用工作之便抢购明信片。

常言道"物以稀为贵"。由于当时工部局书信馆印制的明信片主要在洋人之间流通，所以上海普通市民还不知道明信片为何物，即使有钱的大户人家也难以见到。随着时间的推移，明信片才逐渐成为上海上流社会青睐的"高级礼品"。据说，有一个上海富家子弟为了在朋友面前炫耀自己能搞到明信片，特地向一个在洋行工作的朋友借了一张明信片来，结果却弄丢了。这个富家子弟由此还吓出了一场大病。待他病好后，花了一大笔钱，购买了一件衣服赔给朋友才完事。这个故事虽然有些不可思议，但恰恰说明当时明信片在华人中确实是一种稀有而贵重的物品。

上海工部局书信馆发行的"工部小龙"明信片，是在中国境内发行的第一张明信片。因此，上海成为中国第一个发行明信片的城市。由于当时明信片是由洋人设计且在租界里流通，明信片上只有英文POST（邮寄）与CARD（卡片）而没有中文翻译，故习惯上将明信片称为"邮寄卡片"或"邮寄硬卡片"。

李圭将"邮寄卡片"译为"明信片"

那么，是谁把"邮寄卡片"翻译成"明信片"的呢？笔者查阅相关资料后才知道，他就是我国近代邮政创始人之一的李圭。

李圭，字小池，1842年出生，江苏江宁（今南京）人。他从小聪明好学，长大后博学多才，精通英文，且具有创新意识。1865年，23岁的李圭受聘任宁波海关副税务司霍博逊的文牍（即秘书）。1867年，李圭被派赴美国费城参加"美国建国100周年博览会"。其间，李圭对美国的经济文化与风土人情进行了考察。博览会结束后,他又赴欧洲以及日本等国进行考察。历时8个多月的考察使他大开眼界,尤其对欧洲兴旺发达的邮政业有了全面仔细的了解。李圭回到上海后,就马不停蹄写成了《环游地球新录》一书,书中对欧美邮政作了详尽的介绍,并建议清朝政府开办"中国邮政"。李圭的建议得到了李鸿章的赞许与肯定。

李圭

当时欧美等国正在流行邮政卡片(即明信片),但当时对这种邮政卡片没有一个统一的称呼。如英国称为"post card",即邮政卡片;法国、德国、西班牙则称为"邮寄卡片";其他欧洲国家也有称为"邮寄图片"或"邮政硬纸卡"的;而在日本则称为"邮便叶书",简称"叶书",其中由日本邮政省发行的又称"官制叶书",假若在上面加印绘画的,则称为"绘画叶书"。1874年上海工部局发行的第一张明信片,也是只用英文"post card"(邮政卡片)来称呼,也有人把明信片翻译成"书信片"。

如何用汉语将"邮政卡片"准确地表达出来,成了李圭心中一件重要的事情。他绞尽脑汁,反复对"邮政卡片"的特点、作用、功能进行分析,最终悟出了一个道理,不能根据英文单词的解释来翻译成中文,而是必须跳出"以词达意"的死板翻译模式,按照中国人的习惯和文化特点来翻译。

1885年,在葛显礼的主持下,李圭把英文的《香港邮政指南》译成汉语,同时又拟写了《译拟邮政局寄信条款》一书,对十几种邮件的规格、特征、大小、轻重、资费等作了详细的规定,并把"邮政卡片"一词翻译成"邮政明信片"。李圭在"明信片"一节中作如下阐述:

邮政局印就厚纸片,其信资图记也印于片上;邮局出售,以便商民凡寄无关紧要之信。片面写姓名、住址,片背写信,不用封套,价更便宜。各国信馆(邮局)皆有此片,谓之明信片。

李圭在把他写的《译拟邮政局寄信条规》送呈葛显礼、李鸿章等的同时,还随附了一张他"改制"的明信片。这是一张香港1880年发行的印有维多利亚女王肖像图的明信片,他把明信片中上部的英文"香港"及"徽志"刮掉,手写"大清国CHINA"几个字;另外在英文"万国邮政联盟"一行字上面手写"邮政局明信片"六个汉字,再用1枚大龙邮票将维多利亚肖像邮资覆盖,变成了一张具有"中国特色"的明信片。

1897年10月1日,大清邮政首枚邮资明信片发行,邮资图下印着醒目的"邮政明信片"五个字,从此,"明信片"一词沿用至今。李圭则成为将"邮政卡片"翻译为"明信片"的第一人。

大清邮政发行"中国邮资明信片"

当西方国家已开始普遍发行邮政明信片之时,封闭落后的清朝政府还没有开办和设立国家邮政局,而在上海的租界内,通过邮政寄信已是相当普通的事情。直到1878年,清朝政府才开始由海关试办邮政业务,即由海关内的邮务处兼办邮政业务。同年8月,海关邮政处发行了中国历史上第一套"大龙邮票",该邮票为竖小长方形,四周为齿轮边,左上角印有一个"大"字,右上角印有一个"清"字,即为"大清"朝之意,在"大"与"清"两字的中间印有英文大写字母"CHINA"(即中国)。邮票的左右两侧分别印有"邮政局"和"壹分银",并在两侧的下部印有阿拉伯数字"1",邮票的下底部印有英文大写字母"CANDARIN"即"分银"之意,邮票的中间大块

大清邮政发行的1分邮资明信片

大清邮政发行的2分邮资明信片

海纳百川

面积上印有象征大清王朝的"青龙图案",被称为清朝"大龙邮票"。大龙邮票共发行了三种,分别为"壹分银""叁分银"及"伍分银",从而开了中国邮政业的先河。

然而,当时所谓的"大清邮政局",还只是隶属于海关兼办的邮政业务,没有独立性,因而业务也做不大,更不可能去印制发行明信片,使得中国的邮政业务发展缓慢,远远落后于西方邮政发达国家。

到了19世纪90年代中期,欧美国家邮政业务蓬勃发展,邮政明信片业务亦成为政府重要的财政收入。此时,落后保守的清朝政府才刚刚从昏睡中醒悟过来,想到了邮政业的重要性,于1896年结束了由海关兼办邮政业务的状况,成立了由政府负责的邮政部门——大清邮政。

大清邮政成立后,发行了真正意义上的国家邮票——大清国政府邮票。同时清朝政府责成费拉尔设计了"中国邮资明信片",这是中国邮政历史上推出的第一套明信片。

由清朝政府推出的这套明信片为竖长方型,左上角印有"大清邮政"四个大字,邮资上印有象征清朝政府的蟠龙和万年青图,邮资图下印有"邮政明信片"五个字。从此,明信片开始在中国的一些大城市发行,普通老百姓也开始认识和接受了明信片的各种好处。

洋商的明信片发财梦
——老上海明信片的故事之二

孙孟英

19世纪末至20世纪初,随着上海租界的不断扩张以及英美等国对华贸易的增加,不少洋商在上海开设了照相馆、图片社、画报社等。他们看到印有中国各地风土人情及名胜古迹的明信片能够带来巨大的利润,便把制作明信片作为一项重要业务来开展。

查尔森的"中国风情"明信片风靡欧洲

20世纪初,在上海外滩的一家洋行内,开设了一家美国新闻图片社,这是美国新闻社驻上海的一个分支机构,主要是为美国新闻媒体提供每天发生在中国的新闻以及相关图片资料。泱泱大国,幅员广阔,人流熙熙,百业流动。街上有剃头摊、铁匠铺、修鞋铺,有卖唱的、玩杂耍的、抬轿的、推车的,各地还有各具特色的名胜古迹以及民风习俗等,这都为图片社提供了丰富多彩的"创作素材"。

当时美国新闻图片社有一个名叫查尔森的摄影师,他是一个非常具有商业头脑的人。他意识到中国的城市、街道、群体、行业,都与欧美国家迥然不同。为此,查尔森利用工作之便,在上海各处转悠,拍摄了许多市井小民生活习俗以及富有中国特色的庙寺、亭台楼阁、小桥流水等的照片。查尔森把这些照片冲印出来后,看了觉得很有趣味。他意识到，这些照片放在中国一文不值，但是拿到美国或欧洲定会成为稀有物品，能卖出好价钱。

一年后，查尔森怀着发财梦回到美国。他带着一大箱富有中国特色的照片，在美国兜售。他通过一位在美国邮局工作的朋友介绍，把一部分照片卖给了邮政部门，赚得了一笔数额可观的美金，而邮政部门则将那些具有"中国风情"的照片制成了明信片在当地出售。

之后，查尔森又带着照片赴欧洲出售。而那时欧洲非常流行收藏各类明信片，画面精美的10张一套的明信片可以卖到三四十元。

明信片上的中国人坐在人力小推车上

明信片上的清末城墙

查尔森看中了这一市场和商机,把在上海拍摄的照片分成几大类,如寺庙、亭台楼阁、市民穿着打扮、街头卖艺、田野风光等,然后将每一类照片以不同的价格送到欧洲各国的拍卖行拍卖。不少欧洲国家的邮政部门、出版社、图片社都对此非常感兴趣,查尔森的照片在竞拍中屡创新高,获得了丰厚的收入。而那时带有"中国风情"的明信片在欧美相当走俏,掀起了一股收藏风。

赚了大钱后的查尔森有了更大的野心。他回到上海后干脆辞掉了原有的工作,干起了专门从事拍摄照片和制作明信片的业务,并在位于公共租界的河南路上开设了一家中等规模的图片制作社,取名华美图片制作洋行。查尔森雇了10余名华洋员工为其打工,而他自己则带着摄影助理走出上海到中国各地采风,他拍遍了江浙一带的名胜古迹,随后南下到福州、厦门、广州,再北上到济南、天津、北京一带取景拍照。回上海后,他把最有代表性的作品经过认真仔细的整修后,制作成无邮政函的明信片,拿到世界各国出售,从而又赚得盆丰钵满。

进入20世纪二三十年代,查尔森已是上海广告界的洋大亨,当时上海不少公司、画报社等制作宣传单和画报,都去查尔森开设的洋行。查尔森日进斗金,靠制作明信片发了大财。

耀华的"洋人情侣"明信片轰动上海

1892年,在上海大马路(今南京东路)上开设了一家大型照相馆,名叫耀华照相馆。耀华照相馆四上四下,沿着南京路有四开间门面,左右两边有两个大橱窗,老板是个德国商人,名叫施德之。耀华照相馆专门为有钱人拍结婚照、艺术照,尤以拍结婚照而闻名上海滩,当时被誉为上海照相业的"四大天王"之首。这"四大天王"分别是耀华、宝记、保锡、致真。

然而,让施德之感到不可思议的是,照片制成明信片就变成了艺术品,在市场上买卖还可以赚大钱,这使他为之心动,于是决定推出销售明信片的业务,同相邻的美商查尔森的华美图片制作洋行争夺明信片市场。

施德之是一个非常聪明的商人,深知同行之间同类产品竞争很容易造成两败俱伤,互不得利。施德之决定要同华美图片制作洋行进行错位经营。华美制作的明信片内容基本上是以中国传统的风土人情、名山大川及亭台楼阁为主。耀华如果想要在竞争中取胜,就必须独辟蹊径,走自己的经营之路。施德之决定利用拍摄人物肖像照这一品牌优势,推出洋人情侣照明信片,扬我之长,以此抢占明信片销售市场。

为了设计和制作出与众不同的"耀华明信片",老板施德之花钱邀请了当时在上海工作生活或探亲访友的年轻漂亮的德国情侣,到耀华照相馆里充当模特,拍摄艺术类情侣照。年轻帅气的新郎梳理着油光闪亮的三七开波浪式发型,身穿黑色笔挺的西装,挺括的白衬衫,系着花色的领带或领结,脚穿黑色锃亮的尖头皮鞋,气宇轩昂;而身旁的新娘头梳长波浪发型,身穿洁白晚礼服,脚蹬高跟尖头皮鞋,手提漂亮礼帽,摆着各种不同的姿势出现在照相机的镜头前。他们姿态优美,气质高雅,拍出来的照片使人耳目一新,让施德之看到了赚大钱的希望。接下来最为关键的是明信片的设计与制作,同时对照片要进行最佳黄金比例的裁割。而毕业于德国美院、懂得绘画的施德之,自己动脑筋构思设计明信片。不久,一幅幅精致漂亮的"情侣明信片"被推向市场,3万套明信片在短短的一个星期内就被抢购一空,引起了轰动。当时上海的时尚男女都为能获得一套耀华设计制作的情侣明信片而感到满足。

初尝明信片市场甜头的施德之没有"得胜"后的沾沾自喜,而是产生了扩大明信片市场的想法。他将情侣明信片按季节拍摄制作,不同的季节,情侣身穿不同的

施德之参加1930年比利时世博会时的留影

明信片上的外国情侣在小溪边

服装、摆出不同的造型、梳理不同的发型,选择在不同的布景或环境中拍摄——春季,男女情侣身穿漂亮的春装,到公园或风光秀丽的野外拍摄照片;夏季,男女情侣梳理短发、身穿短衣薄裙,在小桥流水边拍照;秋天,男女情侣身穿西装和晚礼服,在郊外的田间拍摄照片;冬季,男女情侣身穿翻毛皮大衣,头戴翻毛厚皮帽,脚蹬高跟皮靴,在豪华客厅的背景里拍照。当施德之将按季节拍摄出的照片设计制作成明信片推向市场后,获得了丰厚的利润。

耀华设计推出的明信片之所以抢手,是因为施德之掌握了上海青年人追求时尚的心理。那明信片中的模特所理的发型、穿的服装及打扮,都是欧美最潮流的"流行色"。青年人除了喜欢明信片中的人物外,更把明信片中洋模特时髦漂亮的穿着打扮作为一种样板,不少大户人家的太太和小姐还根据明信片中人物的服装,让裁缝店大师傅仿制。

霍瑞的"好莱坞女明星"明信片一炮打响

图片社、照相馆都能通过拍照自制明信片赚到大钱,这让美国勒克斯图片社主要负责人霍瑞感到了一种莫大的遗憾:论人力和财力，他都远远要胜过华美图片制作洋行和耀华照相馆，他只是没有意识到明信片这一欧美产物也能在中国有广阔的消费市场。为此，霍瑞决定开发明信片市场，以求多赚些外快收入，提高在华员工的薪资和福利。

推出什么内容和主题的明信片？霍瑞思虑再三，决定走"人无我有，人有我优"的拓展明信片业务之路。他经过市场调查和分析，得出这样一个结论：中国尚没有美国好莱坞电影剧照明信片，而20世纪20年代末美国好莱坞电影开始不断进入中国电影市场，上海是最早同西方文化接轨的大都市，上海观众最爱看美国电影，而好莱坞女明星特别受上海青年人的青睐。霍瑞深信推出好莱坞美女影星明信片，在上海一定能受到消费者的欢迎，市场前景绝对广阔。

霍瑞通过美国好莱坞电影公司等发行的介绍电影及电影明星的杂志、画报及宣传海报等资料，进行选择性的翻拍，重点选择好莱坞中有名气的女明星为翻拍对象。

当时被翻拍的早期好莱坞美女明星，有电影《我不是天使》女主角梅·威斯特、《红楼金粉》女主角葛罗丽亚·史璜生、《风骚女人》女主角玛丽·璧克馥等。霍瑞深知明星有很强的知名度和社会效应，上海许多年轻人都是好莱坞女明星的"铁杆粉丝"，只要把翻拍好的明星照片在裁割、整修及着色方面做到极

明信片上的好莱坞女明星玛丽·璧克馥

致，再在明信片的设计、画面、布局方面精雕细刻，那么，一套套夺人眼球的"好莱坞女明星"明信片就能一炮打响。

勒克斯图片社推出"好莱坞女明星"明信片向社会发行后，果然博得了同行们的称赞和消费者们的喜欢，纷纷抢购收藏，甚至有人还倒卖好莱坞美女明信片，以此赚取外快。当时上海有不少好莱坞影迷，他们有的把明信片装进家里的相框内挂在墙上欣赏，有的放入自己的相册内珍藏，更有甚者把自己最喜欢的好莱坞女明星明信片放在皮夹内随身携带，真是痴迷到了极致。

南京路上"五虎争霸"
——老上海明信片的故事之三

孙孟英

在明信片兴盛的20世纪二三十年代,上海颇有名气的王开照相馆、沪江照相馆、中国照相馆、英明照相馆、国际照相馆都自行设计推出了各种风格不同的明信片,并展开了激烈的竞争,仿佛"五虎争霸"。这些明信片素材各不相同,王开照相馆推出了澳洲土著明信片,沪江照相馆推出电影明星明信片,中国照相馆与电影公司合作制作明信片,英明照相馆推出湖泊风光明信片,国际照相馆推出南方美景明信片,可谓丰富多彩,各具特色。

"王开"的澳洲土著明信片令人大开眼界

王开照相馆从20世纪20年代起就名声鹊起,是南京路上规模最大、技术最强、经营业绩最好的照相馆。老板王炽开经营理念超前,做事大气,常有惊人之举,使同行自愧不如。在设计制作明信片方面,更是独树一帜。

在二三十年代,王开几乎把所有的运动会拍摄权都包揽了,制作推出体育明信片,赚得了不少钞票。1927年,上海举办第七届远东运动会,

王炽开

王开照相馆的摄影师

王开以200块大洋竞拍到运动会的摄影权,设计出运动会明信片推向市场。1935年第六届中华民国运动会在上海举行,王开特地为曾获得游泳冠军的"美人鱼"杨秀琼拍摄了一组体操动作照片,并设计制作成了明信片。杨秀琼的体操明信片一推出,很快就被一抢而空。王炽开通过为运动会和运动员拍照并制作明信片,既提高了企业的知名度,同时也取得了经济效益。

王炽开在企业经营中一直倡导"人无我有,人有我优,人优我特"这一宗旨,从不步人后尘。为了抢占明信片市场,他派出外景摄影师到澳大利亚拍摄风光照和当地土著人的生活习俗照,以求推陈出新。

1935年秋,王炽开派出了三名技术高超的摄影师赴澳大利亚拍风光照,由老板的侄子王振环带队。三人经过20多天的海上颠簸到达布里斯班,并由布里斯班一路南行至悉尼、堪培拉、墨尔本,拍

王开照相馆的澳洲冲浪明信片

王开照相馆的澳洲土著明信片

摄当地的城市建筑、海岸景观等。他们重点拍摄了澳大利亚当地土著人的各种生活照片,很有意义和价值。

王开照相馆百岁老职工王振环在2007年向笔者讲述了他们在澳大利亚为当地土著人拍照的故事。

土著人是这块土地上的真正主人，但他们却像一群无家可归的流浪群体，各方面都非常落后，过着非常原始的生活。土著人皮肤黝黑发亮，鼻子宽扁，头发卷曲，无论男女上身都赤裸，妇女下身系一件围布裙，男性下身只用一块草毡遮挡，小孩则一律不穿衣服，赤身裸体，他们就这样"穿着打扮"，在大街上或是草坪上说着话、唱着歌、打闹着，无忧无虑地生活着。当王开的摄影师举起照相机对着他们拍照时，他们也不理睬，也不制止，似旁若无人般。为了能拍到更多土著人的生活照片，摄影师想让他们围在一起，拍一些"合家欢""团体照"及"艺术照"等，可是语言不通，土著人根本不理会这些黄皮肤的外国人。

发现同土著成年人的交流无法进行，聪明的摄影师就把"沟通"的方向转向了小孩，他们走到小孩跟前朝地上一坐，随后从携带的包里取出糖果之类的慢慢放进嘴里吃，并在脸上露出好吃的表情故意逗小孩子，而那些土著小孩见状马上露出了想要吃的馋样，并一个个走到他们的面前站着，想讨糖果吃。见此状况，他们高兴极了，马上从包内取出糖果分发给小孩们，小孩们像饿极似的快速把糖果往嘴里塞。第一次吃到可口美味的糖果，小孩子们高兴极了，他们边跳边唱边嬉闹，那场景太棒了。三位摄影师马上拿起照相机"咔嚓咔嚓"地拍个不停。由于小孩子开始与他们亲近了，摄影师趁机拿出糖果分给大人们吃，这下土著们的防范意识终于被解除了，同摄影师打成一片，变得"亲如一家"。虽然语言不通无法交流，但彼此通过表情、手势、动作，基本上能领会意思，达到沟通的目的。就这样，摄影师们为土著人拍摄了"团体照""全家福"及"儿童照"等，收获真是不小。

另外，他们还去澳洲的黄金海岸拍摄风景照。金黄色的海滩，在阳光和海水的辉映下美丽无比，许多人在海边急流大浪中进行冲浪表演，美妙而刺激。三位摄影师马上拿起相机，抢拍到不少风情照。

结束拍摄回到上海后，王炽开当天就留在店里通宵冲印照片。当他看到照片上美丽的澳洲风光和土著人生活场景时，情不自禁地说道："太好了，真是太好了！"为了能使照片迅速变成漂亮的明信片，王炽开马上组织人员修片、裁割、着色、设计。经过一番努力，王开照相馆率先把澳洲土著明信片推向了市场，明信片爱好者纷纷争购土著明信片。

之后，王开又推出了澳大利亚各类风光明信片和冲浪运动明信片。这些具有浓烈外国风情的明信片推出后，也受到广大市民和明信片收藏者的喜欢和争购，人们都说王开制作的明信片不但画面漂亮，而且也使人长见识。

"沪江"的明星明信片远销东南亚

20世纪二三十年代，南京路上的沪江照相馆以专门拍摄电影明星、梨园名伶、大家闺秀而闻名上海滩。老板姚国荣曾留学日本，专修摄影技术。他以拍摄人物和静物而闻名上海，当时被称为中国的"南派摄影大师"。他的沪江照相馆被同行称作"明星照相馆"。那时上海滩上的大小明星、名伶们的生活照、艺术照，几乎都出自姚国荣之手。

1925年，30多岁的姚国荣从日本回到上海，在南京路上开设了沪江照相馆。照相馆一开张，姚国荣就把拍照对象定位在高档次消费者群体。然而，如何使刚开张的企业一举出名，这不是仅凭一厢情愿就能实现的。聪明的姚国荣想到了一个好主意，他打出了拍摄电影明星的牌，通过为明星拍照来提高知名度，吸引顾客。

然而，当时红极一时的电影明星是不容易请到的。姚国荣通过一位曾经一起在日本留学、回国后在电影公司工作的同学帮助，请到了电影明星张织云、王汉伦等，免费为她们拍照，照片印出后送

沪江照相馆的影星张织云明信片

给她们,唯一要求就是她们的肖像能被允许出样陈列在沪江照相馆的大橱窗内和挂在墙上,以起到广而告之的作用。对于张织云和王汉伦来说,拍照不要钱,还要把自己的照片陈列在繁荣热闹的南京路照相馆的大橱窗内,这也是在给自己做广告,可谓两全其美、互利双赢,于是她们就同意了。

由于姚国荣拍摄技术高超,打光到位,拍摄时对女明星的神态、姿势捕捉得恰当,张织云和王汉伦看了后非常满意。此后,姚国荣就把她俩的照片放大陈列在橱窗及墙壁上,以此招徕顾客。

两位美女明星的照片一经陈列,就吸引了不少路人驻足观赏,纷纷夸照片拍得漂亮。沪江的生意也逐步兴旺起来。一些爱美的时尚女性开始选择到沪江拍"明星照",模仿着明星的姿态摆弄造型。而沪江的"明星照"一下子风靡上海滩,而沪江也很快成为南京路上的著名照相馆。

从20年代中期到30年代末,几乎所有有名的电影明星如胡蝶、阮玲玉、徐琴芳、邬丽珠、谈瑛、黎莉莉、袁美云、顾兰君、周璇,名伶唐雪卿、董翩翩等都在沪江拍过明星照和生活照。当时在同行中有这样的说法:沪江是明星的宫殿,美女的庭园。其知名度不亚于王开。

但是话说回来,沪江免费为那么多的电影明星、名伶拍照,而且还要送照片给他们,这样不就亏本了吗?常言说得好:羊毛出在羊身上。虽然拍照不收费,但拍摄照片的肖像权归沪江所有。姚国荣就把美女明星和名伶的照片制成了一套套精致的明信片推向市场,非常畅销,时常是一入市场就被抢购一空,再版又再版,所获利润高于拍照收入。

姚国荣的广告意识也非常强,他在给顾客的每张照片的下方盖上钢印的中英文"沪江"字样,而在制作的明信片的背面也都印上蓝色的"沪江照相馆"字样,处处想到为企业做广告。由于明信片的发行量都是数以万计,其广告效应也就非常之大。当时东南亚不少国家的华侨也到沪江来拍明星照,而精明的老板趁机把明星明信片推向东南亚国家销售。那时的东南亚国家华侨非常多,而且都喜欢看祖国的电影,一些电影明星也会时常去东南亚各国巡演,因而电影明星明信片在东南亚国家也成了抢手货。

"中国"的陈云裳明信片发了一笔财

20世纪30年代,静安寺路(今南京西路)的中国照相馆也是上海照相行业中的一家名店,其拍摄出的照片色质清晰自然,闻名遐迩。中国照相馆最擅长的拍摄项目是拍结婚照、艺术照。老板吴建屏原是王开照相馆的首席摄影师,在同行中也是有口皆碑的大师级人物。

吴建屏还是一个非常精明的经营高手。他利用中国照相馆与大光明电影院距离相近这一优势,时常和该电影院搞联动促销,为出席首映式的电影明星拍免费照片,然后把明星照片陈列在店堂内招徕顾客。中国照相馆由此为不少电影明星拍过照片,从而提升了企业的知名度。

中国照相馆的陈云裳明信片

1939年，沪光电影院以富丽堂皇的剧场、精美豪华的装潢，成为沪上一流影院。开幕后的沪光为了吸引观众的眼球，首映由著名女电影明星陈云裳主演的古装片《木兰从军》。为了使这部电影能一炮打响，获得高票房，电影公司、电影院与中国照相馆进行了一次密切合作：由沪光电影院出照相材料费，电影公司请陈云裳到中国照相馆，免费为陈云裳拍照片。就这样，吴建屏亲自掌镜，为陈云裳拍了许多不同造型、不同风格的艺术照和生活照。照片冲印出来后，沪光电影院和电影公司挑选出了最有美感的照片，制作成宣传海报和资料，同时还放印了数万张小型明信片，上面印有"中国照相"四个字。观众购买电影票时，电影院会赠送一张"陈云裳小姐"的照片，如果观众手中持的照片跟照相馆橱窗内陈列的照片一致，是出于同一张底片，就可以去附近的中国照相馆获得一张免费放大并带着色的12英寸照片。由此，中国照相馆的知名度再一次获得提高。

由于陈云裳在电影《木兰从军》中演的是主角，再加之她扮相漂亮、演技又好，名声大噪。吴建屏抓住机会设计制作了一套陈云裳明信片，从而大大地赚了一笔。当时沪光电影院的老板曾不无调侃地对吴建屏说："中国照相馆靠陈云裳发了一笔财，打响了品牌。"

"英明"的风光明信片带来好财运

南京路上的英明照相馆是上海早期的八家知名照相馆之一，曾为上海不少达官贵人拍过照片，电影明星如张织云、林楚楚、王汉伦等也曾经是英明照相馆的老主顾。英明照相馆的周老板是上海早期电影明星明信片的首创者，也是一个非常有经济头脑的经营者。在20世纪30年代上海的明信片收藏热潮中，为了丰富明信片的画面内容，他派出摄影师到江浙地区的名胜古迹拍摄风光照，为制作明信片之用。

英明照相馆的摄影师先到浙江杭州，将碧波荡漾的西湖美景拍摄下来。回到上海冲印出来后，马上请人设计制作明信片。英明推出的西湖明信片共计12张，内容有西湖风光、六和塔、断桥、三潭印月等。明信片一推出，就博得了不少爱好者的青睐。由于当时中国的交通并不发达，外出旅游还不普遍，因而不少人对杭州西湖明信片很感兴趣，争相购买。

周老板见一套杭州西湖明信片刚上市就被一抢而光，欣喜不已。他暗下决心要推出不同风光的明信片，使明信片系列更加丰富。为此，周老板又亲自带摄影师去外地拍摄，这次他选择了江苏无锡太湖、南京玄武湖、扬州瘦西湖三个著名湖泊，并对湖泊的美景分不同时段拍摄。之后，设计推出了三套各12张的明信片，分别取名为"无锡太湖风光""南京玄武湖风光"及"扬州瘦西湖风光"。太湖风光明信片中有众多帆船远航的古朴风光；南京玄武湖风光明信片中有小渔船在湖中撒网捕鱼的情景，忙碌而又怡然自得；而扬州瘦西湖明信片中有妇女在湖边洗衣、孩子戏水的温馨情景，给人一种安居乐业的美好感觉。

周老板把这三套明信片各印制5 000套并同时推向市场。让他意想不到的是，这三套明信片非常热销，很快就被抢购一空。周老板兴奋地对同行说："这是我的财运好。"

其实，周老板只说对了一半，除了财运好之外，关键是他捕捉到了商机。当美女明星明信片泛滥之时，风光美景的明信片则带给人一种新鲜感，由此才赢得市场，博得消费者的青睐。

"国际"的南方美景明信片风行一时

在30年代,上海南京路上的国际照相馆也是一家著名的品牌店,技术力量强,摄影师、整修着色师有一套独特本领,深得一些摄影爱好者的青睐。国际照相馆的摄影师中有专门的外拍师,他们拍团体照、风光照非常有特点;整修着色师个个身怀绝技,整修着色出的照片自然而不露痕迹,颜色深淡均匀,使每张照片都被"美化"得天衣无缝。曾有不少图片社专门把外拍好的照片拿到国际照相馆冲印、整修、着色,随后印制出漂亮的明信片出售赚钱。

得知英明照相馆到江浙一带拍摄风光照制成明信片赚了不少钱,国际照相馆的老板也决定试一试。他亲自率领外拍部摄影师到中国的南方捕捉美丽风光,先后去了厦门、广州、香港,沿途不停地拍摄。江边渔舟、海边沙滩、山峦群峰、田间耕牛等,凡是上海没有的美丽景色,都摄入镜头内。

国际照相馆的南方美景明信片

完成拍摄之后，他们马上赶回上海，把从南方所拍的照片全部冲印出来，经过认真仔细地筛选与归类，形成了城市街景、田野风光、江河湖海、花丛树木、高山巨峰、农夫耕种等内容分类。经过近一个月争分夺秒的整修及美化，国际照相馆六套"风光美景"系列明信片出笼了。明信片画面上的美丽风光、锦绣河山，使人见了无不啧啧称赞，争相购买。

另外，国际照相馆还对这些风光美景照进行精心着色，从而又设计制作了一套"彩色风光明信片"。这套明信片推向市场后，同样成了抢手货，很快被抢购一空。

明星、影迷爱上明信片
——老上海明信片的故事之四

孙孟英

明信片并不仅仅是作为一种方便的邮政物品或收藏之用，在20世纪30年代，明信片还起到了时尚潮流的"引领"与"发布"作用。当时，好多青年男女通过各类明信片了解到世界时尚潮流的动态与变化，从明信片上追求美丽和时髦。

曾经听到一些美发名店的师傅说，在30年代，沪上的爱美人士，常常手持一张明信片走进店里。

阮玲玉把明信片递给理发师

刘瑞卿生于1909年，是30年代红遍上海滩理发行业的美发大师，他尤其擅长梳理各种西式波浪式发型和古代盘髻类发型。

刘瑞卿从20年代中期就进入静安寺路（今南京西路）上波兰商人开设的华安美丽馆（今华安美发厅）从事女式理发工作。当时的华安美丽馆都是洋人理发师，而顾客以洋人和"高档"华人居多。刘瑞卿所学的美发技艺就是以梳理西洋式发型为主，从而使他练就了一套梳理西洋式发型的本领。

20世纪三四十年代，在上海的租界内到处都能看到穿着打扮时髦亮丽的外国人和华人，上海的文化娱乐生活几乎与欧美发达国家接轨，国外流行什么发型，紧接着就会传到上海。那时，美国好莱坞电影新片时常在上海与美国同时放映，好莱坞美女明星时尚的穿着打扮，都成了上海爱美者的效仿模板。

当时美国好莱坞电影非常受中国影迷的欢迎，银幕上的那些高贵、漂亮的女明星特别受到影迷的关注和喜爱。不少商人就推出了各种各样色彩鲜艳的好莱坞女明星的明信片，好莱坞明星都梳理着不同造型的漂亮发型，不少人购买这些明信片就是为了作为打扮自己的模板。

1934年春末的一个星期天下午，著名电影演员阮玲玉来到华安美发厅，请刘瑞卿为其烫发型。阮玲玉说明来意后，便从手提包里取出一张好莱坞美女明信片，那是一张头像明信片，明信片上的美女梳理了一个非常大气、漂亮的"刘海波浪式"发型。阮玲玉把明信片递给了刘大师，要他按明信片上好莱坞女明星的发型，为其设计梳理出一个类似的发型。

阮玲玉的发型在当时颇受欢迎

刘瑞卿经过仔细的构思，根据阮玲玉的脸型与头型特点，在明信片人物的发型基础上进行改变和创新，很快为阮玲玉设计梳理出了一个"三七波浪式"发型。该发型波纹卷曲，发丝清晰，发梢卷花，如波浪飞溅，整个造型美观、洋气，使阮玲玉的形象变得更加高贵而时髦。

据刘瑞卿回忆，那时，除了电影明星拿着明信片到理发店要求按样梳理发型外，不少大户人家的阔太太、大小姐等为了追求时尚，也都会在包里放几张自己喜欢的明信片，然后去理发店或美容院，让美发美容师按照明信片上的美女发型，为她们烫发、剪发或美容化妆。30年代末，欧美国家流行烫"油条式"发型，就是把头发梳理成一条条竖直的长圈圈,那形状就像是一根根挂在头上的油条,故俗称"油条式"发型。当时有些美国好莱坞明星就是梳理着这种别致、活泼的发型被拍成照片、制成明信片的。当年女明星周璇就曾拿着明信片请刘大师为她设计梳理过"油条式"发型,并且还在沪江照相馆拍了一张照呢。

影迷们仿照明信片拍艺术照

20世纪30年代的上海街头到处是歌厅、舞厅、酒吧、电影院等,引领潮流的电影海报、明星杂志充斥大街小巷,各种各样的明信片也在店摊上销售。女明星明信片特别抢手,最受时尚女性的青睐,一度成为她们拍摄艺术照片的模板。

摄影大师王振环生于1907年,是30年代王开照相馆的主拍师,他擅长拍摄女子"青春艺术照",也就是现在的"艺术写真照"。因王振环拍照水平高,取景巧妙,很受女性顾客的喜欢。女明星胡蝶、黎莉莉、徐来等,也曾请他拍过艺术照,深得好评。

当时最受欢迎的好莱坞女电影明星,如玛琳·黛德里、琼·克劳馥、凯·费兰西斯及葛丽泰·嘉宝等的美丽形象,更是深深迷住了上海的粉丝们。不少人拿着好莱坞女明星的明信片来到南京路上的王开照相馆,一定要请摄影大师王振环为她们拍摄艺术照。

拍照时,她们按照明信片上好莱坞明星的动作与姿态摆造型,有的人坐在沙发上跷二郎腿,显出浪漫风韵;有的仰躺在长沙发上两腿交叉,显得非常野性;有的

沪江照相馆为胡蝶拍摄的照片

黎莉莉的时髦发型　　徐来的明星照明信片　　好莱坞明星明信片

人站在壁炉前双手叉腰，显得十分傲气；有的人双手托着下巴脸侧斜，显得大气而优雅……当摄影大师王振环把照片印出来选样时，他自己也觉得非常满意，感觉仿佛是在为"好莱坞明星"拍照。因为照片中女性的所有动作与造型都与之相近，所以每张照片都拍得非常成功。

当好莱坞女明星的粉丝们从王开照相馆取到照片后，个个脸上露出了满意的微笑，照片中的她们姿态优美，美艳动人，不亚于明信片上的好莱坞明星，而且更展示出了东方女性特有的典雅之美。

为了能让更多的人看到她们的明星照，不少人还自己花钱到图片社请人设计和制作明信片送人，甚至作为相亲照。她们希望有更多英俊潇洒、有钱有势的达官贵人、富商巨贾拜倒在她们的石榴裙下。

曾有文人墨客在看了她们的明信片后这样写道：虽非明星，却露绝色之相，其艳倾城，其魅倾国，其貌赛仙，乃东方女性之美胜于西女也。

王振环曾这样讲过，在明信片盛行的老上海，如同现在大小老板到广告公司制作名片一样，在当时赠送明信片也是一种潮流。不少舞女、歌女甚至妓女也到照相馆拍照，做成明信片送人，目的是为了给自己做广告，以此多赚钱。

明信片为鸿翔时装带来好运

南京路上的鸿翔时装公司，是20世纪30年代闻名上海滩的一家专做西式时装的商店，并以专做女式时装为经营特色。当时大户人家的女士们为了赶时髦，都到鸿翔时装公司去量身定做时尚漂亮的时装，鸿翔时装公司也成了爱美女性的"殿堂"。

20世纪30年代，上海滩上有名的女明星如胡蝶、白虹、顾兰君、谈瑛、胡萍等都到鸿翔定做时装，老板金鸿翔同女明星们还成了好朋友。鸿翔时装公司举办新款时装秀活动时，金鸿翔还经常邀请女明星们参加走秀，以吸引人气炒作品牌。而明星们则穿着鸿翔为她们设计的新潮时尚的西式套装、旗袍到照相馆拍艺术照，并请人设计明信片样板后卖给商人赚钱。

女明星明信片一面市常常被人们抢购。不少粉丝买明信片，是看中了明信片上电影明星所穿的服装款式。金鸿翔曾对人这样描述过：在明信片最流行的时候，我们鸿翔时装公司每天都要接待不少追求时髦的摩登女郎。她们手拿女明星明信片，要求根据明信片上人物所穿的服装款式裁剪和制衣，就连一般公司职员家庭的主妇及女儿也不例外。

70年代末，鸿翔时装公司的一位退休老裁缝曾对撰写《老字号春秋》的作者这样感慨道：那时明信片的内容种类特别多，尤其是那种穿着打扮漂亮时髦的美女明信片最抢手，许多女人美化自己就是从这些明信片中得到启示的。当年的棉花大王、五金大王、邮票大王及水泥大王们的女儿，都手拿明信片来到鸿翔时装公司订制时装。尤其是邮票大王周今觉的女儿们个个长得如花似玉，美丽动人，而且打扮时髦。她们只要一看到有这样的明信片，就会抢先购买，随后就到布店购买时装面料，再到鸿翔时装公司请裁剪大师为她们姐妹定制时装。

　　曾有人这样说：当年的明信片热，为南京路上的鸿翔时装公司带来了人气和财运。

海纳百川

上海与世界博览会

黄志伟

海纳百川

中国报纸上刊登的德国莱比锡博览会的消息和图画

世博会的历史源远流长。1229年创办的德国莱比锡博览会,是世界上最早的具有较大国际影响的博览会。700多年来,每年春、秋各举办一次,绵延至今,从未间断。在筹备1929年8月25日莱比锡秋季博览会时,他们把广告做到了上海,在外滩6号设立了特派办公处,宣传该会是个充满活力的最伟大的博览会,希望中国各厂家踊跃参加为幸。为了方便中国参展人员,该处还委托中国旅行社代办前往参展或游览人员的护照、船票及一切手续,这些措施得到了中国人的欢迎。1851年5月1日在英国伦敦举办的世界博览会，首创了由国家元首维多利亚女王通过外交途径邀请外国参展的政府行为。上海丝绸商人徐德琼，名瑞珩，号荣村，以自己经营的中国特产"荣记湖丝"参加了这届世界博览会，引起了轰动，并一举夺得金、银大奖。由此可见，我国在约170年前就参加了世博会，证明了我国与世博会的渊源。

从此以后，美国、法国等许多国家都热衷于举办世博会。1915年，美国为庆祝巴拿马运河开通成功，在旧金山举办世界博览会，也称"美国巴拿马万国博览会"。中国政府为了出席该届世博会，预先于1912年成立了参展事务局，下拨经费75万元，仿北京太和殿样式建造了一座"中国政府馆"，设有美术、通运、矿物、文艺、农业、食品、教育、工业等分馆。其中许多展品如泸州老窖、上海泰丰罐头食品厂生产的罐头食品等，都获得了该届世博会颁发的金奖。1928年，日本为阳宫恒宪王御大典举办名古屋博览会，该会也把广告做到中国的上海、天津等地，邀请中国工商界参加。

美国巴拿马世博会上的中国馆

美国巴拿马世博会中国馆升旗仪式

名古屋博览会的广告宣传画

中国政府第一次参加世博会是1876年的费城世博会。当时作为中国工商界代表的李圭，回国后写了一本名为《环游地球新录》的书，记录了他代表中国参加费城世博会的情况。其中一节特别介绍了美国第18任总统格兰特接见我国在美留学幼童，其中就有从上海派出的小留学生祁祖彝、徐年谱、康赓龄、沈寿昌。1876年8月21日，这批在美国留学的中国小学生在刘其骏老师、邝其照翻译的带领下到费城参观世博会，费城的新闻界热

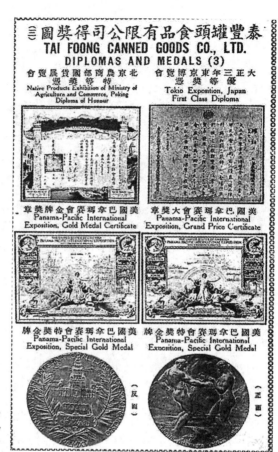

上海泰丰罐头食品在巴拿马世博会获得金奖的证书和奖章

忧地报道了这件事。很快格兰特知道了,便主动提出要见见这批中国小客人,并于8月24日下午在总统会务官公署接见了这批140余人的中国留美学生参观团(团内有20多位成年人)。

到清末,我国政府除了参加国际上的博览会以外,也开始依照外洋博览会的形式而变通,自办集一地之物的商品博览会。1906年,农工商部在北京设"京师劝工会",陈列我国自制的一些名货供大家观览。同年,成都也举办了类似的"商业劝工会"。接着各地纷纷仿效。1907年天津商务总会主办"天津劝工展览会",1908年上海举

南洋劝业会大门

办"中国品物博览会"。1910年由南洋侨商张振勋向清廷建议,并在两江总督端方、张人骏先后主持下,上海新兴实业家虞洽卿主办了国内规模空前的"南洋劝业会"。会址在南京丁家桥至四牌楼一带,大会分设各省的工业、农业、艺术等馆。为了方便民众参观,还临时设火车与电车驶向会场,解决了每天几千名观众的交通问题。展期三个月,观众达40多万人次,展览结束后,经评选,上海等地的产品还荣获金、银大奖,颇有一些世博会的景象。1921年上海总商会举办"国货展览",1928年工商部在上海举行"工商部上海中华国货展览会"。1929年为了纪念北伐成功,在浙江省政府的倡议下,在杭州西子湖畔举办了首届"西湖博览会"。蒋介石为博览会题词"恢张蠡策",于右任题词"圣湖天府"。西湖博览会集中华国货之大成,上海的展品占有重要地位。展期从6月6日至10月10日,上百万人参观了博览会,蜚声海内外。

然而,由于旧中国一直处于贫穷落后的状况,所以不可能具有举办世界博览会的实力。历史不会给予当时的中国(包括上海)这

西湖博览会门楼

样的机遇。唯独有一位名叫皮纳氏（Mr. G. A. Bena）的意大利商人，曾经在1924年向全世界热情地建议在上海举办世界博览会。他还在《字林西报》上发表了上海举办世界博览会的大纲，他说："上海以其地理关系及其对于东方商业之重要，必将较世界任何其他都市发展迅速，然则何不计划一种大上海，将今后二十五年间上海市之任务包举于内乎？果尔，举行世界博览会、建筑永久屋宇及必需的公共工程等规划均可包括在内。"皮纳氏的建议得到了英、美、意、俄、德、日等各国商会、西商总会、中国协会、联太平洋协会及中国总商会、上海市政府、浙江省政府的赞同。此后又举办过一次"上海开世界博览会之讨论"，在讨论会上与会者还具体讨论到了上海世博会的财政支出、土地征用等问题。对此，皮纳氏与中国总商会的张尕云等一一作了回答。皮纳氏说："全世界开世博会之都，实皆不具有上海所有之优惠特点。上海所处地势与众不同，上海港所服务之流域代表全世界人口十分之一。此项人口耐劳不倦，其经济标准远胜于世界许多他处之人，智慧优秀，善于接受一切新事业，对于博览

海纳百川

1921年上海举办的国货展览会

会,也必赞助无疑。吾人知上海地界增进甚速,任何大区地皮,包括大上海计划中,而供博览会之用者,其价势必大增,即可充一大部分之费用。旧金山博览会主任摩尔君,也以该会一切纪录与吾人参考,阅后即可知上海开会,不患经费无着的问题。"张尕云说:"世博会所需五千亩土地,希望中国政府之赞助,不过准拨若干地皮以作会址。会后还准备成立一个委员会,唯规定中外委员人数需相等,上海世博会将于1930年召开。"后来因为各种缘故,筹备工作虎头蛇尾不了了之,最终世博会没有开成。

  岁月荏苒,神州巨变。时光把中国带入一个新时代,中国大地到处呈现出一派繁荣昌盛、国富民强的景象。在此之际,全国许多大城市举办过各种类型的国际博览会,最著名的有1999年昆明世界园艺博览会、2010年上海世界博览会。上海世博会的成功也可以告慰几十年前为申办上海世博会而尽心尽力的中外先贤的在天之灵了。

民国初年流行的洋货

胡宝芳

笔者手头有几十年前惠罗公司的一本商品目录册。惠罗公司是旧上海南京路著名的英资环球百货公司,与福利、汇司、泰兴并称为南京路"前四大公司"。该公司1904年在上海南京路13号(今南京东路100号)开业,1954年停业,主要销售服饰、呢绒绸布、鞋帽、餐饮器具等商品,深得时尚男女的欢心,领导上海时尚潮流几十年。

民国初年,上海惠罗公司为向埠内外顾客推销其商品,请《上海泰晤时报》为其印制了一批商品目录册。笔者手头的这本目录册就是其中之一。它通过精美的图片和文字,介绍了1913年10月至1914年10月公司各部门销售的部分当令商品的款式、质地、价格。这本画册犹如一条时光隧道,将我们带入当时上海的日用品消费市场;而当年沪上有闲阶层的社会生活,从公司销售的商品

女子颈饰

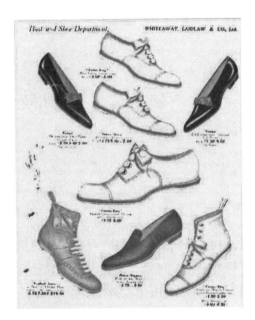

新潮鞋靴

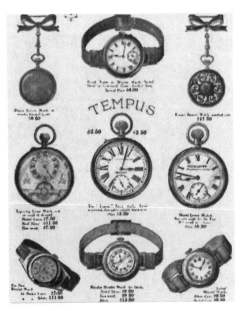

TEMPUS牌挂表和腕表

中便可窥见一斑。

服饰是惠罗公司销售的主要商品。女装部形形色色的大衣、外套、衬衣、脖饰、帽子等，那么高贵，那么优雅；男装部五花八门的蝴蝶结、风纪扣、花呢帽、吊带等，展示着当年绅士们的装束风格。精致的小罩衫，"Service""Victor"等品牌的童装，使富家子弟显得格外神气。鞋靴部的皮鞋款式即使放在今天也不过时。"Albert"牌女式便鞋、卫生间里的喷香器、粉扑和那小巧玲珑的修剪指甲器具，不由让人对洋房里女士的生活浮想联翩。

当年上海时髦人家的居家用品在这里可说是应有尽有。家里楼梯上、地板上铺的是厚厚的地毯，窗户上挂着哔叽帘子，桌上铺着仿花毯的织物、亚麻台布，茶几上盖着的绣花小布精致而典雅，墙上闹钟装在雕刻精美的胡桃木匣子里，定时发出悦耳的响声，卧室里床架的四个出头上是亮晶晶的黄铜，弹簧床垫上铺的有纯羊毛毯、碎花床单。绣花的、织锦的厚实坐垫静静地躺在客厅或卧室里。用餐时，桌子上、茶几上摆着的玻璃器皿，有的是印度产品，有的是威尼斯一带的产品。名目繁多的餐饮器具，有电镀底座的碎冰桶、精致的英国瓷器色拉碗、开塞钻、牛奶消毒器等，让人看得眼花缭乱。睡觉时，把裤子放在"绅士裤压具"（Gent's Trouser Pressers）上。天热了，不戴的帽子收起来放在帽盒里，不穿的衣服放在衣箱内。出门时，有兴趣的话，花85块钱买辆自行车骑；郊游时，可准备一条旅行毯，拎个旅行箱，带一套野营器具。

旅行箱

　　上海自1843年开埠后，随着外侨的涌入，各种西洋器具、日用洋货大量进入沪滨市场。到1901年，海关报告显示，中国人在进口洋货方面的消费量已经大大超过了外国居民。辛亥革命后，使用洋货更成为上海中上阶层的一种时尚。惠罗公司的这本印制精美的商品目录册，就是当年时尚生活的形象化写照。

过眼沧桑话电报

周黎丰

也许人们并不知道,上海滩上最早出现的电信工具不是目前炙手可热的电话,而是正在受到人们冷落的电报。这个被称为电信行业鼻祖的通信工具,在历经曲折和坎坷、繁荣和辉煌后,随着高新技术的迅猛发展,在长途电话、传真机的致命冲击下,近年来呈逐年萎缩之势,除了老少边穷等电信到不了的地方,以及礼仪公务等特殊需求外,当年显赫一时的"宁馨儿",如今已到了乏人问津的地步,真是世事沧桑,盛衰相迭。

上海第一根电报线路长2.5英里

上海的电报一出现便充满了戏剧性。1865年(清同治四年),上海利富洋行英商雷诺通过英国驻沪领事,借口要了解吴淞口外各国海轮的活动情况,向上海清政府官员提出兴建上海浦东小岬(今陆家嘴)到黄浦江口金塘灯塔间电报线路的要求。遭到上海地方当局严词拒绝后,雷诺施展无赖手段,在同年6月擅自兴工,树立木杆,架设电线,企图造成既成事实,恃强霸占。此时,适有乡民某人无端暴病身亡,民间随即产生"洋人擅自树立木杆破坏风水"的传说。对于英人明目张胆侵犯我国主权的行动,民众原已不满,此时恰如点燃了导火索，在上海道丁日昌的支持下，于6月21日的一夜之间，拔毁电报木杆227根及一部分电线。英国领事虽多次强硬照会，要求赔偿，追回木杆，但都被上海道严词驳回。由于众怒难犯，英人企图终成泡影。

腐败没落的清政府毕竟斗不过强盗加无赖的帝国主义。1868年，美商旗昌洋行擅自在美租界虹口该行所在地和法租界金利源码头货栈间建成一条电报线路，全长2.5英里（约4公里）。这是上海地区建成的第一条电报线路。

就这样，从19世纪70年代起到20世纪初期的50多年中，先后有5个国家的9条水线登陆上海和法国天线电台在租界内设立电报公司，公开收发国际、国内电报。外商在我国擅自架设电报线路和开设电信机构是一种严重侵犯我国电信主权的非法行为，但在客观上使人们对先进的电报通信技术有了感性认识。一些办理外交和洋务的官员、军队的将领和其他有识之士更感到电报对外交、工商和沟通军情等方面有着巨大的作用，为了消除消息闭塞带来的诸多不便，更由于维护国家电信主权的需要，自办电报成为当时一种迫切的任务。1881年3月，上海电报局成立，局址在二洋泾桥北塊（今延安东路四川路口的北侧）。同年12月28日，津沪沿线各电报局正式对外营业。电报收费按"路有远近，费有等差"的原则制定标准。如上海发到苏州的电报每字1角、镇江1角1分、天津1角5分。而当时的物价是银元1角可购买大米16斤，或烧饼80个，或肉2.1斤，或糖5斤，或鸡蛋30个，可见电报收费是较为昂贵的。为推广电报业务，最初若干天不收报费。后因国人还不习惯使用电报，津沪沿线各局均按原价1/3收取报费。从1883年3月起，改按原价减半收费。后来，电报业务有较大的发展，各电报局才统一恢复原价收费。

李鸿章:"中国自古用兵,从未有如此之神速者"

1908年的大北电报公司

中国电报创办后不久,便在1882年协助平定朝鲜内乱和1883年的中法战争中显示了效能。李鸿章对电报在战争中的贡献作了高度评价:"中国自古用兵,从未有如此之神速者。"

电报后来从有线发展成无线,功效倍增。当年,蔡锷将军通电全国,反对袁世凯,反对帝制,提倡共和,举国响应。

上海沦陷期间,为反抗日本侵略者的统治和压迫,上海电信业的中共地下组织在员工中号召"不值得替东洋鬼子卖力气",组织大家怠工和慢工。为了直接打击日寇的军事行动,有些职工将有关电报故意拖延时间,或有意打错地址。有的职工干脆把重要的军政电报撕碎,丢进抽水马桶中冲掉。当没有日本人在场时,话务员们就将话单放在衣袋里,或坐压在凳子上,并与电话公司联系不要送拨号音过来。记录台服务员见"03"台灯亮就掀掉不作应答,不受理挂号,给予日本军国主义以沉重打击。

解放战争期间,毛泽东和中央军委依靠电报指挥各路大军,进行三大战役。中共上海地下组织在白色恐怖下,冒着生命危险,利用红色电波,向中央报告敌情,为解放上海立下汗马功劳。电报,在人民战争史上战功辉煌。

据老报务人员回忆，上海电报业务的鼎盛时期是在1948年。随着国民党军队节节败退，蒋家王朝摇摇欲坠，上海滩物价飞涨，特别是大米，一天要涨几次。为了掌握行情，商界人士便天天到电报局，通过发电报来打听消息，做活生意。一时间，电报局里门庭若市，人满为患。电报局抓住这一机遇，适时推出加急电报业务，以翻倍的价格为客户缩短发报时间，受到了商界的欢迎，取得了现在称之为"双赢"的效果。

凭电报，可买两张火车站的接客站台票

有些时候，对普通市民来说，电报的光临无疑是个不祥之兆。老上海对这样的情景一定记忆犹新：随着摩托车引擎声撕破了夜的宁静，石库门弄堂里便会响起送报员让人心惊肉跳的吆喝："×××电报！"紧接着，邻居们就会听到收报人一阵撕心裂肺的号哭声，于是人们便会猜测，这家的亲眷不是死了人，便是病入膏肓。

在"十年动乱"年代，电报的主要功能演变为到火车站接站。每逢知青回沪探亲，家里总会收到一封来自江西、云南等地的电报，上面印有某某乘几次列车几点几分到上海的信息。届时，家人便可凭这份电报，到火车站问讯处购买两张站台票，长驱直入到喘着粗气的火车旁，接回一脸疲惫的游子和大包小包的土特产。

那时，购买火车票极为困难，售票处通宵达旦有人排队。若有一封铁路部门认可的急电，便可以不排队购票。老上海们大都还记得这一幕场景。

向36个国家转发周总理的信

1962年，上海电报局接受了"周总理就中印边境问题给亚非国

秦鸿钧烈士使用过的发报机

家领导人的信"的电信传递任务。这次电信涉及36个国家，收受、转发电报60份，共682 665字。外交部要求最迟在电报交发的第二天送交收报人，并取得收妥承认。为完成这项特殊任务，上海电报局采用两部发报机，不同频率，双机同时开出；采用环路监录检查，防止电传变字；并停止沿线各局、站施工。经过三天三夜的紧张工作，全部电报分三批质量良好地发到了国外，达到了外交部规定的要求，出色地完成了这项艰巨的任务。

也可说"无心插柳柳成荫"吧，电报的创办在文化上也产生了重要影响。电报局为报纸传递新闻电报，并优惠半价收费，推动了新闻副业的发展；由于电报费用昂贵，促使文风趋向简朴，在政府文书中出现了"电牍"这种新的"文书创格"；在社会上也出现了"通电"这种新文体，成为制造舆论的特殊工具，并在政治生活中发挥了巨大的作用。

一字之差　损失重大

上海的公众电报业务在100多年的发展过程中，一直是长途电信业务的主角。由于长途电话在80年代前主要依靠人工接续，电路又少，要接通一个长途电话，需要等候半天甚至一天，所以人们在与外地的单位或亲友联系时，一般均采用电报作为通信的主要手段。

任何事物总是有利也有弊。电报的最大缺陷是容易出差错，特别是在人工发报和半自动发报阶段。1961年9月1日，由上海外贸公司发给广州的一份关于当日发运出口金鱼的电报，因电传变字，日期的电码9901变为9906，造成1日变成6日的差错，致使大量金鱼到了广州机场无人接货而死亡。

第一束鲜花礼仪电报投送给黄菊市长

20世纪80年代末，由于长话自动直拨、用户传真的迅速崛起和市内电话的普及，以及全国各省自动转报网的相继建立，由上海经转的国内公众电报大幅度减少。因此，上海的公众电报交换量开始逐年递减，从1993年起，更以每年减少20%—30%的速度下滑。

为适应改革开放的大好形势，满足日益发展的社会交往需要，上海长途电信局于1988年2月1日开设礼仪电报，内容分庆贺、吊唁两种。1990年5月7日为配合发展礼仪电报，增加附赠鲜花、蛋糕、礼品实物特别业务。1991年11月1日又开设请柬电报业务。1993年4月28日，长信局推出鲜花礼仪电报新业务。第一束鲜花电报由送报员投送给黄菊市长，市长对该项新业务给予了高度评价。礼仪电报的出现，给喜欢标新立异的上海人带来一股清新的风。在婚礼的喜筵上，当身穿绿制服、肩佩红绶带的投递员为新人们送上祝贺电报并由司仪当众宣读时，定会给传统的婚典带来浓浓的文化气息；当你乔迁新居时，突然收到好友送来的鲜花礼仪电报，定会给你一种意外的惊喜。礼仪电报的流行，给处于都市快节奏生活、苦于无法分身人情往来的人们一种诗意的解脱，显得潇洒而得体。但由于其他通信技术的发展，大量新业务、新技术的涌现，相比之下，电报存在着受理手续繁琐、单向通信及不能直接对话等缺点。

传真机和电脑使电报业务淡出申城

20世纪80年代，上海出现了比电报更便捷、又绝对不会出差错的通信工具——传真机。那时的传真机功能单一，说白了就是无绳电话加复印机，不但价格昂贵，而且机型呆笨，大多由上海的外企从国外带来，且都是进口原装，用于和国外的商务联系。渐渐地，人们发现，用传真机进行通信联络具有无与伦比的优越性，它不仅能纤毫不差地把文件或图纸传送到对方手里，而且还能同时在电话里按图索骥地研究讨论，当场拍板敲定。这对视"商场如战场，时间是金钱"的商家来说，传真机无疑成了他们手中的"定海神针"。

到90年代初，国内企业也纷纷添置了传真机，市场上传真机的品牌也开始多了起来，功能也逐渐丰富多彩，除了传真功能外，当主人不在办公室时，还可以电话录音，或是把来电转移到你的寻呼机上。当传真纸用完，此时正好有重要文件要传进来时，你也不用担心，新一代的传真机有"无纸接收"功能，能把信息默默记住，一旦装上新的传真纸，它会把记录在案的信息原原本本地回吐出来，犹如一名忠于职守的"小秘书"。传一张纸的速度也从原来的几分钟缩短到几秒钟。早期采用的热敏传真纸，由于时间一长会褪色，难以保存，现在已被更先进的激光和喷墨传真所取代。鉴于它"永不褪色"的特性，此类传真文件还具有举证的效力，让人对它刮目相看。

上海人一定不会忘记曾经风靡全国的华亭路服装市场，据说那里的服装绝对新潮。举例来说，一件最新款式的时装只要一出现在香港的市场上，48小时内就会被克隆后摆上华亭路的柜台，其得力工具就是传真机。上海的老股民对传真机也情有独钟，想研究某只股票的详细情况就打电话到证券交易所,证交所就会把你要了解的上市公司概况从数据库里调出,再在你的传真机里原原本本地吐给你。至于那些不用坐班的编辑记者们,传真机更是他们须臾不离的工具,在社交场合他们交换的名片上少不了有传真号码,挂在嘴上最多的一句话便是"到时候发FAX(传真)给我"。以至到维修店来修传真机的客户总会急吼吼地加上这么一句:"帮帮忙修快点好吗?用惯了,没有它不行。"

然而,传真机的这些功能比之电脑来,只能算"小菜一碟"。别的不说,光说发E-MAIL(相当于传真),只要你用鼠标轻轻一点,再多的文字也能在顷刻之间同时传送到成千上万个地方,速度之快、效率之高,是传真机根本无法望其项背的。现代通信发展到这个份上,电报业务淡出申城,应该说虽是意料之外,却也在情理之中。

"大自鸣钟"与"标准钟"

郑祖安

上海街上曾有11座大钟

19世纪中叶上海开埠以后,随着西方人的陆续到来,西洋各种风格的建筑样式先后引进,丰富多彩的西洋建筑装饰也同时相伴而来。例如,以大钟嵌建于大楼的表面,就是中国传统城市中所从来没有过的外来新装饰。

在欧美城市中,一些大建筑物的顶部或中间,有特意建上一面、两面或四面大钟的。这类大钟为建筑物打造了一个明显的标志,如果设计得美观的话,好比为建筑物画龙点睛,能使其形象更为生色。另外,因大钟是设于高处或正中重要部位的,远近都能看到,来来往往的人们借此可知时、对表,所以它还有着很大的实用意义。

旧上海一百年中,如果不计圣约翰大学、澄衷学堂、永安纱厂等内部的大钟,仅大街上嵌建在各种西洋式建筑上的比较大型和像样的大钟至少有11座。其中一些大钟随建筑的留存而保留至今,仍向人们展示着它们历经沧桑后的风姿;还有一些却随着建筑物的消失或改造,已从人们的记忆中逝去或已少为人知。

这11座大钟是:

1. 法租界公董局大钟
2. 董家渡天主堂大钟
3. 徐家汇天文台大钟
4. 江海关大钟
5. 先施公司大钟
6. 上海市商会大钟
7. 邮政总局大钟
8. 川村纪念塔大钟
9. 华安人寿保险公司大钟
10. 跑马总会大钟
11.（南市）上海电话总局大钟

1893年建成的江海关大钟

徐家汇天文台大钟　　　　　　往昔的跑马总会大钟

这11座大钟，如果论形貌风采、大小重量，无疑当以翻新的江海关（今上海海关）、跑马总会（今上海美术馆）两钟最为超拔。不过，要说以"大自鸣钟"之名在历史上产生了影响的，却还应推法租界公董局大钟和川村纪念塔大钟。

两个曾以"大自鸣钟"得名的地区

法租界公董局位于公馆马路（今金陵东路）和北门路（今河南南路）交界处，大楼由英国建筑师克内威特设计，建成于1865年。该建筑二层的楼房中间为罗马万神庙式的穹顶，有意思的是在穹顶下部四面各置一个大钟盘，它们会发出悦耳的鸣声，"报时报刻"，这个新玩意儿令远近的人们皆赶来观光，候聆其音，并尊称它为"大自鸣钟"。"大自鸣钟"便成了这一大楼、这一地段的一个显眼的标志，以至于人们将这一带习惯上称呼为"大自鸣钟"。公董局大楼及大钟实际在1876年就大改造了一次，建筑高度降低了6米左右，四面钟盘精简为一面，即仅正面中央三角形的山墙上留建了一个大钟。不过虽然经过这样的改造，大自鸣钟的钟名、地名仍盛而不衰。直至1929年公董局要迁移他处，此地另建新厦，大钟随旧楼一起化为灰烬时，其名才趋于消逝。但这时却又有另一处的"大自鸣钟"，正好将其替代，使上海滩仍然存有这样的一个特别名称。

其地是在沪西的劳勃生路（今长寿路）和小沙渡路（今西康路）的相交处，1924年公共租界工部局应日商内外棉公司的请求，同意在十字路口的中央，为其主要的创业人、公司已故总经理川村利兵卫建造一座纪念塔。塔为修长的方形建筑，底阔，塔身由下而上逐渐收缩，高达99英尺（约合30米），共分6层，内有铁梯可盘旋至顶。在第5层至第6层之间四面各嵌大钟一面，也是定时响声，远近能闻，故这座大钟也被称为"大自鸣钟"。20世纪二三十年代正是沪西工厂大批开设、人口日见增多的发展时期，这劳勃生路和小沙渡路的相交地，成为沪西的一处商业中心和交通枢纽。因大钟是这里的最引人注目和熟悉的标志，它也像公馆马路那里一样，进而兼为以钟为中心的周围地区的区片名，且因其地域的特别热闹，其声名还远过于前者。这座川村纪念塔，至1958年因严重影响了当地的交通，才被地方政府全部拆除，大钟自然也无法保留了。

"大自鸣钟"带来的便利与局限性

大自鸣钟是域外传来的新奇事物，最初出现时确实令人大开眼界。往昔沪上大多数家庭，实际上还没有钟表，习惯以日定时。大自鸣钟给许多人带来了时间概念，而有手表、怀表的人则以与大自鸣钟对时间为要事和乐事，应该说，他们由此也有了更强的时间观念。19世纪后期上海出现了不少吟咏大自鸣钟的竹枝词，生动地描摹了这一新鲜的情景：

"十二时辰四面重，机关旋转响丁冬。行人未到先昂首，遥指高楼几点钟。"

"大自鸣钟矗碧宵，报时报刻自朝朝。行人要对襟头表，驻足墙头仔细瞧。"

"大自鸣钟莫与京，半空晷刻示分明。到来争对腰间表，不觉人教缓缓行。"

"造成高大自鸣钟，四面分明字划浓。来往行人多对表，夜深卧听响琤琮。"

上述的大自鸣钟和大钟（有些大钟不发声，故并不叫大自鸣钟）组成了一道特别的都市风景线，为大上海增添了其他城市没有或少有的一抹异彩。不过，旧时代的那些大钟也显现出了它们自身存在的问题。作为大钟，无论是被观光，还是被认时、对时，最要紧的是要求准确。但有些大钟由于技术上的原因，并不能经常报给人们准确的时间，往往是走走停停，甚至会快上或慢了数个小时，常让人不敢信从。更由于管理不力和不易的缘故，有些大钟停了以后，业主也不及时修理，结果一停就是数日、数月甚至数年，好像忘记了它们的存在，忘记了它们是万众瞩目的对象。

毕竟这些大钟主要属于某些社会企业和机构所有，不是公有的和由政府专职部门管理的，因此也就难以规范和具有稳定的公共服务性。这种情况延续到1927年上海特别市政府成立后，得到了另一种补充，这就是市政府开始在上海市内推行起一种被称为"标准钟"的认时制度。

公用局在闹市新设"标准钟"

其时市政府下设立了一个专管公用事业的公用局,鉴于上海是中国的第一大都市,居民已达300多万人,商旅又来往云集,因此统一时刻,"借以养成民众确守时间的习惯,诚为要图"。这样上海便像世界上许多城市和中国个别城市(此时广州已有,南京也在准备)那样,在街上装置一种称为"标准钟"的大钟。这种大钟按一定的网点分布,设在闹市街头,以便过往大众看到准确时间。

公用局于是在1928年下半年开始筹备此事,分别向广州、南京了解了有关的情况,又向沪上数家洋行询问价格和线路的设置方法,还审慎地向伦敦、巴黎、柏林、东京的市政机关去函征询它们采用的式样及使用的经验等。最后确定购买国际上大多数城市采用的德商西门子洋行的产品。1931年2月与该洋行签订合同,共定购了母钟2具、子钟22具。7月,西门子陆续开始交货,8月上旬,由中华铁工厂承制的钟柱、钟架也都完工。于是先在沪南区,继在闸北区分别安装,到9月中旬全部完成。

标准钟最初装置的数量,沪南区为母钟1具,子钟13具,但因豫园门口太杂乱,无处安装,只能暂缓,子钟实际装置了12具;闸北区为母钟1具,子钟5具。还有4具作为备用钟。

铁柱标准钟

小东门装在广告柱上的标准钟　　　　董家渡悬挂在电线杆上的标准钟

标准钟的形状实际有三种：一种较考究，下为两节状的长形底柱，上节刻有"上海市标准钟"六字，上为竖直的长方体玻璃广告，四面都印有广告，广告灯的上方就是大钟，这种标准钟又兼有广告牌的功用；第二种比较简单，为下粗上细二节直铁柱，下节正面刻有"上海市标准钟"，顶端装大钟；第三种不是安在专门的灯柱上，而是悬挂在电灯杆上，一个铁架固定一个大钟。

对标准钟来说，重要的是必须有良好的管理，不能有"标准之名"，无"标准之实"，而"失去是项设施之本旨"。所以为了"保持时刻之绝对准确"，在每日上午10时55分至11时，规定依据徐家汇天文台发出的报告，用一种"无线电校时器"的设备，校准两母钟的时刻，因线路相贯，南北各标准子钟也同时得到校准。

可向电话室问询的"标准时间"

限于财力,最初公用局在南北两地只设立了17具标准子钟,这些子钟主要方便了设钟附近的人们和经过这些地方的人们,但离此较远的机关、住户就不能得到这个实惠了。为此,公用局又想出了一个弥补的办法。这就是在公用局专门的电话室内加装了一个子钟,除节假日外,每天在中午12时至1时之间,如机关和个人要知道准确时刻,可用电话向该电话室问讯。这在无线电广播还没有实行定时报告标准时间以前,是一项于社会有益的积极措施。

标准钟属于小型的"大钟",其观光的效果自然远远不如那些高高在上的、发声发光的大自鸣钟,不过它们以新颖的形式、划一的系

"八一三"淞沪会战中,中国军队一个工事筑在一个标准钟旁

统，在十字街头为上海又造出了一道新的都市风景线，同样令人注目，受人欣赏。至于其提供的"标准时间"的实用功能，由于它们是按照一定的规划设在各处闹市的，倒比大自鸣钟来得更加"大众化"，更方便市民大众随时知道时间和校准自己所带的手表及怀表。

在本文的配照中，还收录了一张1937年"八一三"淞沪会战中，我军一支部队的工事就筑在一个标准钟旁边的照片。由此照可以想象，当炮声隆隆、弹雨横飞时，对我军来说，有了近旁的这个大钟相伴，掌握时间就极为方便和有效了。标准钟居然还为抗日战争作出了一点贡献。从这点而言，在一个城市中装置大钟和建立标准钟，其社会意义的广泛是难以估量的。

旧上海摩登女性的追求

吴红婧

时尚,是当下人们关注最高的一个话题。其实,这个话题由来已久,只不过早些年使用更多的是另一个词——摩登(modern)。

上海的时尚应当追溯到一个多世纪前。由于位于东西方经济交汇的最前沿,上海成为中国发展最繁华的"十里洋场"。欧风美雨赋予了它追逐潮流的眼光与勇气,传统与现代相交融的氛围孕育出独具特色的海派风情。

三尺柜台后的婀娜身影

漫步在上海大大小小的商业街,为各种品牌促销的形象小姐招人眼目。其实她们对于上海人来说并不陌生,因为70多年前她们的身影已经在南京路上翩然而立了。

1914年,先施公司在鞭炮声中登陆南京路,七层高的大楼顶上的大钟和漂亮的霓虹灯吸引着蜂拥而来的人们。先施最引人注目的是它破天荒地首次雇佣了女性店员。此举顿时引起轰动,紧接着永安公司也引进了这一招。当时美国金笔康克令(Conklin)在永安公司的一楼铺面设专卖柜,聘请年轻端庄、会讲几句英语的上海小姐促销金笔。这一专卖柜上有一位明眸皓齿、丰姿绰约的漂亮小姐,凭借温文尔雅的态度和热情周到的服务，使慕名而来的顾客顿觉赏心悦目。康克令金笔在她手里销路异常好，人们索性称这位小姐为"康克令小姐"。

涌来的众多顾客中，大多只是为一睹芳容以了心愿，唯有一位富家子弟陈公子与众不同，每天必到专卖柜报到并买一支金笔。天天如此，从不缺席。原来，这位富家子弟看上了美貌的康克令小姐，便使出种种手段展开求爱攻势。陈公子有着良好的家世背景，加上锲而不舍的追求，终于赢得美人芳心，不久康克令小姐的身影便从永安公司消失了。然而好景不长，康克令小姐卑微的出身，注定她和小开的这段感情有始无终。在他们的女儿出生后，曾经有过的激情渐渐化为平淡。眼见有情人将成陌路人，康克令小姐显示出了非凡的胆识，毅然聘请当时上海滩上的名律师章士钊为自己争取分手后的权益。这桩婚姻，最后以5万元的代价一拍两散。

康克令小姐的成功推销，带动了不少商店仿效，之后女店员成为南京路、四川路上的一道亮丽的风景线。

不过，大多数女店员的感情生活可不像康克令小姐那样波涌浪卷。她们很清楚自己的处境，虽说受过一定的教育，但出身平凡，她们需要靠这份工资养活自己和贴补家用。因此大多数女店员不会做嫁入豪门的美梦，也不会利用三尺柜台搔首弄姿幻想吊金龟婿。她们珍惜这份工作，甚至小心翼翼，一到年关就怕收到老板的辞退信。她们多半会嫁给普通的小职员。当时四大公司都规定，女店员不得结婚，怀孕即被炒鱿鱼。所以她们结婚大都秘而不宣，怀孕后尽量勒紧肚子，等到肚子显山露水无法掩饰时才向老板摊牌，从此结束职业女性的生涯，成为石库门里的一名家庭主妇。如果她们幸运地嫁给知识分子或洋行职员，便可辞职回家过相夫教子的生活，不需再为生计苦恼。

不管怎么说，她们在当时是颇为独特的一个群体。相对稳定的工作和不错的收入，使她们能够穿着得体，偶尔买上一枚胸针犒劳自己，这在当时算是时髦的装饰了；下班后，她们心情好时会结伴看场电影，因而也会模仿女明星的发型和打扮；她们能如数家珍地说出上档次的西餐厅、咖啡馆，却不会自己买单光顾，因为消费不起。她们熟悉"老凤祥""裘天宝"的首饰，那些璀璨夺目的钻石让她们一饱眼福，但她们不敢奢望有一天自己修长的手指上能戴上这样的钻戒。

住公寓的单身女子

偶然的机会，在电视上看到一档介绍上海老公寓的节目，电视镜头里那已经微微泛黄的瓷砖、浴缸、水池，似乎在提醒人们它曾经有过的优雅和华贵。

张爱玲曾经租住过的常德公寓

电视上的画面是常德公寓。老太太指点着告诉观众,张爱玲曾经住过这里。20世纪三四十年代的上海公寓里住着许多像张爱玲这样独立而又时尚的女性,后来还有了专为她们而建的女子公寓。

公寓,不同于被高高的围墙包裹着的老洋房,也不同于海派文化酝酿出的独特的石库门建筑。在十里洋场,公寓是另一种身价的代表,它位于闹市区,因名声在外而为来来往往的行人所注视。

张爱玲的公寓生活是和姑姑联系在一起的,两个单身女子把日子过得精致而又生气勃勃。很容易理解她们为什么偏爱公寓房子,公寓最大的特点是它没有弄堂房子的喧嚣,一门一户,彼此不必往来,外人无法窥探到个人隐私。这里有着保持恒温的热水汀,宽敞的卫生间和厨房,还有受过良好教育的新派男女。公寓的生活如同它的建筑和住在里面的人,优雅却不张扬,安静却不守旧。一批类似姑姑、张爱玲这样的独身女子,有一份工作,挣一份薪水,独自租一套房子,真正地自己承担自己,活得精彩而不寂寞,耐心等待一个她们

在写字楼工作的上海职业女性

真正想嫁的男人。她们是由这个都市培养并让都市欣赏的一群人。

在张爱玲时代，苏州河畔的水景公寓——河滨大楼、武康路和淮海路交界的诺曼底公寓、淮海路上今妇女用品商店前身的培文公寓、雁荡路和淮海路交界的永业大楼、衡山路上的安卡第公寓、南昌路和茂名路上的阿斯屈来特公寓等，都住着不少职业好、收入高的单身女子，只是她们没有张爱玲的名气而被淹没在时代的潮流里，张爱玲幸运地成了她们的代言人。

30年代的上海，外省迁入上海的单身女子数量不断增加，上海还有一批数量可观的大中学校女生，她们毕业以后也在本地就业。女性为谋求经济上和生活上的独立，需要单独的住房，然而能像张爱玲和姑姑这样租得起公寓的人毕竟不多，借住在亲戚或朋友家里不方便，而单身女子住在"七十二家房客"这样的地方又有许多不安全因素，加上市区内的房租比较贵，刚刚就业的女子难以承受，于是女子公寓便应运而生了。

1932年春夏间，设在吕班路蒲柏路口（今重庆南路太仓路口）的上海女子公寓落成。公寓内均是单间房，每间房间的陈设较简单，有两张单人铁床、一只五斗橱、若干把椅子和一只小闹钟。公寓设有供应住户饭食的饭厅，如果住户嫌饭厅的饭菜不对胃口，还可叫人另烧小灶。女子公寓有专人管理，和今天一些公寓的物业公司有几分相像。假如住户晚归，不用担心公寓会大门紧闭，一定会有人为你守门；住户若是得了病，身边没有家人和朋友照顾，也会有人把你送往附近医院诊治。

女子公寓的出现被视为新生事物，当时有几家报社的记者还专门去作了一番采访，他们在文章中如此描述："淡黄的粉刷，新的床，新的桌椅，以及一切女子日常所需的新用具，有美皆备，无丽不臻；有水汀，有漂亮的浴室，有聪明伶俐的女侍者，甚至有烧饭娘姨，也是一个年纪在二十左右决无村俗之态的女子来担当，我在当时置身其间，恍觉身入了女人国。"女子公寓在记者笔下写来令人神往，事实上它面对的住户主要是经济收入较低的职业妇女，为照顾刚从学校毕业的职业女子还辟有廉价房。

女子公寓的生活丰富多彩，不时会举办一些活动，以联络住户间的感情。1933年1月2日，这里就举行了新年聚餐会，参加者每人交纳餐费0.5元。聚餐会上不少人还表演了拿手的节目，气氛非常热烈。在上海的天空下，独立自信的女性慢慢融入城市的节奏中，最终成长为成熟的女性。

热衷选美的上海小姐

选美，当今之世早已司空见惯，从香港小姐到世界小姐、环球小姐，借助于媒体的传播让我们大开眼界，更有上海佳丽走上国际选美舞台，一展东方女性的美丽和端庄。

上海人总能竞走在潮流的最前端。一个世纪前的清末民初，沪上已经有了选美活动，只是与今天的"美貌兼才智"的选美标准比较而言，那时的选美弥散着浓重的"香艳"之味。1897年，由李伯元创办的《游戏报》为扩大影响，增加报纸发行量，首创选美，请市民评选当时十里洋场上的花魁，冠之以花界状元、探花、榜眼等美名，结果林黛玉、陆兰芳、金小宝、张书玉等名妓榜上有名，一时热闹非凡。

竞选花魁的闹剧一开场便很快被仿效，随后几年，上海滩的其他小报也竞相推出花榜，选出花榜状元、艺榜状元。1915年，上海"新世界"游乐场开幕，老板专门请人编辑出版了一张《新世界报》。为造声势，还仿效前人举办"花榜"，更巧立名目，将名称改为花国大总统、副总统，国务总理，各部总长、次长等。此种选美虽有媚俗之气，却很受市井百姓的欢迎，尤其为男士们津津乐道。那些阔少、富贾，更有欲借花魁之声誉抬高自己身价者。

1929年8月，由复业后的新世界游乐场牵头举办的选美竞赛，规定胜出者可免费去美国游历。此次选美与以往最大的不同是参选者多为大家闺秀和阔太太，如虞洽卿的女儿虞澹涵，永安公司老板郭标的女儿郭安慈，富商陈永奎夫人、孙兆蕃夫人、陈秉璋夫人以及杨文钊、黄佩贞、施惠珍、邓淑芳、林瑞芬小姐等，所以这次选美又称海上名媛竞赛。竞赛开始后，虞澹涵的票数曾遥遥领先，谁知最后结果是，郭安慈折桂，虞澹涵屈居亚军。有人认为其中有舞弊行为而闹上法庭。眼看局面有些不好收拾之际，虞小姐站了出来，她通过律师登报声明："本人参加竞赛，完全为了公益，不愿以本人姓名作为原被告涉讼之主体，恐对名誉妨碍，特此声明。"一场选美风波就此平息。

1946年，正值抗战胜利的第二年，苏北发生特大水灾，致使300万灾民流离失所，不少人涌进上海以求生路。为安置灾民，上海难民救济协会决定通过选美活动来筹措救济款。这时因时代不同，选美又文明了许多。

这年的选美除了竞选上海小姐一、二、三名外，还增加了竞选平剧（京剧）、歌唱、舞国三界的皇后和亚后。因筹募会倡导"人类互助精神""救助灾黎"，不仅吸引了言慧珠、童芷苓、韩菁青这样的名伶、歌星，就连一些名门闺秀也受到"救灾"鼓舞而报名参选。当时的选票分蓝色（捐法币一万元，作十票计算）、黄色（捐法币五万元，作五十票）、粉红色（捐法币十万元，作一百票），参选者以得票的多寡一决高下。

8月20日，在人头济济的上海新仙林花园舞厅（今静安体育馆）当众揭晓竞选者的得票数：王韵梅以65 500

1946年"上海小姐"第二名谢家骅

票摘取上海小姐桂冠,谢家骅以28 400票当选上海二小姐,刘德明以8 500票当选上海三小姐;言慧珠以37 700票当选平剧皇后,韩青青以20 000票当选歌唱皇后,管敏莉以23 150票当选舞国皇后;平剧亚后、歌唱亚后、舞国亚后分别由曹慧麟、张伊雯、顾丽华获得。

得票最多的王韵梅本是舞女,这次以交际花的身份参赛,因有强硬的后台,故而以遥遥领先的票数稳取桂冠;上海二小姐谢家骅乃名门闺秀,复旦大学毕业生,长得文静漂亮,学识非同一般,与当今的选美要求非常贴近,可惜在1946年之际是"养在深闺人未识",论社交手段远非王韵梅的对手,当她听到自己屈居第二时,委屈得当场就大哭起来。此次选美,参加上海小姐竞选者最初报名有38人,后来不少人因各种原因陆续退出,所剩无几;平剧界的童芷苓和歌唱、舞国的其他参赛者因不想名列第二,伤了自己的自尊心和捧客的脸面,后来索性退出不参加,于是竞争对手大减。刘德明、顾明华就是在此种没有对手的情况下不战而胜的,而电影皇后胡蝶和越剧皇后姚水娟的缺席多少让人感觉遗憾。

当选上海二小姐的谢家骅,通过这次选美开始进入公众视线,后来她频频活跃在社交界,大出风头,成为社会名流,还进军电影业。在大华公司1947年出品的《满城风雨》中饰演一位女主角,这部影片是她的处女作。

昨日逝去的时尚与风情,今天只有在已经模糊了的老照片上才能触摸到。翻阅老照片,我们看到上海女性凭借着青春、智慧和一技之长找寻着生活出路,有的当女店员、女职员,有的登上银幕和舞台,有的走出一条艰难的创业之路。她们看似柔弱的外表下却蕴藏着令人吃惊的顽强和坚韧,黄浦江畔的女人始终和男人在同一片天空下奋斗,而且业绩不俗。她们对美的追求也在镜头前最充分地展示,繁华的上海成为她们表演时尚的舞台,而由她们引领潮流的时尚也使上海成为万众瞩目的"东方巴黎"。

《图画日报》中的上海女性时尚

房芸芳

石印画报是中国近代出版史上一种独特的连续出版物，它图文并茂，以浅显易懂的形式反映社会时事新闻而被称作"新闻画"。据统计，至辛亥革命前，就有70多种石印画报问世。上海环球社印行的《图画日报》就是其中有代表性的刊物之一。

《图画日报》面世于1909年8月16日，每日1刊，共出版了404期，至1910年8月停刊。它的前身是随《舆论日报》附送的《舆论日报图画》和随《时事报》附送的《图画旬报》。1909年夏，《图画旬报》停刊，同年8月16日环球社另行创刊了《图画日报》，独立发行。《图画日报》的风格和内容完全承袭了《图画旬报》，但是刊期由旬刊改为日刊后，新闻性大大加强，信息量也增加了，这使《图画日报》的影响比同时期其他新闻类画报要大得多。

时事性和社会性是《图画日报》最显著的特色，它以大量篇幅描绘了当时的社会生活和民间风俗，其绘画和文字都颇具写实性。从"上海社会之现象"专栏中，我们可以窥见一个世纪前的时尚女子的风貌。

花界引潮流，竞逐学生装

在传统的中国封建社会里，女性受到严格的等级制度的限制，各阶层妇女间无法相互交流，整个社会呈现出一种程式化的格局，几乎无"时尚"可言。上海开埠以后，随着租界和侨民的出现，西方的思想观念和生活方式逐步渗入了国人的生活，妇女所受的限制有所松动，她们亦有机会抛头露面参与社会生产、介入社交娱乐生活，因而服饰打扮及审美情趣也日趋时尚化。

在时尚的潮流中，得风气之先的往往是妓女，因为职业的妓女，有必要也有条件去追逐日益翻新的"外包装"。在某种意义上说，妓女是最先进入社交娱乐生活的中国女性，同时也是当时女界时尚的引领者。她们出入各种公开的社交场合，其一举一动往往成为上海青年女性甚至大家闺秀竞相效仿的对象，所谓"女衣悉听娼妓翻新，大家亦随之"。但妓女也有她们自己的效仿对象——女学生，"沪上近来有种似妓非妓之荡妇，伪作女学生装束，招摇过市，拈花惹草"。女学生清纯、朴素的服饰打扮在当时同样十分引人注目，一些年纪小的妓女出于招徕顾客的需要，也穿起学生装，于是在上海的"卡尔登""一品香"等舞厅里也不乏学生装束的女子。当时的上海盛传着这么一则故事：一个留洋回国的男青年，路上偶遇一学生装束女子，一见钟情，终日为之茶不饮、饭不思，一日被朋友拖至青楼，才知道令他痴迷的女子并非纯洁的学生，而是一名"久经沙场"的妓女。

镶边马甲俏，压鬓领口高

马甲是当时女子的时装。马甲，又名背心，古代称之为半臂。古时通常是婢女下人穿的，因而在戏剧中往往是演婢女的演员的服装，在现实生活中也只有娘姨大姐辈的才穿马甲。自从有妓女标新立异，制作了色泽艳丽的马甲，再饰以外围黑白等色花边，时尚女子们纷纷效之。于是有人叹曰："昔之婢学夫人者，今将夫人学婢！"当时上海的服饰风尚流行洋灰鼠的"出锋"，官服有四面出锋的外套，女人则穿四面出锋的皮袄。至于那些穿不起这种流行时装的人，也要装上一条洋灰鼠出锋领头，以此表示时髦。据说有蹩脚的大少爷，在棉马甲上装了一条洋灰鼠出锋领头，被人家讥笑道："你也要出锋头吗？"这就是沪语"出锋头"的由来。那时人人想在衣领上出锋头，"出锋头"三字就成为"爱时髦"的代名词了。上海滩簧里尚有两句名曲："竹布长衫皮领头，地格就叫出锋头。"

楼上佳人领头高

有人说女子的颈项间最具风情，近百年前的女子早已意识到了这一点。虽然时代决定了她们不可能过多暴露，但是她们在颈项间的修饰比之今天有过之而无不及。首先是高达三四寸的领子，并将发髻压于领口。"好女儿，衣领高，高高欲将发髻包。发髻下垂包不得，压住衣领颈难侧。看郎不可暗回头，见郎难作低首羞。"其次则是妇女竞戴珍珠项圈，下垂从儿时戴起的百家锁，"凡妇女之艳妆者，几莫不以系此为荣"。还有就是冬令时节的围巾。用围巾御寒的风尚来自于西方妇女，传入中国后，又演变成了不同的款式：有作披肩式样的，有用绒线结成三角形的，还有用鹅毛制作成长裘悬挂在项间。鹅毛长裘者为最美，风吹毛动，将飘逸感发挥到了极点。

冬令时节的女子时尚还有两件东西不能不提——臂笼和靴子。臂笼自古有之，除了起初的保暖功能，近代以来更多的则被妇女当作时髦

臂笼暖暖围中飘

的饰品,有翻毛、丝绒、海虎绒等多种质地的。时髦女子除了早起梳妆和晚间睡觉之外,冬日里几乎一直戴着此笼。这对于要操劳家务的主妇而言,是无福消受的,只有在有条件娇惰的女子特别是妓女间才风行。靴子历来被视为男人的专属。自从天足盛行之后,放开了三寸金莲的妇女也爱着靴子,"穿一对新靴,翻千年旧套"。更因为穿着靴子后,无用丫鬟扶侍,集刚健婀娜于一身,故成为时髦女子的新宠。

墨镜耀金丝,坤包多脂粉

晚清时髦女子所喜爱的饰品还有金刚钻戒指、金丝边眼镜和手携皮袋。

眼镜以前一直是患眼疾的男子的用品,自从墨镜出现后,人们

墨镜上街竞时髦

因其可蔽风日，于是戴眼镜的风气日盛。而金丝边眼镜诞生之后，逐渐成为女子的时尚，上至闺阁，下至娼妓，屡见不鲜。时人为此作了上海码头小曲一支：

"金丝呀眼镜，精呀实在精，金光灿烂耀眼睛。嗳呦最好是墨晶，遮遮风呀，嗳呦灰尘吹勿进。公馆呀宅堂，奶奶小姐们，欢喜格种好眼镜，戴戴勿离经，戴惯子呀，嗳呦无啥难为情。出门呀戴子，笑盈子格盈，本来一双俏眼睛，嗳呦圈子一圈金，熟人见呀，嗳呦像煞陌生人。"

手携皮袋也是当时时髦女子的必要装备，女子偶尔上街时总会带个小包，这大概就是今日女士坤包的雏形吧。曾经有人探究过她们小小的坤包里装的究竟是什么，总结起来最常见的有10样，多为化妆用品：香水瓶、小木梳、小镜子、香粉纸、胭脂盒、香胰（肥皂）、小油刷、丝巾、伽罗油（香油），还有情郎的照片。

戒指起源于宫禁，皇帝看到妃嫔戴着戒指就不复临幸，因此最早戒指是女子为暗表月信而设。后来男子也戴戒指，戒指才成为装饰品。而上海的时髦女子更喜爱金刚钻戒，"举手异常耀目"，虚荣心得到了极大的满足，难怪现代的女性也期盼"钻石恒久远，一颗永留传"！

雅座听说书，马路学飞车

今天的时尚女性有"武装到牙齿"一说，而一个世纪以前的时髦女子也毫不逊色。西医齿科的传入，给患牙疾的病人带来了福音，

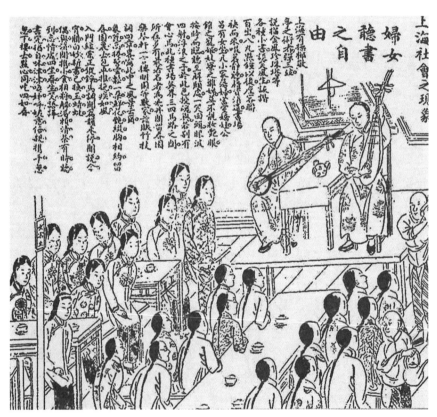

书场也有女儿座

而镶牙技术在当时更显得神乎其神。镶了金牙之后,"最觉灿烂可观,于是此风盛行,即平日并非无齿男女,亦有彼此镶嵌二三粒以为美观者"。镶牙,特别是金牙,从实用走向了时尚。时人有词云:"弄巧试将瓜子咬,消闲故把纸烟尝,分明要露齿金黄。爱学时髦不算颠,镶些金子嘴唇边,相逢一笑最嫣然。"

除了追求服饰上的时尚,百年前的女子们还追求开放自由、具有享乐性的生活方式。以前听书是男子的专利,妇女不可能抛头露面地去书场,而风气大开之后,女子也可进书场啜茗静听,作为消遣。书场中专设女客座,在当时最著名的要数飞丹阁、留春园、乐琴轩、一言楼、明园等,多在三马路、四马路之间。"凡小家荡妇、富室娇娃、公馆之宠姬、妓寮之雏婢,莫不靓装艳服,按时而临。听至解颐处,一笑回头,眼波四射,浮浪之子,于此色授魂与,若别有会心焉。"

红妆飞车逐香尘

骑自行车是大家女子喜爱的休闲活动。自行车大约18世纪发明于欧洲，1874年左右传入上海，成为稀奇之物。最初也只为男子所用，后来渐渐为闺阁小姐们所喜爱，但终究是女儿身，她们只在人迹略稀之马路试车飞行，三五成群，一时领风气之先。

女子们的时尚之风，也招来了一些保守者的侧目。当时上海的沿街房屋大都建有阳台，以便观览风景，这被时尚女性们用作展示自己风采的第一现场。每当夕阳西下之时，她们必悄倚阑干，频频眺望，任由路人谑翠评红。这样的举动自然遭到了非议："女儿究在深闺好，勿被人谈论重重，愿从今休抛娇面，莫露芳踪。"

《图画日报》中描绘的近百年前的时尚女性风情画，今天再回首看不免有些可笑之处，然而它在当时的社会上确实有令人耳目一新甚至惊世骇俗的感觉。有人说时尚的脚步一百年一个轮回。请留心你的身边吧，说不定今日的流行时尚就是昨日时尚的翻版或变异呢。

摩登漂亮的女接线员
——老上海职业女性之一

吴红婧

德律风带出新职业

"请沃森先生到这里来,我需要你的帮助。"这是1876年世界上第一句通过电话传送的人声。电话发明后不久,就传入上海租界,丹麦人的大北电报公司和英国人的东方电话公司都有电话服务业务。1882年,大北公司的电话交换所在外滩7号设立,装设了第一台人工交换机,为外商洋行架设了二三十部电话。当时《申报》作了如此报道:"上海之有德律风("电话"的英语谐音)始于壬午季夏。其法沿途竖立木杆,上系铅线两条,与电报无异。惟其中机括,则迥不相同,传递之法,不用字母拼装,只需向线传语,无异一室晤语。"

老上海的一个传说,反映了当时电话给上海人带来多大的惊奇和震动。1882年,英国人皮晓浦从十六铺到广东路的正丰街之间架设了电话线,在两头各设一个电话室。好奇的上海人相约好友在两头打电话。当朋友熟悉的声音从电话听筒清楚地传出来时,这个上海人惊讶得几乎下巴脱臼。有人怀疑洋人做了手脚,便事先说好了暗语再打,结果不得不相信这是真的。

电话的发明不仅改变了人们的生活,也由此衍生出新的职业,如电话接线员,它为女性提供了一个全新的就业机会。女接线员受

清末上海女接线员

青睐源于女性的性别优势：声音柔美动听，服务态度好，耐心又细心，出错率低。上海最早安装电话的是租界里的外国洋行。早期的电话必须经过人工转接，为了满足人工接线的需求，电话公司定期招聘接线员。沪上最早的接线员清一色是西方小姐，因为一百年前的外国洋行里，洋人还不怎么会讲中国话，所以接线员必须讲英语。等到洋人讲起中文、中国人开的公司也纷纷装上电话时，上海小姐便加入到接线员行列中了。

1921年，上海市电话局开设了女接线员养成所，女接线员经过6个月的培训后上岗工作。1922年2月，华洋德律风公司也登报招聘女接线员，经过筛选，有十几个人参加了首批培训，培训点设在兰路东区交换所。她们接受了话务操作、基本英语对话训练后，其中的大多数人在东区交换所当起了接线员。最初的月薪是36元，夜班费6元；如果有幸被电话公司派到大洋行当总机接线员，待遇更好。丰厚的薪水让这些女性有能力追求时尚的生活方式，她们烫着时髦的卷发，身着款式新颖的旗袍，加上姣好的容貌，走在街上格外引人瞩目。

摩登漂亮备受青睐

20世纪20年代初期，电话业务发展很快，女接线员的队伍也迅速扩大。接线员在当时是上档次的职业，相当于今天的白领，因为收入高，工作环境好，一些富人家的小姐也心生羡慕纷纷加入，并以此为荣。她们大多受过良好的教育，如美商电话公司的不少女接线员毕业于教会学堂，能说一口流利的英语，加之会打扮，衣着时髦，很受异性关注。据说托人说媒想要与接线小姐谈恋爱的男性不在少数，连一些小开也恋上了漂亮优雅的接线员小姐；也有女接线员在接电话的过程中和大公司的男职员熟悉起来，借助电话这个媒介谈起了新潮恋爱。当时一到下班时间，在电话局门口，小汽车、黄包车和脚踏车天天排满，成了一道独特的风景。

接线员的工作看似简单，其实要求挺高，除了声音甜美动听外，还必须有语言天赋。上海是个移民城市，光懂英语（包括洋泾浜英语），听不懂宁波话、苏北话、广东话等各地方言，也是难以胜任的。

女接线员的好记性，一般人更是望尘莫及。当时大上海虽只有几万部电话，但在没有电脑辅助查号的前提下，要于短时间内对答如流，背电话号码是必须的。这是件费脑子费精力的事，不少应聘的小姐就败在背号码上。身怀绝技的接线员多用形象法、谐音法记忆，如食品一店的号码"222777"记成"来来来吃吃吃"。一个普通的女接线员能记住两千个号码是很平常的事，最多的能一口气说出四五千个号码来。不过，很多时候女接线员还是会依靠旋转式档夹来查号。

查号报时耐心和气

查号用的旋转式档夹,是一个一人多高的铁架,上下开槽,嵌入附有电话户名条的档夹片。户名条是可以贴纸的狭木条,能插在档夹中。每个旋转档夹可以嵌入450片档夹片,而每个档夹片可以插入42条户名,因而每个旋转夹档可以存入18 900条户名。女接线员坐在高脚圆凳上,两人共用一个旋转档夹,遇到陌生电话号码可以按笔画或分类查档夹。

上海最早的查号台是1910年由英商华洋德律风公司开设的,外国人拨"499",中国人拨"599"即可查号。1932年,美商上海电话公司取代了英商公司,开设了"09"查号台,聘用的接线小姐不仅会讲流利的英语,还要仪态端庄,高贵典雅,有一定的文化素养。

1934年,上海电话公司开办了报时服务,拨打"95678"就能听到接线小姐用英语和普通话播报时间。这项服务一次可接通20部电话,每间隔5秒钟报时一次,实行24小时服务,因为工作很累人,每半小时就要换班一次。在问讯处工作的女接线员,专为更换了地址和变更了号码的用户而服务,要是有人拨打了老号码,女接

在旋转档夹前工作的女接线员

线员会自动报给你新号码。如果是申请开通了代答服务的用户，女接线员还要负责接听用户不在家时打进来的电话，然后把电话内容转告用户。

从前打公用投币电话，你拿起话筒就会听到接线小姐用柔和的声音问："打啥号头？"接着关照："听到我关照你之前不要把代币投下去。"当用户按要求投下代币后，女接线员会把电话接通，随后告诉对方"某某的电话，请等一等"，这样双方就可通电话了。要是她听不到投代币的声音，就会说："对不住，我不能替你接，除非我听到代币投下去的声音。"如果对方的电话已取消或号码已改，女接线员也会明确告之新号码，并接过去。遇到贪小便宜的人，常会把小铁片当5分代币投入电话，电话公司对这种人很头痛又无可奈何，而提醒用户不要"浑水摸鱼"的女接线员依旧是很耐心很和气的。

后来，随着自动电话增多，从事接线的人越来越少了，但负责查号、报时、信息查询等服务的女接线员人数渐渐增多。在电话局各个部门工作的这些年轻女子，总是工作勤奋，动作灵敏，态度和蔼。

女接线员的形象还有幸走上了银幕。编剧田汉在1933年公映的影片《三个摩登女性》中，将女主角周淑贞的职业定为接线员，并赋予了时代的特征。田汉塑造的周淑贞，是个勇敢刚毅、自信自强的新女性形象。她领导电话公司的员工罢工，作为工人代表与资方谈判；面对资本家的欺压，她不屈不挠。当时社会普遍将追求服饰华丽、甘当花瓶的漂亮女性称为摩登女性，田汉却借助影片表达了这样的观点："只有真正自食其力，最理智、最勇敢、最关心大众利益的，才是当代最摩登的女性。"

收入丰厚的女播音员
——老上海职业女性之二

吴红婧

1923年1月24日晚8时，一台小小的无线电收音机里竟然传出了声音。这在当时的上海市民中，着实引起不小的轰动。声音来自一个叫奥斯邦的美国新闻记者协同一位姓张的日本华侨在上海建造的广播电台，也是在我国出现的第一座广播电台。接着，新孚洋行也建造了广播电台，但这两家电台都因经营不善而很快倒闭。直到开洛公司的广播电台建成后，在播出节目的同时接受商家的广告业务，不仅收听率较高，而且广告生意好，经济效益不错，才引来一批投资者跟进。自此，上海滩上的广播电台如雨后春笋般地涌现出来，至抗战前夕已有50座了，一批女性由此走上播音员这一全新的职业岗位。

广播电台诞生的初期，节目以娱乐为主，夹杂着大量广告；新闻节目一般与报馆合作，插播其间。到民营电台建立后，又增设了商情和戏曲节目等。1927年夏，南京路上著名的新新公司在六楼屋顶上建了一座电台，别出心裁地将四壁用玻璃装饰，使电台的播音情况一览无遗，人称"玻璃电台"。玻璃电台专门聘请了漂亮的女播音员为新新公司的商品和各项活动大作广告，不定期播放新闻和广受大众喜爱的音乐、戏曲等节目，有时还不惜重金聘请著名演员到现场演唱节目，故而声名鹊起。尤其是那些美丽的女播音员，为新

奥斯邦电台请演员到播音室演唱

新公司招徕了许多好奇的顾客。在电台当播音员是很上档次的工作，相当于今天的白领，收入颇丰，当年有名的吴宫饭店经理家的千金金姣丽，就在新新公司的玻璃电台当过播音员。

　　女播音员大都受过一定的教育，声音动听，会说标准的国语或上海话是最基本的条件。开播前要做好充分准备。当时还没法录播，所以节目都是直播，为了播音时不"吃螺丝"，就必须把稿子读得烂熟，还要在语调抑扬顿挫、节奏快慢等处做好记号，以保证播出时有最佳的效果。不过仅仅做到这些还只是一般水平，当时沪上风头很健的女播音员都有自己的特色。

　　20世纪30年代后期的播音员唐霞辉曾名噪一时。1937年她在民营华东无线电公司任记账员时，有一位播音员突然辞职，一时无法找到合适的人选顶替，广告部主任便让唐霞辉试播，竟然一举成功。

唐霞辉以一口纯正的上海话播音。在播商业广告时,她擅长把广告内容编排得丰富有趣,与众不同,使听众感到广告别有趣味听得进去,因此商家颇为满意。三友实业社和童涵春堂国药店请她每晚主持播音两个小时,除播广告外,还加上新闻、故事等,有时请演员演唱沪剧、越剧,并答复听众来信。一天她正在主持节目,有一位听众因无钱买药,打电话到电台向唐小姐求助,她马上在广播中动员大家捐助,听众纷纷响应。从此,问病求医的信件雪片般地向电台飞来。为此电台特设了"唐小姐秘书处",专门处理听众来信,还聘请了一位医师做医药顾问。唐霞辉主持的节目影响最大时,外地听众来信,只写"上海唐小姐收"即可送到她手中;唐霞辉也因此有了"唐小姐"和"上海之莺"之称。唐霞辉声名大振,老板更借此大做广告,特请教授为她上国文课,规定凡电话购货满50元者,可请唐

沪剧演员丁是娥(前排坐者左三)在电台演出

正在工作的播音员和报告员

小姐朗诵《滕王阁序》等古文一段,电话购货满1元者,赠《唐小姐问答集》小册子一本。日军进入上海,唐霞辉不愿听从日军命令填写"忠诚登记"及"志愿者"等表格,毅然离开了电台。

由于电台节目内容多样化,播音员分工也各有不同,有播普通话、广东话、上海话的,还有新闻播音员、音乐播音员、戏剧播音员等。

张爱玲的姑姑张茂渊就曾经是一名播音员,播报新闻,诵读社论,每天工作半小时。她感慨地说:"我每天说半个钟头没意思的话,可以拿到几万的薪水,我一天到晚说有意思的话,却拿不到一个钱。"

播音员的收入本来就高,特别优秀的待遇就更好。20世纪40年代初苏联电台有一位儿童节目女播音员,她毕业于幼儿师范,当过幼教老师,做节目时把所学运用到了节目编排中,把童话、谜语等素材重新改写或创作，用孩子听得懂的语言表达出来。她的节目不光孩子爱听，就连大人也为之着迷，因此她每月都拿双薪。

当时的广播电台还有一种很特别的播音员，即专职电台宣传，人称"报告小姐"。著名越剧演员袁雪芬的雪声剧团拥有上海越剧界首位"报告小姐"。她的职责就是专门在电台为剧团作演出广告，介绍近期上演的新戏、演员唱腔风格以及售票情况。由于她们很熟悉剧团动态、演员情况和剧目内容，节目很受听众欢迎，在社会上颇具影响。袁雪芬的播音员陈素莲，是公认的上海话讲得最好听的"报告小姐"。

女理发师的悲哀
——老上海职业女性之三

吴红婧

女理发师的出现

上海女性是何时开始走进理发师这一行当的？现有两种说法，一说1918年4月2日的《时报》上刊登了这样一条社会新闻：曹某的理发店首次雇用了二三十名女理发师，这是上海最早的女理发师。另一种说法是，1926年在北京路和博物院路（今虎丘路）上，先后开有两家名为"北京"和"四育轩"的女子理发店，全部聘用女子技师，专为女性服务。对于1918年之说我不敢苟同，因为在女子一般都不剪发的年代，一家理发店雇用如此多的女理发师的可能性不大。

长久以来，中国女子是不剪发的。辛亥革命后，少数勇敢前卫的女子和男子一样剪起了短发，但更多的女性无法接受这样的改变，继续留着长发，只是发型上有所改变。直至20世纪20年代中期，短发才被更多女性接受；到了30年代，烫发风靡于各阶层、各年龄段的女性中，成了时髦的象征，小户人家的主妇甚至不惜克扣每日的小菜钱也要赶时髦烫发，这直接推动了理发行业扩大女子经营项目。但自女性开始做头发就产生了一个问题：当时理发师都为男性，理发烫发时免不了要触摸头和脸。一些受旧礼教束缚的女子感觉不便，不愿意与男子同室理发或拒绝让男理发师剪发，为了方便这些女性，

训练有素的女理发师

女理发师和女性理发店应运而生。

老上海的《上海生活》杂志曾刊文说："就在革命军北伐，占领上海之后，隔的不多久，上海出现了一个女光公司，约莫设在法租界巴黎大戏院的相近。所谓女光公司是一群年轻的姑娘，专为人们理发的，不但女人，男人也可进去请姑娘们理发的。"女光公司的创办人是一位妇女运动者，她专为女性开办了一所培训理发师的学校。参加理发培训的女子一般20岁左右，有高小以上文化程度，她们经过三个月的学习，就能掌握理发技术，毕业后除了在女光公司就职，有的还远赴南洋从事理发工作。

女理发师成了"女招待"

起初，女理发师这个职业也让上海人感到新鲜而神秘，时人评说："听说都市里有了一种新兴的妇女职业，会有人为了女人才去尝试或观光，所谓醉翁之意不在酒。"后来也的确有商家为了迎合男性的心理而雇用女理发师的，并在理发店门口挂上一块书有"女招待"大字的牌子。30年代初上海著名女性杂志《玲珑》上，一个叫杨雪珍的女子就此现象撰文直言揭露商家是以女招待为"活招牌"："若拿理论的眼光来讲，当人们进理发馆或西餐间的时候，只要理发师手艺的高强，招待的曲体人意，满足人们来的要求就得了，谁又要注意到是男是女的招待呢？禀此原则，因为女子心思细腻，常能深符顾客的希冀，那你尽管多用女子好了，何必要堂而皇之地写上'女招待'几个大字呢？请问雇用女招待的资本家，对此是不是一种公然地侮辱？"

二战结束后，一名华裔美国海军陆战队上士看到，上海的理发店"理发师都戴黑领带，穿着浆得笔挺的白西装黑裤子"，"接待男宾的都是穿浅蓝色可体号衣，身材窈窕的女理发师，她们淡扫蛾眉，胸前挂着一块圆形的写着她们工号的金属铜牌，穿着平底白皮鞋"。女理发师专为男宾理发，显然女性的性别在这里成了招揽客人的噱头。

影星王汉伦的遗憾

20世纪二三十年代，上海街头出现了美容院，霞飞路（今淮海中路）和合坊口有一家有名的汉伦美容院，它是由中国第一代著名女影星王汉伦亲手创办经营的。王汉伦在演艺事业如日中天时退出影坛，在这之前她投资拍摄了影片《女伶复仇记》并在全国巡回放映，盛况空前，电影拷贝卖得非常好，获得了一笔可观的收入。王汉伦息影后，先是师从法国美容博士理查德先生研究美容术，学有所成后开办了这家美容院，主要经营烫发、化妆、修指甲、去雀斑、去皱等。当时中国女性化妆大多模仿西方人，王汉伦在银幕上扮演过各阶层女性，深知化妆应该突出东方女性秀丽典雅、内敛端庄的气质。她创造性地研究出了适合中国女性的化妆术，使得汉伦美容院以它特有的风格在姹紫嫣红的美丽世界里占据了一席地位，也让王汉伦这个名字再度引起了轰动。过去她是众人眼里的大明星，现在明星身份又成了无形资产，她的影迷和崇拜者走进汉伦美容院一睹明星风采，很多演艺界的名流也纷纷来美容院照顾生意，其中胡蝶就是常客。

王汉伦亲自打理美容院的生意，经常以一个美容师的身份为客

海纳百川

印着女理发师形象的广告

人做着美容,聊着家长里短。她热爱美容师这个职业,一心想经营好美容院,不扩大规模也不奢望挣更多的钱。可惜好事多磨,汉伦美容院开张后,经常遭到地痞流氓的敲诈勒索,她咬紧牙关才坚持办下来。上海沦陷后,日本人在上海开办的广播电台要她去作宣传,她借口有病拒绝了,来人扬言:"等你病养好了,什么也别想干!"结果,日本人以此为借口限制她的行动,汉伦美容院只得被迫关门。没有了经济来源,王汉伦只得靠积蓄度日,用光了积蓄后,在长达4年的时间里靠典当昂贵的首饰细软、变卖家私为生。抗战胜利后,她想重新做一个美容师,拿出了最后的钱装修了美容院,谁知盼来的却是:用来开美容院的寓所房产被政府强令收归国有。王汉伦,一个美容师的梦,最终成为遗憾。

旧时的美容院,美容、化妆、护理指甲、烫发等服务必不可少,名门淑女、交际花和电影明星是高级美容院的常客。当年红遍上海滩的女作家张爱玲和苏青闲来都爱去美容院做头发,只是两人的审美观完全不同。苏青是兴冲冲地去尝试新潮发式,追赶心仪的潮流;张爱玲始终以或盘或绾的发髻示人,独树一帜。

不过，理发行业终究还是男性一统天下。以当时著名的南京理发店为例，二楼的女子部专为女顾客烫发美容，女子部最有名的理发师名叫刘瑞卿，专门为影星阮玲玉做头发，很多女顾客就是冲着他的技艺来烫发的。女理发师仅是点缀，更多的是理发店招徕男顾客的手段而已。

吴淞路上的日本侨民
——日本侨民在上海之一

陈祖恩

吴淞路南起北苏州路,北至虬江路,是虹口地区最早的一条南北走向的马路。几十年内,上海日本居留民不断在此定居和经商,扩充他们的势力。他们因职业、地位不同,形成"会社派"和"土著派"。自谋生路的中小商业、中小企业、饮食服务业、杂货业及无业中下层民众组成的"土著派",把上海作为谋生和发展自身事业的常住地,吴淞路区域是"土著派"的居住中心。吴淞路两旁是日本商店,夹道内是散居在中国弄堂的日本人住宅,所居房屋是经过改建的"榻榻米"式。据1927年上海日本领事馆调查,吴淞路区域日本居留民有1997户、7582人,接近当时上海日本人总数的三分之一。

由于吴淞路在虹口日本人街中的重要地位,在一些日本居留民的习惯语中,"吴淞路"常常是"虹口"的代名词,而虹口日本人街的另一个中心地区北四川路则被称为"北虹口"。

一条日本气息浓郁的商业街

吴淞路区域以吴淞路为中心,店铺林立,招牌高悬,当年有"日本商业街"之称。20世纪30年代,有"才女"之称的建筑家和诗人林徽因在《沿吴淞路北行》的文章中说:"在吴淞路的这一段的日本气息的浓厚远胜于霞飞路的俄罗斯气息。"在她的笔下，我们看到了昔日吴淞路商店的日本文化风景：

在酒店的陈列窗中是一瓶瓶的菊正宗、舞鹤、千福；还有应季节而给陈列的立雏。但陈列得很疏散的，并不像有的中国店铺似乎在试欲把全店的货品都陈列在窗中那样窒息得使人看了会气都透不过来。

果子铺中的果子是很有诱惑性的，形式是那样地玲珑，色彩那样地柔润，而且现在正在雏人节的节期中，点心更做出了许多人物、鸟兽和果品来；有的还在门前写着：今周之新果：春之舞。

虽然也许及不上内山书

日侨经营的中国土产店

店，至诚堂也是有着很丰富的书籍和杂志的。在那任人浏览的杂志盘中，同别的杂志分占着这地位的有小学生一年级、小学生二年级、小学生三年级之类的那样明显地分着学级的儿童杂志。

生意做得太迁就，就得受同行的控诉，想也是日本人的精神。可是要说迁就却是可以说是迁就的。shiruko（赤豆年糕汤）只卖一角，而且粉圆又做得那样悦目，嫩得红、嫩得绿、嫩得黄。卖2角5分的实业便当，从上海别的日本店怕的确不易得到同样的。定食是5角，四菜一汤放在一只朱红漆的盘中；菜的颜色是配得那样地匀称，置菜的碗和碟又是那样地幽静，使人看了感到愉快。

与林徽因有同感的是女作家张爱玲,她认为古人那些婉妙复杂的色泽的调和,唯有在日本衣料中能找到:"日本花布,一件就是一幅图画。买回家来,没交给裁缝之前我常常几次三番拿出来赏鉴:棕榈树的叶子半掩着缅甸的小庙,雨纷纷的,在红棕色的热带;初夏的池塘,水上结了一层绿膜,飘着浮萍和断梗的紫的白的丁香,仿佛应当填入'哀江南'的小令里;还有一件,题材是'雨中花',白底子上,阴戚的紫色的大花,水滴滴的。"因此,她"喜欢到虹口去买东西"。

吴淞路上有许多日本老店,如经营啤酒、调味料的土桥号,位于吴淞路256号,1895年开业;经营酒类、酱油、饮料的松本本店,位于吴淞路440—442号,1902年开业;岩崎吴服店,位于吴淞路431号,1906年开业;日本堂书店,位于文路280号,1906年开业。据1939年出版的《上海商工录》统计,在当时吴淞路的日本商铺中,开业于1918年以前的就有玉屋吴服店(吴淞路341号)、文房洋行(吴淞路433号)、至诚堂书店(吴淞路461—463号)、石桥洋服店(吴淞路188号)等十余家商铺。

20世纪30年代初的吴淞路

一组展示日本人生活的历史镜头

吴淞路不仅是日本气息浓郁的商业街，也是洋溢着日本"土著派"生活风情的场所。在日本侵占虹口以后，1938年5月1日，日本杂志《每日画报》拍摄了一组《吴淞路的表情》特辑，给人们留下了这一地区的历史镜头。

特辑共载有30幅照片，时间从清晨5时起至晚上8时半。地点则锁定在吴淞路、塘沽路交叉点，附近有虹口三角地菜市场和日本人俱乐部。清晨5时，清寂的街上空无一人，人们都在沉睡中，只有一条狗在宁静的街上溜达。7时，黄包车开始出动，乘客大多是去上班的日本人。内山完造曾描述过日本人在上海乘黄包车的情景：黄包车夫听到呼唤的声音，飞快地向客人跑去，"穿洋服的日本客人一声不响地坐上车。车夫等待客人指出要去的方向，日本人傲慢地指指朝南的方向。车夫为了清楚地了解他要去的方向，连续问了三遍，确认后才驭着客人朝南向北四川路走去。"8时，日本小学生背着长方形牛皮书包向学校走去，离吴淞路最近的日本学校是位于武进路的中部日本小学校。9时，印度人交通巡查站立在交叉路口。10时，公交车在街上频繁地出现。10时半，黄包车夫拉着一位日本妇女和她的孩子在吴淞路上行走，特刊称其为"装扮街头色彩的人力车在行走"。11时，午餐的时刻，有人开始急速地向食堂走去。11时半，虹口三角地菜市场的蔬菜店前，虽然还有少数顾客，但日本女店主已在解开工作衣，准备下班。该市场从清晨至正午营业，下午根据工部局的要求，必须用水清洁场地。市场外，买好菜的日本妇女在路旁悠闲地谈话。下午1时，吴淞路上车水马龙，出现了交通堵塞现象。下午3时半，日本艺妓为迎接在俱乐部、日本料理店的夜生活，开始化妆。5时半，日本职业妇女下班回家。晚上8时，吴淞路又恢复了宁静。8时半,日本人俱乐部内响起舞曲声。

吴淞路与乍浦路、海宁路一带是日本剧场、电影院、酒吧、舞厅的集中地,那些娱乐场所完全面向日本居留民,一般中国人不能进入。在一些高级日本料理店里还置有艺妓,专陪客人调笑作乐,如塘沽路的"六三亭""松迺家""滨吉",乍浦路的"月迺家""东语""新六三""叶家""美浓家""京亭",海宁路的"若松"等。樋口弘在《日本对华投资》一书中指出:"日本的对华娱乐事业中,既没有像英国等那样以豪华的大饭店企业形式为中心的享乐机构,又没有大众性的游乐组织,但只要有日本人居住的地方,就有妓馆的招牌、咖啡馆的爵士乐、跳舞场等,几乎到处都可以听到嘈杂的管弦声。这也许是日本人向海外发展的一种规律。"

在吴淞路的日本娱乐街中,也不乏一些日本人依仗所谓的"国威",借酒逞威,丑态百生,不仅引起中国人的极大反感,也遭到日本有识之士的指斥。内山完造曾讽刺说:"赤脚穿着浴衣,撩起后衣襟横行,在街市到处醉得身子发软的放歌高吟,故意把车夫弄哭,又是如此典型的日本文化人,又是日本混煮、罐头酒、在很短距离内挂满灯笼的提灯文化,描绘出日本代表性店铺的所谓珍贵的风景。"

一座上海最大的室内菜场

在吴淞路连接今汉阳路、峨嵋路、塘沽路的三角形地带,有一座工部局建造的菜场,中国人称其为"三角地菜场",日本人称为"虹口市场"。这是当时上海最大的室内菜场,同时成为吴淞路的标志性建筑之一。"三角地菜场"的名称,一直沿用至今。

上海最初的菜场都是露天集市,菜贩每月只需付少量税金,就可在指定的马路上出售自己的货物,但露天菜场既不卫生,又有碍市容。工部局为加强城市卫生管理,自1884年起至20世纪20年代

1927年时的三角地菜场（即虹口市场）

的前期，在所辖区域的枢纽要地先后设立了虹口市场、大马路市场、爱而近路（今安庆路）市场等11个菜场。在食品卫生部门的监督下，商贩在室内进行肉类、鱼类、野菜、果物等的买卖，并按规定严格保持器具和场地的整洁。

19世纪90年代初，在今吴淞路与汉阳路的三角地带，已有卖蔬菜的小贩设摊经销，逐步形成菜市，1902年移入室内。1912年，随着附近居民特别是日本居留民人数的激增，工部局将虹口市场改建成两层的钢筋水泥建筑。当时，那里有两三家日本鱼店（兼营其他食品料），每天有便船从长崎运来日本的鱼类，与日本国内一样，根据预订配送。还有十几家日本食品料商店，贩卖东京葱、牛蒡、独活等日本蔬菜。1914年10月15日，虹口市场的日本人商店组织贩卖组合，订立组合规约。

1923年，工部局又花费10万元，在原址新建三层楼的虹口新菜场，面积1 500坪，能容纳1 700个店铺。当时，一层是鱼类、蔬菜市场，二层是肉类市场，三层是游艺场，规模号称远东第一。在它的周围，开着许多日本和服、木屐、糕点店，满足日本居留民的各种生活需要。据日本金风社1941年6至7月的调查，虹口市场的日本商店有114家，其中，食料杂货31家、蔬菜18家、鲜鱼15家、糕点12家、水产加工7家、精肉类6家、佃煮物5家、寿司4家、豆腐4家、昆布4家、馒头等3家、鳗鱼2家、副食类2家、酒类1家。其品种之多，与日本国内市场无异，难怪有人说："内地（指日本国内）物品，这里没有不具备的，由于有这样的环境，居住在这里的日本人已经忘记了自己生活在国外。"

林徽因把"虹口小菜场"列为"上海百景"之一，她给我们描绘了当年虹口市场的繁华景象：

鱼，在一只只的筐中，被挤得只想往上跳。虽然跳了上来又是落下去，它们总在从那挤着的一群中不息地跳着，仿佛跳一跳，至少，总可透了一口气似的。

日本的豆腐在给用绿色的纸一块块包起来，而中国的豆腐和百叶之类也已排满在一块块的隔板上。

蔬菜的种类是最复杂的，只就萝卜一项说，就有红的、黄的、白的、绿的、青的、蓝的、紫的等颜色不一的种类。

万国商团的卡车也到了，从车上跳下了两三个人，去选取他们所要的，继而来了西洋的主妇和日本的厨女。最后是中国的女佣，有的还随同她们的太太们在一起。于是虹口小菜场到了它的一天的最高点。

一所日本人进行社交活动的俱乐部

位于吴淞路与塘沽路交叉处的日本人俱乐部，是上海日本人的社交中心。俱乐部大楼建于1914年3月，由著名设计师福井房一（1869—1937年）设计。其建筑风格是外观洋风、内设和室，表示在上海这个国际都市里，日本与国际接轨的意思。福井房一曾来过上海，广东路上的三菱会社上海支店的建筑也是他的杰作。

日本人俱乐部一楼是桌球场和酒吧，二楼是食堂和宴会厅，三楼有演剧场和日本式包房，四楼是招待所。可同时容纳500人进行活动。上海居留民团的许多会议都在这里召开。使用俱乐部的设施必须有会员介绍，具体费用如下：剧场一日50元，会议室白天5元、夜间7元，同类小房间白天3元、夜间5元，住宿一日5元，不供餐3元。月包住120—150元，西餐、日本餐可随意。演剧场经常演出一流的节目，如1923年5月29日，旅德日本音乐家应上海日本居留民团邀请，在日本人俱乐部演奏。夏季，日本人俱乐部特地为会员举行纳凉电影晚会。当年的照片让我们看到下列情景：日本居留民经常在这里举行新年联欢会，在红白相间的长条布衬托下的舞台上，上演纯民族风格的歌咏、舞蹈、筝曲演奏等节目，充满浓浓乡情。

位于虹口的日本人俱乐部

1919年，日本人俱乐部又在新公园（今鲁迅公园）北面开设八千坪的附属园，供日本人举行游艺会等活动。

日本人俱乐部新楼建成后，不仅成为上海日本人的社交中心，也是中日政治、经济、文化交流的重要场所。1917年，仅据《申报》的记载，日本人俱乐部就举行过如下的活动：

5月25日，沪海道尹王庚廷前往日本人俱乐部，会见访沪的日本参谋次长田中中将。田中在上海访问期间曾住宿日本人俱乐部。

6月5日，日清汽船会社在日本人俱乐部宴请上海名流，晚餐后招待观看演剧《借琴索隐》，"故事侠妓美谈，更有跳舞藤娘"。

9月22日，日本画家高桥哲夫在日本人俱乐部开画展，展出写生作品几十种。

10月3日，日清汽船会社为欢送经理木幡恭三（在华任职11年）回国，邀请上海总商会会长朱葆三等上海商界名士60余人在日本人俱乐部与木幡叙别。

11月13日，上海日本新闻界在日本人俱乐部举行招待会，欢迎《日本国民新闻》记者德富苏峰、《时事新报》记者石河干明等人访华，中国记者也参加招待会。次日，上海的中国九家报社联合在"一品香"饭店设宴欢迎德富苏峰等人，《申报》社长史量才致欢迎词。

日本人俱乐部三楼的大厅还经常举行各类画展。如1922年4月1日，中日联合美术展览会在这里开幕，展出中国画114件、西洋画64件、日本画122件。6月，又举行中日美术展览会，展出日本画家宅野田夫、山田春甫、木村政子等人的作品200余件。1931年6月27日，鲁迅夫妇与增田涉在日本人俱乐部观摩日本画家太田贡和田阪干吉郎的作品展览会，参观后，购买太田贡的水彩画《湖浜图》和田阪干吉郎的铜版《裸妇图》。1934年10月7日上午，鲁迅夫妇携海婴与内山完造夫妇在日本人俱乐部观摩了日本画家堀越英之助的西洋画展览会。

内山书店：中日文化交流之桥
——日本侨民在上海之二

陈祖恩

1985年9月7日，在内山完造百年诞辰的庆祝会上，中日友好协会会长夏衍对内山书店予以高度评价，称其是追求光明的中国知识分子和青年学生了解世界的重要窗口，是联系中日友好和中日文化交流的桥梁。

少年离乡，魂泊上海

内山书店店主内山完造的故乡是日本冈山。冈山位于日本的中国地区，是"桃太郎传说"的发祥地。冈山市的电话区号（086）与我国的国际区号（0086）一样，都是"86"，这种偶然的巧合，可能也是一种缘分吧。追溯遥远的历史，早在奈良时代，吉备真备（695—775）作为遣唐留学生，与阿倍仲麻吕同时赴中国，学儒学、政令、礼仪等，在中国生活了18年，归国后成为日本朝廷右大臣。临济宗的开山鼻祖荣西禅师（1141—1215年）、画圣雪舟（1420—1506年）都曾多次到过中国，回国后在冈山播下了中国文化的种子。

冈山多山，过去交通十分不便，但身处深山的人们受过良好的教育。内山完造1885年1月11日出生于后月郡吉井村（现芳井町）沢冈，父亲曾是村会议员和村长，母亲是当地著名篆刻、书道家的女儿。内山12岁退学离开家乡到大阪去当学徒的时候,深明大义的母亲勉励他说:"人是要做一生的,名利则是最后面的东西。像父亲那样努力工作吧,一定能做到衣锦回乡的。"校长给他的赠言是:"男儿立志要离乡的时候,在事业未成功之前是不会想到要回来的。自己遗骨的埋葬处,不要限于祖先的地方。在人间,处处有可作墓地的青山。"冈山培育了内山完造"好男儿志在远方"的豪情。

在冈山,看得见内山完造的出生纪念碑,但寻不着他的墓地。他少年离乡,却没有将尸骨带回故土。

内山完造墓在上海宋庆龄陵园内。然而,冈山并没有忘记他——在井原市小田川边的公园里,高耸着内山完造的颂德碑。颂德碑的左侧,有郭沫若题词的诗文碑:"东海之土,西海之花。生于冈山,藏于中华。万邦一家,四海一家。消灭侵略,幸福无涯。"在内山出生地的芳井町,由教育长藤井英雄等人发起,1 477人捐款500余万日元,在中国制作了与上海鲁迅纪念馆一样的内山完造铜像,设置在乡民会馆内。馆内还藏有内山完造的遗墨和生前的著作,其中有《一个日本人的生活观》《关于中国的民俗习惯》《上海漫语》《上海夜语》《花甲录》等中国人民熟悉的书籍。在乡民会馆外,种有一棵中国的白松,以表示他们对内山完造的永远怀念。2002年3月,由芳井町长佐藤孝治为会长的内山完造表彰会编辑了一本名为《日中友好之桥:内山完造的生涯》的小册子,表彰内山完造的伟业,让家乡的学生和普通乡民永远记住本乡的伟大先觉者,并为与中国人民相互理解和友好亲善继续作出贡献。

内山书多,人无他有

内山完造自12岁起就先后到大阪和京都的商店学徒。1913年3月,他作为大阪眼药会社参天堂的推销员来到上海。为了推销眼药,他的足迹遍及中国大江南北，加深了他对中国社会和民情的了解。

1916年1月，内山完造在京都与美喜子结婚。同年3月，与夫人一起赴上海，初借居吴淞路义丰里164号二楼。1917年，在北四川路魏盛里169号创办内山书店，以美喜子的名义经营。魏盛里是一条小弄堂，只有7栋房屋，全部住着日本人。内山书店租了弄堂口靠右边的两栋房子，由于光线不好，店内白天都要点灯。内山书店初以贩卖基督教的《圣经》、赞美诗之类的书籍为主，后来才增加其他品种。当时，上海的日本书店已有日本堂（文路）、申江堂（文路）、至诚堂（闵行路）等3家。

内山完造与美喜子结婚照

进入20年代后，随着日本居留民的激增和中国知识分子对日本书籍需求的增加，内山书店经营起其他日文书籍。1924年，内山买下了对面的两间石库门房子，将其中间打通，成了双开间店面，原书店的房间，作堆放货物和店员住宿之用。

1926年，日本改造社推出一套50多册的《现代日本文学全集》，并以1册1日圆的廉价发行，开创了"一圆本时代"。此后，新潮社也发表出版"一圆本"《世界文学全集》的计划。紧接着改造社又推出《经济学全集》和《马克思恩格斯全集》，日本评论社推出《新经济学全集》和《法学全集》，春阳堂的《长篇小说全集》和平凡社的《大众文学全集》也相继出台。"一圆本时代"使日本出版界进入成

海纳百川

内山书店

熟期,也使内山书店的经营范围日益扩大。内山书店预订《现代日本文学全集》1 000册、《世界文学全集》400部、《经济学全集》500部、《马克思恩格斯全集》350部、《新经济学全集》200部、《法学全集》200部、《长篇小说全集》300部、《大众文学全集》200部。每月进书时,弄堂里的货物堆积如山。书店职员迅速增加到十几名,搬运工人也增加到3人,书店生意一下子兴隆起来。

内山书店新书多,信息的传播也快。从近藤春雄的《现代中国的作家和作品》的目录中可以看到,当时现代日本文学的中文版数量共有830种,有300余种译本的日文原本由内山书店提供。特别是左翼书籍的330种日文原本,可以说全部是内山书店提供的。主要

内山书店的文化活动

译者有鲁迅、郭沫若、田汉、夏丏尊、谢六逸、沈端先、黄源、刘大杰、陈望道、楼适夷、丰子恺、冯雪峰等数十人，都是内山完造熟悉的人。这些书的出版，对日本文化在中国的传播有很大的影响。

　　内山书店的顾客，不少是日本横滨正金银行、三菱银行、三井物产、纺织会社等大银行、大公司的读书爱好者，还有一些是基督教徒，东亚同文书院的学生也是内山书店的读书迷。此外，就是中国的知识分子和青年学生。

　　1929年，内山书店迁往施高塔路（今山阴路）11号。次年，内山完造辞去参天堂的工作，全力投入内山书店的经营。同时，为方便在公共租界工作的日本大公司职员购买书籍，内山书店在四川路52号（原铃木洋行所在地）设立支店（1933年停业）。30年代的上海，出现了这样一种特殊的情况：中国书店买不到的书，内山书店有卖；中国书店不能经售的书，内山书店也能卖。

"文艺漫谈"名家毕集

内山书店对中国现代文化史产生的影响,除了上述新书多、信息传播快的特点外,还与内山完造在书店内创立"文艺漫谈会",介绍日本作家、新闻记者、画家与中国新兴文化艺术家进行交流有很大的关系。

文艺漫谈会,又称"上海漫谈会",由内山完造提供场所开展活动。"漫谈会"没有规则,也没有特别会员,参加者就当时中日政治、文艺等问题自由地交谈。中国方面的参加者大多是留日回国的青年文学艺术家,其中不乏名家,如东京大学毕业的郁达夫、东京高等师范毕业的田汉、留学京都大学的郑伯奇、留学早稻田大学的欧阳予倩等。日本方面的参加者大多是生活在上海或来沪访问的著名文化人士。由于内山书店所处的虹口地区,是所谓"越界筑路"的地段,名义上是公共租界,实际上归日本人统治,国民党警察不能到这个地区巡逻,因此,内山书店成为中日文化人士理想的谈话场所。

1926年1月,日本唯美派文学作家谷崎润一郎(1886—1965年)第二次访问上海时,三井银行上海支店长土屋在上海著名的素菜馆"功德林"设宴招待,三井银行和三井物产的职员十多人参加。席上,从事经纪人职业的宫崎对谷崎说,中国青年艺术家的新文化运动正在兴起,日本的小说和戏曲大部分是通过他们的翻译介绍给中国读者的。如果您不相信的话,到内山书店去看一下就会明白的。宫崎的话引起谷崎润一郎的极大兴趣。

几天以后,谷崎润一郎来到当时位于北四川路魏盛里的内山书店。他发现这个书店是当时中国最大的日本书店之一,书店里面日本式"火钵"的四周摆着长椅和桌子,买书的客人可以边品茶边交谈,成了喜爱书刊的人聚会的地方。谷崎润一郎见到内山完造后,表示非常希望与中国优秀的青年文化人会面。经内山电话联系后，中日两国文化人择日在内山书店二楼会面。日本方面除谷崎润一郎外，还有大阪每日新闻社上海支社长村田孜郎、中国剧研究会的冡本助太郎等；中国方面出席的有郭沫若、欧阳予倩、谢六逸、方光涛、徐蔚南、唐越石、田汉等，他们都是内山完造熟悉的中国现代文化名人。会上，中日文化人就两国文坛、剧坛的状况及翻译、电影等情况进行了广泛的交谈。内山完造还特意向素菜馆"供养斋"订了一桌菜肴，请店家送到书店。中国菜肴的材料丰富及技法精湛，令谷崎润一郎叹服。同月29日下午2时，以欧阳予倩、田汉为主席的上海文艺消寒会为谷崎润一郎访问上海，特意在徐家汇路10号新少年影片公司举行盛大欢迎会，主持者对谷崎说："难得先生适来上海，敢请惠然命驾，来此一乐。"当天，云集中国文艺界俊彦八九十人，其中有洋画家陈抱一、飘泊诗人王独清、戏剧画家关良、电影导演任矜苹等。主客在友好的气氛中畅饮欢叙，"天真烂漫至极点"。谷崎润一郎最后因酒醉，由郭沫若架扶着回到其住宿的"一品香"旅馆。

自成立"文艺漫谈会"以后，每有日本文人到上海，想结识和了解中国文坛人物时，找到内山书店总能有所收获。日本作家佐藤春天（1892—1964年）和浪漫派诗人金子光晴（1895—1975年）来上海时，经谷崎润一郎介绍而认识内山完造，内山也热情地介绍他们参加"文艺漫谈会"。同时，中国的文化人想与日本文化人交往，内山完造也千方百计地提供方便。夏衍在《懒寻旧梦录》中写道："内山完造也可以说是一个现代奇人，我去了两三次，每次也不过买一二元钱的书，可是他很快地就掌握了我的爱好，他不仅能向我介绍我想买的书，而且还给我介绍了我想认识的朋友。"

1927年10月，鲁迅入住虹口后与内山完造相识，也成为"文艺漫谈会"的常客。据鲁迅日记记载，1930年8月6日，"晚，内山邀

文艺漫谈会成员合影。前排左起：田汉、郁达夫、鲁迅、欧阳予倩。后排右一为内山完造

鲁迅（右三）与内山完造（左一）等人合影

往漫谈会，在功德林照相并晚餐，共18人。"9月19日，内山完造设宴招待女作家林芙美子（1903—1951年），鲁迅也应邀参加，同席约有10人。

鲁迅与内山书店的关系非常密切，从1927年10月他首次去内山书店购书到1936年逝世止，他去内山书店五百次以上，购书达千册之多。为了避免政治迫害和人事纷扰，鲁迅接待客人及书信往来，经常由内山书店代转或代办。许多日本友人如山本初枝、山本实彦、增田涉、佐藤春天等，都是经内山完造介绍而相识的。1935年，内山完造撰写《活中国的姿态》一书，鲁迅欣然为之作序。序言指出："著者是二十年以上，生活于中国，到各处去旅行，接触了各阶级的人们的，所以来写这样的漫文，我以为实在是适当的人物。事实胜于雄辩，这些漫文，不是的确放着一种异彩吗？"

"文艺漫谈会"发行刊物《万华镜》，由中日两国文化人共同执笔。

一流书店，梦想飘逝

内山完造在经售日文书籍的同时，以他的诚实和努力博得人缘。他特意在书店外的人行道上，设一个茶缸，免费向过往行人供应茶水。书店还创办教授中国人学习日语的日本语学校。此外，无论国籍，读者在内山书店购书时都可以赊账。中国人面对善良的内山夫妇，赊账后没有一个不还的，而日本人中，倒有赖账不还的。当时，书店所在的北四川路处于中国民众反日运动的中心。在抵制日货的运动中，上海邮电局工人拒绝接受日本人邮件投寄，但对内山书店却特别照顾。工作人员仅在嘴上说"这次给你办理，下次不行"，可到了下次，依然是照常办理。在中国人的心目中，内山书店不是抵制的对象。

1937年"八一三"淞沪抗战爆发后,内山夫妇和大部分日本居留民一起撤离上海回国,次年在长崎开设内山书店。1941年初,患病的美喜子情况好转后,内山夫妇才重返上海。太平洋战争爆发后,日本军方命内山完造接管南京路上的中美图书公司,改组为内山书店有限公司。1945年初,美喜子在沪病故,内山把她葬在静安寺外国人公墓内。1945年8月日本战败时,内山书店有图书两万多册。10月23日,这些图书全部作为"敌产"被国民政府接收,内山完造则先后移居山阴路千爱里、吴淞路义丰里。此后的内山完造仍有将尸骨埋在上海的心意,不断地收买归国日本人留下的书籍,以"一闲书屋"之名开了一家旧书店。1947年12月6日,国民政府以"国民党政府颠覆团"的罪名向内山完造发出通告,强制命令其归国。

内山完造的梦想,如其所说,是在中国开成第一流的书店,向中国人普遍地传播日本文化。但是内山完造的梦想,牺牲在了日本军国主义的侵略战争中。

回到日本后,内山先生致力于日中友好的民间交往。1950年,他与日本友人筹备日中友好协会并任首任理事长。1959年9月20日,内山完造先生访问中国时病逝于北京。22日,内山完造的遗骨和先他而去的美喜子合葬于上海万国公墓,即现今的宋庆龄陵园。

岁月流逝,人们并没有忘记内山书店。1981年,上海市文物保管委员会在山阴路的内山书店旧址立碑留念,碑上的文字是:"此店为日本友好人士内山完造设。鲁迅先生常来店买书、会客,并一度在此避难。特勒石纪念。"在内山书店旧址办公的上海工商银行山阴路分理处,特地在二楼辟出一间,作为内山书店纪念室。

日本医生、药房和医院
——日本侨民在上海之三

陈祖恩

日本自明治维新以来，对海外居留民的卫生设施和医疗条件非常重视。在上海，日本医生、药房和医院的配备与日本居留民的人数同时增长，至20世纪30年代，其数量远远超出英美医院，成为沪上外国居留民社会中最庞大的医疗力量。

1877年，第一位日本医生来到上海

1876年11月，上海的日本居留民仅百余人。为了帮助居留民解决医疗问题，日本总领事品川忠道召集广业洋行支配人松尾已代治、有马天然代理人栗田富之助、三菱会社上海支配人内田耕作、东本愿寺别院轮番河琦显成等6名代表，向日本政府请愿派一名日本医生来上海为居留民诊疗。其理由是：上海虽然有很多西洋医师，但居留民因语言不通而就诊困难；此外，西洋医院高昂的医疗费用也使居留民不堪重负，中国医师的医疗费虽然低廉，但对西洋医术还不熟悉。

次年7月，早川纯瑕成为第一位受日本政府委派在东本愿寺上海别院开设诊疗所的日本医生。他对普通的日本居留民仅收取药费，其中的贫困者经领事馆证明，则全部免费医疗。诊疗所开设后的第

一个月，就为57名日本居留民（男46名，女11名）、24名中国人看了病，这一数字当时差不多说明半数以上的日本居留民在诊疗所看过病。一年以后，早川纯瑕归国，继任者是大山雪格医师。大山医师曾于1879年6月受日本领事馆的委托，检验跳入黄浦江自杀的日本女子尸体。

最早在上海开设私人诊所的日本医生是用吉佐久马，他毕业于东京医学校。这是日本早期著名的学校，东京大学就是它和另一所学校于1877年合并而成的。1882年，用吉佐久马的诊所在北苏州路26号开业，5年以后他回到东京。与用吉佐久马一样，来上海开业的日本医生都具有专门学历和医师资格，其中有的甚至是日本现代医学的开创者，如早期日本的西洋齿科医生雨夜考太郎和齿科医师阪田石之助、血胁守之助、片山敦彦以及在上海开设佐佐木医院的佐佐木金次郎、开设吉益医院的吉益东洞、开设里见病院的里见义彦等。此外还有东京吉原病院院长篠崎都香佐。他于1900年应三菱、三井等日本大公司招聘，在上海西华德路（今长治路）11号开设医

仁济医院中的日本医务人员

院。因患者增多，1906年迁往北四川路149号，1911年迁往文路（今塘沽路），历经40年，以其姓命名的"篠崎医院"成为上海历史最悠久的日本医院之一。

这些日本医生中还有一位名叫丸桥シツ子的女医生，她是最早来上海的日本女医生，曾在派克路（今黄河路）开设丸桥医院，1902年为上海日本医会会员。丸桥在上海有很强的交际能力。据维新人士宋恕的日记记载，其经"丸桥女医生"介绍而结识的日本人有松林孝纯、铃木信太郎等。

据不完全统计，在明治年间，除上述医师外，还有40多名日本医师先后在上海开设诊所、医院或从事医务工作，他们中的大多数是个体医院的开创者。进入20世纪后，上海的日本医师及其开设的医院出现了激增的现象。1902年，由于医学事业在日本居留民社会中的迅速发展，上海成立日本医会，会员为篠崎都香佐、佐佐木金次郎、吉益东洞、绵贯与三郎、宫崎德太郎、丸桥シツ子、坂田石之助、片山敦彦等8人。上海日本医会统一规定日本医所的初、复诊费和住院费及免费的范围。4年以后，根据日本政府颁布的《医师法》，上海日本医会改名上海医师会。日本医生在上海的日本居留民社会中享有很高的地位。1907年9月，上海日本居留民团成立时，吉益东洞被选为副议长，佐佐木金次郎当选为行政委员。1909年，篠崎都香佐也被选为行政委员。

1880年，第一家日本药房在上海开业

1783年创设于小东门的童涵春药店，是上海现存最早的汉方药店。开埠以后，雷允上国药店、蔡同德堂药房、胡庆余堂药房相继进驻上海，与童涵春药店并立为四大中药店。随着西洋文明的传入，西药逐渐在上海市场出现，华商也投入了西药房的经营，其中以中

西药房、华美药房、中法药房、五洲药房等最为著名。

上海最早的外商药房，是1850年英国药剂师洛克在江苏路（今四川中路）开设的上海药房。十年后，香港英商屈臣氏大药房在上海设立的支店，成为上海历史悠久的外商西药房。

1880年岸田吟香创办的乐善堂是上海最早的日本药房，其以贩卖日本式的西洋眼药"精琦水"起家，但销售的大部分药品是自制的日本汉方药，并在汉口设立乐善堂分店。最早的日本西药房应是篠田宗平在虹口文路（今塘沽路）、西华德路（今长治路）交叉处创办的济生堂大药房。篠田宗平，1895年6月，来上海开设济生堂药房。刚到上海时，由于资本金不够，靠哥哥的帮助才得以如愿。在日俄战争时期，他从东京、大阪等地直接输入医药材料。辛亥革命时，由于为中国革命军提供大量药品，因而大大提高了其在中国的信用度。济生堂药房的经营范围包括医疗用药品、医疗用器械、医疗用绷带材料、理化用药品、工业用药品、各种玻璃瓶、各种美容化妆品等，还特别为名医的处方提供药品。篠田宗平曾任日本上海药业组合长、居留民团课金调查委员等职。

1905年日俄战争结束后，日本药商以上海为据点，开始大量进入中国。是年，利用"仁丹"代理商东亚公司在上海开店之际，《支那贸易案内》的作者长谷川樱峰组织了一个由六七十名日本青年组成的"东来负贩团"，在中国宣传、推销日本药品、化妆品、杂货。1906年，丸三大药房、日信大药房、重松大药房（广东路539号）、广贯堂药房（乍浦路9号）、恒春堂药房（吴淞路1450号）在上海设立。1909年，中东大药房、广光堂药房（文路230号）设立。1913年，仁济堂药房（北四川路901号）设立。据1926年《上海年鉴》统计，当时在上海的日本药房、药品代理公司共有40家，其中处于日本居留民集中居住的虹口地区的有石川商店（乍浦路）、晚香堂（吴淞路）、日升堂药房（吴淞路）、长寿药房（北四川路）等近20家。

日本药房也有一部分设立在公共租界，主要从事药品的零售、批发业务。1904年，位于四马路的日信大药房作为日本汉方药"清快丸"的总代理商，在上海大作广告，积极推销。"清快丸"由日本大阪高桥盛大堂药局制作，登记为"狗头牌"商标，并在中国注册。广告称："此药是各人常备之良剂，专治中暑中寒、感冒时邪、吐泻腹痛、头痛目眩、卒中昏倒、溜饮痰咳、饮食不消、胃脘疼痛、恶心呕吐、积滞痞闷、食物无味、精神忧郁、食思缺乏、赤白痢疾、山岚瘴气、水土不服、舟车晕眩、酒醉昏迷等一切危急诸症，服之即能解毒通窍，真有起死回生之功。"虽然，"清快丸"的销售情况不错，但是，由于"清快丸"的汉字读音与"清快完"相同，意思是"清国（中国）快完蛋了"，因此，"清快丸"一上市，就引起社会强烈的反响。但是，腐败的清政府对此已无力顾及，7年后，清王朝真的寿终正寝了。

重松佐平创办的重松大药房是上海具有代表性的日本药房，1906年创办于五马路（今广东路），四周有华美、五洲等著名的华商西药房。为了与华商竞争，重松大药房沿用日本"万屋"（什么货都有卖的店）的经营方法，除销售药品外，还经营洗面器、手电筒、狮王牌牙膏、阳伞、化妆品等日用品，并打开南京、常州及长江流域的销路。其在广告中称："专售原料药品、各国新药、医疗器材，即使在星期日、节日的夜间也备有急救药品，以供需用。"广告中还附有五马路（今广东路）378号和霞飞路（今淮海中路）266号两家店铺的

日本汉方药"清快丸"广告

电话。

狮王牌牙膏是狮王会社(初名小林富次郎商店,创设于1891年)的名牌,因狮子的牙齿坚硬且没有蛀牙而得名。产品最初以牙膏粉末装入袋中销售,重松大药房是狮王牌牙膏的特约销售店。重松大药房还大量销售受中国人欢迎的清凉剂"清凉丸"、感冒药"宝丹"、止泻药"正露丸"和胆石药"千金丸"等日本汉方药,在药袋及效能、用法等说明书上也一律用中文。同时,为了满足居住在租界内的中国富人的需求,在高价药的包装盒上用金色文字书写,盒子里的药丸也用饰有金箔的红纸包装。

重松大药房与其他的日本药房不同,其大胆地聘用中国职工,并在中国职员中提拔干部,让他们负责店堂和仓库的工作。重松大药房由于经营有方,成为日本武田长兵卫商店、万有制药株式会社、三共株式会社、第一制药株式会社、大日本制药株式会社、黑田药品商会、森永制果株式会社在中国中部地区的总代理。1938年重松大药房有日本职工28人,中国职工40人,事务所在虹口昆山路。

周海婴出生在福民医院

福民医院创立者顿宫宽

20世纪20年代中期,上海日本居留民已有近2万人,日本人创办的大小医院也蜂拥而起,据统计,包括妇人科、小儿科、齿科、兽医院在内的各类日本医院有48所,它们大多散布在吴淞路和北四川路一带的日本居留民居住区域。其中,顿宫宽创立的福民医院是其中最大的综合性医院。

顿宫宽(1884—1974年),出生于日本香川县小豆郡小部村(现土庄町)的一个医师世家，祖父顿宫贞斋、父亲顿宫正平都以医业为生。顿宫宽从小就有从医的志向。1909年，他毕业于东京帝国大学医学部。翌年，入东京三井慈善病院外科医局工作。1912年，任东京日本医学专科学校教授。1918年，获东京帝国大学医学部医学博士学位。同年赴中国，在湖北大冶中国最早的钢铁联合企业"汉冶萍煤铁厂矿公司"任医院院长。1920年到上海，在北四川路积极筹办医院。1922年，任上海南洋医学专门学校教授，主编《南洋医学》杂志。1924年，建立福民医院。1927年，任上海公共租界卫生委员会日本代表委员。1933年，任上海日本医师会会长。

福民医院位于北四川路142号（今四川北路1878号），有一栋地下1层、地上7层的钢筋水泥结构的医院大楼。大楼装有电梯，充分考虑到通风、采光、隔音等条件，设外科、内科、泌尿科、小儿科、妇人科、齿科、眼科、耳鼻咽喉科、放射科等，配备技术精深的专门医生。据载，当时在福民医院任职的有顿宫宽（医学博士）、松井胜冬（医学博士）、庄野英夫（医学士）、小原直躬（医学士）、高山章三（医学士）、小林元隆（齿科医学士）、吉田笃二（医学士）、高桥淳三（帝大技师）、山本显（药学士）等医生。护士大多由中国人担当，守卫和杂役是印度人。医院最盛时，医生、职员人数达二百余人，成为上海著名的综合性医院之一。1932年4月29日，在虹口公园炸弹事件中，日本上海派遣军司令官白川义则陆军大将、日本驻中国公使重光葵、第九师团长植田谦吉陆军中将、第三舰队司令野村吉三郎海军中将、日本驻上海总领事村井仓松、日本居留民团团长河端贞次及居留民团书记长友野盛等7人全部被炸。受伤的日本军人被送至军用医院，非军方人员则全部送入福民医院。日本驻中国公使重光葵当时被炸断右腿，送入福民医院后经截肢手术才保全了性命。

作为医生，顿宫宽认为：患者都是医院的客人，没有人种和阶

福民医院的日本医务人员

海纳百川

级的差别，应尽最大努力为他们服务；在患者面前不说他人的坏话，不表示自己的不满；在患者面前不发怒；给中国患者治疗时，把自己当作中国人，尽量不要依赖翻译。顿宫宽在经营福民医院时，打破一般日本医院只为日本人服务的规定，将中国人作为主要的治疗对象，其次才是在上海的欧美人和日本人。因此，他聘请英国、德国、俄罗斯等国医生来院任职，在院内，可以听到日语、汉语、英语、德语、俄语等不同国家的语言。

　　福民医院是鲁迅治病的主要医院之一。1929年9月27日，鲁迅之子周海婴在福民医院出生。在夫人许广平生孩子住院的15天里，鲁迅几乎天天到该院探望。许广平出院后，鲁迅还携周海婴到福民医院去做检查、种牛痘等。此外，鲁迅还经常介绍友人到那里治病、住院。1933年7月，鲁迅在南京矿路学堂和日本弘文馆的同学张协和次子需要住院动手术，鲁迅通过内山完造的关系介绍其住入福民医院。10月23日，为答谢福民医院治愈张协和次子，鲁迅还专门在上海知味观宴请院长顿宫宽、外科医生吉田笃二、放射科医生高桥淳三及会计等人，亲自点了"叫化鸡""西湖莼菜汤"等名菜。

鲁迅的主治医生须藤五百三

上海的日本医院，除了大型综合医院福民医院外，大多是个人经营的中小医院。其中有一家须藤医院，它的创办者须藤五百三曾是鲁迅生命最后阶段的主治医生。

须藤五百三，1876年（明治九年）出生于冈山县下原村（现为川上郡成羽町），曾在日本第三高等学校医学部（现为冈山大学医学部）学习。毕业后的第二年，即1898年，取得医师执照后就任陆军三等军

鲁迅的主治医师须藤五百三

医。此后，随军到过中国大陆和台湾，在日本国内善通寺预备病院和姬路卫戍病院等工作，还以军医身份任朝鲜总督府立黄海道（海州）慈惠医院院长。1918年退伍，不久在上海创立须藤医院。须藤医院初设的诊疗科目是内科、小儿科，实际上是外科、妇科都有，近于全科。《鲁迅全集》（人民文学出版社1981年版）在有关注释中称须藤五百三"1933年时在上海设立须藤医院"，这是不正确的。据查，至少在1926年出版的《上海年鉴》（上海日报出版部）的"上海邦人营业别"中已有"须藤医院"的名字，当时的地址是密勒路（今峨嵋路）6号。后来有人将须藤医院"设立于1933年"作为论战的事实证据而向另一方发难更是没有道理。

鲁迅的孩子海婴自幼体弱多病，开始鲁迅给海婴看病选择离家最近的福民医院和石井医院。可能是嫌治疗费太贵的原因，从1932年起，鲁迅经内山完造介绍，舍近就远到位于今塘沽路的篠崎医院，

请该院小儿科医生坪井芳治看病，前后治疗有一年多的时间。

须藤五百三的医院也在篠崎医院那一带，他与内山完造是冈山的同乡，双方的出生地相距不远。1932年他经内山介绍与鲁迅相识。同年10月，鲁迅写信给须藤，这是他们交往的开始。1933年4月23日，鲁迅在知味观设宴，请内山完造、须藤五百三等20名侨居上海的日本友人吃饭。6月2日，鲁迅代人请须藤看病。7月1日，开始请须藤为海婴看病，从此频繁交往。前后三年间，仅请须藤看病就达150次以上。在为海婴治疗的过程中，须藤上门的次数多，有时诊治后鲁迅立即随须藤到医院取药。鲁迅和夫人也不时地抱海婴上须藤医院看病。1934年4月17日，鲁迅自己也到须藤医院看胃病。之后，须藤几乎是鲁迅唯一的主治医师，鲁迅一直到去世都接受他的诊治。

鲁迅对须藤五百三非常信任。他曾在给友人的信中推荐须藤医生说："他是六十多岁的老手，经验丰富，且与我极熟，决不敲竹杠的。"除了医患关系外，私交也很好。1935年6月20日，鲁迅收到日本出版的《鲁迅选集》（岩波书店出版）仅2本，就将其中的1本赠送给须藤。有时也赠送荔枝等土产。鲁迅携海婴往须藤医院治病时，须藤也会送上威士忌、巧克力等礼物。但是，鲁迅与须藤的交往基本还是通行的所谓"亲兄弟，明算账"的方式。如1935年1月10日上午，鲁迅与夫人携海婴往须藤医院诊时，将《饮膳正要》给需用的须藤，须藤按书价付款1元。同年夏天，原想将《野菜博录》赠送给须藤医生，但须藤拿到书后送来书款2元7角，鲁迅也收下了。

1936年3月2日，鲁迅往藏书室找书，因中寒患气喘，经医生治疗，至3月中旬小愈。5月16日起连续发热并气喘，自此起病情严重。鲁迅说：须藤医生"虽不是肺病专家，然而年纪大，经验多，从习医的时期说，是我的前辈，又极熟识，肯说话"。事实上，一位被称作上海唯一的西洋肺病专家的美国医生也给鲁迅作过诊断，他说鲁迅是最能抵抗疾病的典型中国人，如果是欧洲人，早在5年前就已经死掉。鲁迅这次病发后与疾病搏斗了好几个月，最终不治，于10月19日逝世。在其病重期间，须藤医生差不多天天给鲁迅治疗。两人在治疗中进行了毫无拘束的交谈，对鲁迅来说，这也许是一种心灵的慰藉。

　　1946年，须藤五百三回到冈山，在成羽町出生的家中开业。当地为表彰他的"医有仁术"理念和实践，成立须藤老医表彰会。1959年，须藤五百三逝世，享年83岁。

海纳百川

1922年："克隆创始人"来到上海

章云华

1997年，世界上第一个"克隆"动物——"多利"绵羊来到人间，"多利之父"苏格兰科学家伊恩·威尔默特以及"克隆技术"随即传遍天下（2006年证实真正"创造"了"多利"的是威尔默特的同事基思·坎贝尔）。既然如此，"克隆创始人"怎么可能在"多利"

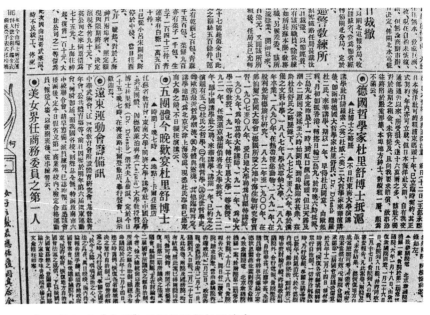

1922年10月15日《申报》刊发杜里舒抵沪消息

绵羊"出生"前75年访问上海呢？

原来早在1894年，就有一位科学家把一个海胆早期胚胎（只含两个或四个胚胎细胞）的细胞分离，发育成了两个或四个完整的海胆。这就是世界上最早出现的"克隆"萌芽。

这位"克隆创始人"就是德国哲学家杜里舒。他于1922年10月14日来到上海，并在杭州、南京、北京、天津、武昌等地巡回演讲至1923年6月。

讲学社盛情邀请

1920年，时任中国财政总长的梁启超偕中国民主社会党领袖张君劢等人作过一次欧洲之行。

在维也纳，梁启超等人见到诺贝尔文学奖获得者、德国哲学家鲁多夫·奥伊肯后，力邀奥伊肯访华讲学。但奥伊肯年届75岁，不

杜里舒与夫人

堪来回奔波之劳苦,所以就推荐54岁的杜里舒代行。梁启超等便以中国讲学社的名义,正式邀请杜里舒来华讲学。

中国讲学社通过沪上各媒体,先行预告了杜里舒即将来华的消息,称:"讲学社自请罗素、杜威二大哲学家来华演讲后,即函请德国哲学家杜里舒博士继罗、杜二氏来华讲学,期以一年。"

杜里舒由欧洲启程后,10月初即已抵香港,又转搭日轮"三岛丸"号到上海,本应是10月14日上午"11时到虹口汇山码头,但因大雾及潮小之原因,遂延至(下午)6时始到埠"。不过,即便是迟到了,依然是"到埠欢迎者甚众",因为大家都抱着"杜里舒此番来华讲学可以给我们一个学问上的要求的满足"的希望。

有人欢喜有人忧

杜里舒来华前后,我国新闻出版界对他作了许多介绍。这当中,费鸿年是较早介绍杜里舒学术思想的一位中国学者,在杜里舒来华以前、访华讲学途中的1922年至1923年间,他先后撰写了《生机论》《杜里舒哲学浅说》《杜里舒学说概观》《杜里舒的著作》等10余篇文章,向中国大众介绍杜里舒及其学术思想,并向读者宣布了杜里舒即将来华讲学的消息,成为杜里舒来华讲学的"先声"。

而杜里舒巡回各地的讲演稿,则由张君劢、瞿世英等人翻译和整理成《杜里舒讲演录(10期)》一书,于1923年1月交由商务印书馆出版发行。此外,在《杜里舒讲演录》中还附有

费鸿年

张君劢、瞿世英介绍和品评杜氏哲学的文章和译著，可谓集杜里舒在华学术活动之大成。

1923年4月，《东方杂志》还刊出了"杜里舒专号"，收入了乔峰（周建人）《生机定义》、杜里舒《近代心理学中非自觉及不自觉问题》（张君劢译）、费鸿年《杜里舒学说概观》、瞿世英《杜里舒学说的研究》、张君劢《关于杜里舒与罗素两家心理学之感想》、秉志《杜里舒生机哲学论》、菊农《杜里舒与现代精神》、杜里舒《生机论概念》（宏严译）、费鸿年《杜里舒的著作》等文章。

《杜里舒讲演录》第二期封面

"推波助澜"的还有《学艺》杂志。1923年7月，《学艺》发表了杜里舒的肖像和文章，以及三篇介绍杜里舒的生机论和其对生物学贡献的文章。

杜里舒来华讲学，所到之处大受各界欢迎，以致于杜里舒在临别赠言中再三致意："吾心中第一感谢者为讲学社社长梁任公先生，最后则为数月来共事之张君劢与瞿菊农，张、瞿两先生将我讲演出版为讲演集，尤为感谢。"

当然，也有担心的——担心的并非杜里舒的学识，而是国人对杜氏学说的热情是否持久，会不会出现"所以要接待外国学者，到华讲学，原不过请他们来点缀点缀"的情况呢？——先前罗素的到来，已经有此种"误会"，"因为前车可鉴，此番尤不可再蹈覆辙"。

颂皋在1922年10月13日《民国日报》副刊《觉悟》发表的评论《杜里舒来华之感想》中说：

《民国日报》副刊《觉悟》刊发的评论杜里舒访华的文章

此番杜氏来华讲学,实不能不有极充分极切当的准备,以招待杜氏。换言之,我们不请他来则已,要请他来,就应该显出极诚恳的态度,极明晰的头脑,以领受他的学说。苟能若是,则此番来华讲学,不但杜氏自己不虚此行,即就国内学术界方面言之,也可不负此大好机会了。

文章中,还提出了杜里舒来华讲学,国人需做好的"听讲者如有能力,须具一种恒心,始终不厌"等八点准备。否则,"一个学者远道而来,一点良好的结果,没有得到,则不特杜里舒此次到中国,实为多事,就是一切的世界的著名的学者——无论其为科学家抑或哲学家——也都无来华的必要了"。

宾主欢宴卡尔登

不管怎样,按照国人固有传统,这"接风宴"自然不可或缺。10月15日晚7时,在卡尔登饭店(今长江公寓),由江苏省教育会、东南大学、同济大学、讲学社、中国公学等五团体发起的欢宴,吸引了众多名流和中外来宾。宾主尽兴,一直到晚上11时方才散宴。

出席宴会的有德国公使代表威龄汉姆博士、德国领事梯尔、同济医工大学奥林褒、怡和洋行劳兰锡,以及郭秉文、蒋百里、张君劢、赵厚生、袁叔畲、赵石民、阮介藩、郑章成、张淑兹等,共约50人,宴会主席为蒋百里。

郭秉文

与以往欢迎外宾相比,此次欢宴"程序"略有变化,除欢迎辞、答谢辞必不可少外,估计考虑到杜里舒在华要讲学多日,所以不必急于一时,宴会上竟然没有邀请杜里舒即席演讲。而宴会之所以延续了4小时之久,除了来回翻译的缘故外,席上发言者不少。不过,致辞者身份不同,发言内容自然各异,读来也是颇有一番趣味的。

张君劢的欢迎辞表达了"遇博士之欣幸",和"敬祝博士夫妇此游之幸福"的殷殷之情。说起杜里舒"曾以外人至中国影响如何见询",张君劢的回答是"如昔印度高僧之来中土传教,及清代南怀仁等之以天文学等餐华人,均足为中国社会文化上发生极大影响",所以"今者博士来华,吾人深信德国人文主义之将有以见惠,乐何如之"。继而联想到"最近如杜威、罗素等之游华讲学,吾华人实欢迎及感佩"的情形,所以"今博士应约来华讲学,吾人欢迎之心理,可想而知"。

杜里舒在答谢时说,"今来华虽仅24小时,但见华人相待如此之亲切,实深欣感"。说到其精心研究的"哲学一科,言之极难",所以,对"现代哲学,不宜凭空研究,宜崇重于科学为基;确有把握之哲学，更宜注意全体，而勿徒得其局部小点"。最后，作了一下"广告"，对其创导的"生机哲学"等学说，杜里舒"希望，亚洲之士，力行研究"。

接着，中外来宾纷纷致辞。

德国领事梯尔先指出"现世界盛唱之和平，为表面上之和平，不啻继续战争之政策"，不过，"中德方面，甚觉真诚，实所欣慰"。鉴于席间文化界、教育界人士居多，所以，梯尔也表达了"希望中德商业以外，更能联络文化，则中德当愈亲洽"的心意。

德国公使代表威龄汉姆，不愧为博士，且对中国文化涉猎匪浅，所以在发言中多有引经据典，令人瞩目。威龄汉姆认为，"哲学一科，中国已早有之"。他举例说，"如孔子曰：知之为知之，不知为不知，是知也，极有道理。又中国有天下为天下人之天下一说，亦足证中国之有道也"。根据威龄汉姆的观察，"东西两方现渐接近"，所以"此后更希互相研究"。

东南大学校长郭秉文在发言中提到，只有考虑各国文化上必有特点和须互相交换各国文化之特点后，"从此可以建设特别世界新文化"。

群贤评说杜里舒

在上海的演讲完毕后，10月22日，杜里舒启程赶赴南京，开始在华巡回演讲。

有趣的是，杜里舒在国立东南大学（今南京大学前身）不但演讲，而且因为是"作4月余之长期讲学"，所以拟定了"生机哲学""欧美最新哲学流行""哲学史摘要"三种课程，作为该校学生正式功课，给予学分。如此"待遇"，此前似乎未见。

杜里舒来华宣传其"生机哲学"的理念，虽然内容比较枯燥和专业，时间也比较长久，但从各地媒体报道看，还没有出现如"罗素在京演讲时，第一次听者坐为之满，以后逐次减少，到了末一次，只有十数人而已"的窘境，确实是幸事一桩。

而促成杜里舒来华的张君劢等人，对杜里舒的演讲效果也较为满意，评价也不错。张君劢说："杜氏学问之发端在生物学，继也以生物学现象建立其所谓论理学，其终焉更本生物界与推定形上界，故谓杜氏之宇宙观建筑于生物界可焉，如是欲知杜氏之学说者，当自生物以及于哲学。"

张君劢还指出："自杜氏东来，所以告我国人者，每日欧洲之所以贡献于中国者，厥在严格之论理与实验之方法，以细胞研究之生机主义之理论，可谓实验矣，哲学系统，一以论理贯串其间，可谓严格矣，此则欧人之方法，而国人所当学者也。"其他如费鸿年、朱谦之对杜里舒的演讲都表示了赞赏。

倒是梁启超对杜里舒演讲的评论来得相对平和、公正，他在1922年12月撰写的《研究文化史的几个主要问题——对于旧著〈中国历史研究法〉之修补及修正》中写道：现在讲学社请来的杜里舒，前个月在杭州讲演，也曾谈到这个问题（即梁文中谈到的第三个问题："历史现象是否为进化的"——笔者注）。杜里舒说："凡物的文明，都是堆积的非进化的；只有心的文明，是创造的进化的。"又说："够得上说进化的只有一条'知识线'。"

对于这些说法，梁启超指出杜里舒"把文化内容说得太狭了，我不能完全赞成。虽然，我很认他含有几分真理。我现在并不肯撤消我多年来历史的进化的主张，但我要参酌杜氏之说，重新修正进化的范围"。

由此，梁启超"以为历史现象可以确认为进化者有二"：

1. 人类平等及人类一体的观念，的确一天比一天认得真切，而且事实上确也著著向上进行。

2. 世界各部分人类心能所开拓出来的"文化共业",永远不会失掉,所以我们积储的遗产,的确一天比一天扩大。

只有从这两点观察,我们说历史是进化,其余只好编在"一治一乱"的循环圈内了。但只须这两点站得住,那么,历史进化说也尽够成立哩。

从这点上来说,梁启超对杜里舒的评价相对客观,且由此及彼,取其精华,为我所用,不愧为一代大家。

但是,无论怎样说,杜里舒来华讲学仍有一定意义,如果时空变幻,杜里舒今天以"克隆创始人"的身份来华讲学,相信也会引起轰动的。

马可尼上海五日行
——世界名人在上海之一

邢建榕

海派文化的魅力在于融合,更在于创造。传统的、现代的,经济的、文化的,上海的、世界的,我中有你,你中有我,在交汇中融合,在融合中创造。而优秀外来文化的登陆和冲撞,是其中重要的方面。1933年,"无线电之父"、意大利科学家威廉·马可尼的上海之行,至今耐人寻味。

清晨坐专列抵达上海

1899年,马可尼发送的无线电信号穿过了英吉利海峡,接着又穿越大西洋,从英国传到加拿大的纽芬兰省。这个发明是日后无线电广播、电视乃至手机的奠基石。1909年,马可尼获得诺贝尔物理学奖,被誉为"无线电之父"。

1933年,马可尼携夫人曼丽亚作环球旅行,在中国先后游历了大连、北京、天津、南京等地,于12月7日

马可尼

马可尼携夫人抵沪

清晨抵达上海。马可尼是从南京坐专列到上海的。当时南京尚是首都,但当地的几大电台都没使用马可尼公司的产品,所以马可尼只逗留了8个小时。过苏州时又是在深夜,便取消了原定的游览计划,直奔上海。从7日清晨抵达至12日离开,马可尼在上海停留整整5天。

那天早晨,火车缓缓停靠在北站的月台,车厢门打开,身材魁梧、身穿玄色厚呢大衣的马可尼,挽着夫人出现在欢迎的人群面前。他年届花甲,虽然患了感冒,但依然精神矍铄,步履稳健,手上拿着一根象牙柄手杖。其夫人身穿大衣,面罩黑纱,头戴乌绒帽,胸围红色丝巾,尤显富贵气派。他们与欢迎的人群握手寒暄。

据史料记载,当时参与接待的不仅有上海的政府官员、意大利驻沪领事馆和马可尼无线电公司上海办事处经理等,还有上海的学术团体及其负责人方子卫、曹仲渊和最早创办无线电课程教学的交通大学校长黎照寰。这种有官有民、有中国人有外国人的欢迎形式,或许是马可尼更愿意看到的,也是当时上海接待外国来访名流的基本套路。马可尼在上海的行程安排,是由上海14家学术团体负责人商量后敲定的,包括交通大学、中国科学社、中央研究院、上海各大学联谊会、上海广播无线电台、中华学艺社等。这些学术团体中，有官方、半官方的，也有纯民间的，经费也由他们负责筹措。

在意大利驻沪总领事、马可尼无线电公司上海办事处经理等人陪同下，马可尼夫妇坐上市政府特地准备的汽车，前往华懋饭店（今和平饭店北楼）下榻。许多记者已经候在那里准备采访，但马可尼因身体不适，谢绝接见记者，改由他的秘书代为回答了记者的提问。1929年华懋饭店建成后，一直是上海的奢华象征，许多国际文化名人喜欢在那里下榻，可惜马可尼下榻的具体房间已无史料可查，否则也应在房间门口钉上一块铭牌。

为"马可尼纪念柱"挥锹铲土

意大利侨民原打算于8日中午在福开森路（今武康路）285号意大利俱乐部宴请马可尼夫妇，可惜马可尼的感冒略有加重，在休息一天后仍未见好转，只得取消了赴宴的安排。得知这一消息后，上海各大学术团体的负责人担心：原定于当天下午在交大举行的上海各学术团体欢迎马可尼的茶话会，是不是也将被取消？下午4时，正当他们要与马可尼联系时，只见他和夫人乘坐轿车驶进了交大校门，受到近千名学生夹道欢迎。他们高声呼喊，争睹大师风采。中央研究院院长蔡元培及交大校长黎照寰等人马上迎上前去，将马可尼夫妇引入容闳堂内。容闳堂门口高悬着上海各学术团体欢迎马可尼夫妇的标语。会场内，略设茶点招待，马可尼和出席会议的各界代表百余人围坐在一起。

作为东道主的交大校长黎照寰先致辞。他赞扬无线电的发明，称其重要性不亚于发现美洲新大陆，并说交大同学提议在交大工程馆门内树立"马可尼纪念柱"，会后请马可尼先生亲行植基。马可尼微笑应允。

马可尼出席上海交大马可尼纪念柱植基礼

接着是中央研究院院长蔡元培致欢迎辞。蔡先生说,无线电的发明给包括在座的每一个人都带来无穷的益处。他由此讲到了中国的"四大发明",勉励在场学子发奋图强,报效国家,"迎头赶上去"。

随后,马可尼起立用英语发言。他首先感谢中国有关方面的接待,对中国的国土辽阔和景色优美赞叹不已,并肯定中国在物理学研究方面也"甚多努力"。他说由于此次访华时间较短,来不及作无线电专题的演讲,希望还有机会再来中国。据在场的记者报道,马氏"英语极流利,吐辞酷似英国人的发音,婉转如意,声调亦抑扬有致"。会上,马可尼还收到一份特别的礼物——由上海大华无线电公司特意赶制的《欢迎无线电发明家马可尼博士来华纪念刊》。

茶话会后,马可尼应邀在交大工程馆内,将铜质天线柱"马可尼纪念柱"放进预先挖好的洞里,然后亲手挥锹铲土,为即将兴建的无线电台奠基,以此作为他来上海的纪念。交大教授、通信工程专家张煦,当年就与他的同班学生亲历了具有历史意义的一幕。他回忆说:

"在我们研究通信工程的眼里,马可尼的地位是至高无上的,所以当我作为一名学生能亲眼看到他,而且站得很近,真的很激动。"马可尼的到访,激励了无数交大学子献身科学的信心和勇气。"马可尼纪念柱"至今保存完好,基座上刻有"马可尼铜柱无线电发明家意大利人威廉·马可尼　民国廿二年十二月八日"字样,如今已成为交大的一处胜迹,但其中蕴含的这段往事,恐怕不少学子已不知晓。

马可尼在上海活动的重头戏,除了出席交大的欢迎茶话会外,还参观了尚在建设中的真如国际无线电台。国际无线电台的设备全部采用马可尼公司的产品,包括2台20千瓦发报机、4台接收机和4副发射天线。马可尼看到自己公司的产品在中国大有用武之地,十分高兴,与在场人员一一握手,并合影留念。该台担负国际电报业务,后来发展为远东最大的无线电发报台。马可尼很有商业头脑,在无线电发明尚未完全成功之前,他已经在英国注册成立公司,申请相关专利。因此以后在无线电方面的点滴进步,在给他带来无上荣耀的同时,也给他带来了滚滚财源。

早在1930年左右,马可尼已经开设了马可尼中国公司,专门经销他的无线电通信器材。公司设在上海韬朋路(今通北路),在北京路有办事处。马可尼的来访,无疑给自己的公司做了最好的广告,当时的报纸上就有文章介绍

二战后重建的真如国际无线电台

马可尼公司的情况,这大概也是马可尼上海之行的一个额外收获吧。

上海刮起无线电旋风

马可尼访沪期间,由于感冒的原因,没能发表关于无线电研究和应用方面的演讲,但他仍为上海滩带来了一阵无线电热潮。

值得注意的是,30年代上海人说的无线电,指的都是广播收音机。当时的报纸有记载,上海约有30万人装置收音机。有一位作者写道,假如有百分之一的无线电"业余家而不是纯粹的享乐家,那么,为数已有三千"。如果说他们毕竟是业余爱好者,那么每年从国外留学回来的无线电方面的专门人才,总数已然不少,总有人发明点什么吧,为何总是"无声无臭"?作者究其原因,是他们只肯在"书本上或是粉笔中用功夫"。可见上海当时的社会环境,是非常鼓励科技的应用,包括在商业上的运用。

与爱因斯坦的相对论不同,马可尼的发明要实在得多。爱氏的相对论,到底没有多少人能看得懂,他到上海后,影响主要在知识分子和青年学生中,而马可尼的到来,在上海市民中也引起了轰动。上海人门槛精,讲实惠,只要能带来实实在在的东西,就能接受你,否则任你讲得有多么玄,也不愿听。查阅当时《申报》,就在马可尼访沪期间,报纸上的无线电广告特别多,主要是面向市民使用的装置真空管的收音机,虽然那时还是1933年底,叫卖的却是"1934年式"。这种机子要价在数十元到数百元之间,购买者并不少,可以想象那时上海市民对无线电的热情。无线电既是科学发明,又是日常必需,在上海人心目中,那就是好东西。至于广播收音机与马可尼的发明有何关系,那就不必深究了。

12月9日,上海各无线电公司在汉密尔登大厦(今福州大楼)举办了无线电展览,展示各种无线电设备。市长吴铁城出席了开幕式。

但不知为何马可尼没有出现在会场上，是他不愿出席，还是主办方没有邀请，不得而知。可当天的报纸上，不仅有"欢迎马可尼专号"，还有"欢迎马可尼来华"的时评。这期"专号"上，就刊有"世界的发明家无线电界围绕马可尼""马可尼氏之初期发明及其对于无线电界之贡献""上海之马可尼无线电机制造厂"以及"马可尼无线电大事记"等文章。其访沪期间，报纸上几乎天天都有他的报道，也天天有关于无线电知识的介绍，当然还有无线电方面的广告。

送别宴会由无线电实况转播

马可尼在沪期间应酬频繁。10日晚，市长吴铁城在霞飞路上海市政府招待所设宴，款待马可尼夫妇一行，民国政要宋子文、孙科，各国公使、领事以及上海商界、学界近三百人一同到场。

11日，是马可尼在沪最忙的一天，他上午先去真如上海国际无线电台，中午赴意大利领事馆举行的宴会，晚上马可尼公司在华懋饭店设宴回请。华懋的宴会刚刚结束，马可尼又匆匆忙忙赶往礼查饭店（今浦江饭店），出席泛太平洋协会为他举办的饯行晚宴。孔祥熙、颜惠庆、王正廷及夫人徐佩璜、虞洽卿、何德奎以及意大利公使及领事夫妇、意大利驻沪海军司令、英美商会会长等中外来宾三百余人出席。大概由于第二天就要坐船回国，马可尼在宴会上的讲话，比其他场合稍长一些，题目是"无线电与文化"。他最后说："贵国地大民众，无线电最有用处，望贵国人士深明此意，联络民众，交换情感，可造成一强大无匹之国家。"

至10点，众人尽兴而散。马可尼公司还专门在会场上安装了话筒与扬声器，将这次宴会实况用无线电转播。第二天下午，马可尼登船回国。途中，他发来电报向上海表示真诚的感谢。

罗素思想潮叩上海
——世界名人在上海之二

邢建榕

罗素

英国著名哲学家伯特兰·罗素，是一位百科全书式的思想家，著作40余部，曾获1950年度诺贝尔文学奖。除精研学术外，此公一生还热衷于政治活动和社会事务，以社会活动家著称。其个人生活也算得上色彩斑斓，他结过4次婚，还有若干婚外情，活了98岁，有自传三卷问世。1920年8月，出于对中国的神往，罗素决定前往中国，第一站就是上海。

"我是来研究中国社会状况的"

1920年10月12日，经过一个多月的旅行，罗素与他的学生多拉小姐乘坐"波多号"抵达了上海。可码头上竟没有欢迎的人群，这着实让他们大吃一惊，罗素甚至以为这是中国人的幽默。其实，因为他们乘坐的轮船提前到达了，让迎接的人们都措手不及。罗素一

罗素入住的上海一品香旅馆

行在船上等了一阵后，才有人匆匆赶来迎接。有一件事，罗素被蒙在鼓里：当他在船上彷徨时，英国领事馆已经盯上他了。因为早在第一次世界大战时期，他由于积极反战，曾被英国警察局监禁过半年。这一回，英方也怕他在华"公开发表同情布尔什维克的言论，并流露出反英情绪"，所以特工们早开始与英国外交部、国防部函电交驰，差点就将罗素押回英国。

罗素在上海期间，住在西藏路一品香旅馆。该旅馆向来以中式西餐闻名。早期的一品香旅馆是二层楼的中式楼房，20年代后翻造为大楼建筑，是接待外国人较多的著名旅馆。

罗素日后回忆初见上海的感觉，说它就像任何一个西方大都市，和自己习惯的伦敦并无多少区别。但距租界不远的贫民区，又使罗素感到上海的多样性，或者说是畸形。对于白人社会、高楼大厦，他没有什么兴趣,他关注的是普通中国人的生活。当时一位青年学者杨端六在《和罗素先生的谈话》中写到,他问罗素:"这次访华,是来研究中国的哲学呢,还是中国的社会状况?"罗素回答说:"研究哲学并不是我的目的,我是来研究中国社会状况的。"

《申报》《时事新报》等媒体都报道了10月14日罗素游览上海华界的情形,他"不愿注意租界内情形,往沪南闸北,途中所见事事物物一一询问,而于苦力工人生活,注意特甚,屡令停车,步行观察"。这些举止,与他访华的初衷是一致的。作为一个形而上的大学者,却能形而下地观察社会,同情平民百姓,这或许是他能够在哲学和社会政治方面都取得卓越成就的主要原因。

中国主人要他做"孔子第二"

对于外国人,中国人从不缺乏热情,像罗素那样的外国名人,那就更不用说了。

为了欢迎他,有人组织了"罗素研究会",甚至创办了《罗素月刊》。梁启超等人特别组织了一个"讲学社",专事接待工作。《申报》《时事新报》等上海各报纸,对罗素的中国之行广为宣传。在宴会上,中国主人频频奉承罗素,要他做"孔子第二",为中国人指点迷津,提供治国安邦之大计。罗素只是笑笑,不轻易发表演讲,在他看来,听演讲不如读书。10月15日,罗素在一品香旅馆接受了《申报》记者的采访,并于次日下午参观了申报馆。

《申报》记者对罗素作了一个多小时的采访。罗素"出而握手,盎然有学者风,一手持烟斗,坐安乐椅上,与记者谈话。烟斗中之烟,缕缕而上,罗素博士之思潮,亦如涌而至,所发之议论,均细微精切,为常人所未曾道所不敢道"。采访中,罗素态度和蔼,不拘礼节,为记者倒茶递烟,使记者甚为感动,认为其"毫无种族之见,阶级之分，则罗博士之言行，均含大同之精义，固非常人所能及也"。时值一战后不久，记者向罗素询问战后欧美社会的发展趋向，尤其关心欧洲有没有可能出现社会主义的问题。罗素的回答是："于美国资本主义未打破时，社会主义之立足地步，必不能稳固"，"美国将于二十世纪执全世界之牛耳。"

他呼吁中国"保存国粹"

罗素怕应酬，一般人他也不想见，不过极想与孙中山一晤，研讨中国问题。当时正逗留在上海的孙中山也非常想与之讨论一番。可惜，孙中山却因匆匆南下广州，还是没能见上一面，两人均感遗憾。1924年，孙中山在《民族主义》一文中说："外国人对于中国的印象，除非是在中国住过了二三十年的外国人，或者是极大的哲学家，像罗素那样的人，有很好的眼光，一到中国来，便可以看出中国的文化超过欧美，才赞美中国。"

10月13日，设在上海的江苏省教育总会、中华职业教育社、新教育共进社、中国公学、时事新报社、申报社、基督教救国会等7个社团联合设宴，在大东旅社为罗素接风。罗素发现，中国人十分殷勤好客，主人们的即席演说也是那么饶有趣味。罗素即席发表了"中国应保存固有之国粹"的讲演，认为中国决不能照搬西方的物质文明。

随后，罗素在上海发表了两场正式演讲，一是10月15日在中国公学演讲"社会改造原理"，一是16日在江苏省教育会场演讲"教育之效用"，均极受欢迎。他在上海以及其他省市，前后发表演讲十多次，其中最著名的是在北京的"五大演讲"："哲学问题""心之分析""物之分析""数量逻辑""社会结构学"。可见罗素关注的问题十分广泛，强调"文化问题最为重要"。

1920年10月13日，设在上海的七个社团为罗素举行欢迎会（中坐者为罗素和多拉）

罗素对南市的半淞园很欣赏，他去园中游览了两个多小时。半淞园景色清幽，听潮阁、迎帆楼、鉴影亭等为中国传统形式，但因原来的园主是天主教徒，所以在那些亭阁之上装饰了十字架，中西合璧，又有许多游乐节目，因而颇得罗素的欣赏，连连赞叹："随处有文学思想。"但凡来华访问的外国名流，都为东方传统文化的魅力所折服，呼吁保存中国的"国粹"，极少有人去游览外滩之类的"万国建筑博览会"，因而流连半淞园这样的地方，倒是合情合理的。

罗素在屡次演讲中，对中国的自然景物、风土人情、文化传统和道德规范津津乐道。他曾说："中国的文明远比中国的政治更具有大一统的特性。中国文明是世界上几大古国文明中唯一得以幸存和延续下来的文明。自从孔子时代以来，埃及、巴比伦、波斯、马其顿和罗马帝国的文明都相继消亡，但中国文明却通过持续不断的改良，得以维持了下来。中国文明也一直受到外来文化的影响。"他希望中西文化能够接触、融合，并进而产生一种更高的新文化。

"罗素式婚姻"的现身说法

陪罗素一同访问的多拉小姐，后来于1921年成为他的第二任妻子。多拉毕业于剑桥大学，是罗素的学生，非常能干，富有才情。她在中国期间大力协助罗素，自己也接连发表了好几场演讲。当罗素接到梁启超等人热情邀请的时候，他与夫人的婚姻已趋破裂，所差的只是没有办理离婚手续，因此要多拉陪他一起访华，要不然，他也不去。当时他们两人也只是情人关系，热情的多拉只好陪他一同来华。罗素48岁，多拉只有28岁，两人整整相差了20岁。访华期间，两人同居同宿，毫不在乎别人的看法。

上海因此产生了一个"罗素式婚姻"的讨论。起因是源于一个误会。10月14日，不知情的报纸在报道罗素访华消息时，称多拉小姐为"罗素夫人"。第二天，报纸知道犯错了，连忙更正，说多拉小姐只是罗素的"女弟子"，对昨天的报道表示歉意，又专门去向罗素道歉。罗素回函，说误会"无足轻重"，也"决不引为介介"，引起误会的责任在他。这件事，使新闻媒体有了文章可作，不以为然的人，干脆称多拉为罗素的"爱妾"，令人发噱。张申府调侃说，报纸的确说错了，但这个错，罗素或许心里窃喜，正求之不得呢，何必道歉？

在演讲中，凡提及婚姻问题，罗素总要将英国的婚姻制度骂一通，称其"腐旧不适用，常劝世之有智识者废弃之"。多拉的态度也差不多，"罗素式婚姻"的提法就是她的发明，意思是以简单的仪式完成婚姻大事。试想，正在为自由恋爱奋斗的一班激进青年男女，听到罗素的鼓动，看到人家虽无名分，却因有爱情，即可以"与夫妇无异"（罗素语），哪能无动于衷？于是，上海的《民国日报》《妇女杂志》等，都推出了"离婚问题号""罗素婚姻研究号"，借着罗素访华之机，小题大做，鼓吹罗素、多拉式的"自由恋爱精神"。

  罗素的翻译赵元任，当年28岁，美国留学生，在清华大学教授心理学和物理学。赵元任有语言天赋，梁启超叫他担任罗素的翻译，一直跟着他。当时赵元任正和杨步伟谈恋爱，受罗素和多拉的言传身教，他们的结婚仪式也极其新潮，只请了同学胡适和一位女朋友在家里吃了一顿便饭，并请两人在一份文件上签字证明，一场婚礼就算完成了，然后宣称"6月1日下午三点东经百二十度平均太阳标准时结了婚"。后来，赵元任还洋洋得意地问罗素，他们的结婚方式是不是太保守。连罗素也感到吃惊，答称："足够激进。"

  在华期间，罗素与多拉小姐的比翼双飞，是比任何言辞都更加直切的教材。思想解放、婚姻自由的观念，或许就通过他们的身影，植入到渴望恋爱自由的年轻人的心里。他们的言行举止，放在今天来看，并不新潮，可在80多年前，恰逢五四新文化运动风起云涌之际，他们的到访以及一场接一场的演讲，犹如一阵阵海潮有力地叩击着上海这座国际大都市，为在新文化运动中奋力前行的人们，尤其是青年一代，提供了另一种新视角。

泰戈尔三到上海
——世界名人在上海之三

邢建榕　姜广峰

罗素走了，泰戈尔又来了，大上海再次热闹起来。1924年4月12日上午，在欢迎者的掌声和反对者的叫喊声中，63岁的印度诗哲泰戈尔在上海登岸，带来了一股和煦之风。

举国期盼泰翁来访

1913年泰戈尔获得诺贝尔文学奖，是第一位获此殊荣的东方人。"中国是几千年的文明国家，为我素所敬爱"，对另一个东方古国，泰戈尔一直希望有机会去走一走。在日本、在纽约，泰戈尔都说出了他心中的愿望。1923年，泰戈尔派他的助手、英国人恩厚之来华联系他的访华事宜。在徐志摩的撮合下，梁启超、胡适、瞿菊等人组织的讲学社承担了泰戈尔来华的接待任务，并向其发去了热情洋溢的邀请信。

1923年七、八月间，原定访华的泰戈尔因生病，不得不推迟来华。次年2月，徐志摩接到恩厚之来电：泰戈尔将于今春来华。消息一出，中国的文化界顿时兴奋起来。上海作为外来文化的桥头堡，文化界对泰戈尔的来访更是期盼已久。

人未到，气氛已经热起来。《东方杂志》(第20卷14号)、《小说月报》(第14卷9、10号)、北京的《佛化新青年》都出了泰戈尔专号。其他一些颇有影响的报纸、杂志如《时事新报》《民铎》《民国日报》《晨报》《中国青年》等也都行动起来，图文并茂地翻译、登载泰戈尔的作品。就连在广州忙于国民革命的孙中山也加入了这一欢迎的队伍，当泰戈尔到达香港时，孙中山致电泰氏，希望能得一晤。一时间，舆论的铺天盖地，大肆渲染，使泰翁的音容笑貌，已经早早地显现在尚未和他谋面的国人心间。对泰戈尔推崇备至的徐志摩，把泰戈尔比喻为"一方的异彩，揭开满天的睡意，唤醒了四隅的明霞——光明的神驹，在热奋的驰骋"。郑振铎在《欢迎泰戈尔》一文中热情地预言：当他到达中国的时候，中国人一定会张开双臂拥抱他，当他作演讲时，人们一定会狂拍着巴掌。

尽管气氛烘托出来了，实际工作还是要做的。作为接待方的讲学社，为老诗人在北京租了一间带有暖气的房子，并派徐志摩担任翻译，王统照担任演讲编辑，并让二人相伴左右，负责照顾诗翁的日常起居。1924年4月12日，一身质朴的泰戈尔出现在上海的码头。

受到鲜花和掌声的欢迎

4月初的上海，乍暖还寒。12日清晨一大早，徐志摩、张君劢、殷志龄、潘公弼、钮立卿等和在沪外侨30多人齐集汇山码头，恭候泰戈尔。上午九时一刻，诗翁一行乘"热田丸号"如期而至，当天的《申报》报道了泰戈尔抵沪的消息。迫不及待的东方通讯社记者在甲板上便对泰翁进行了采访，大诗人侃侃而谈："此次来华，目的在于恢复亚洲文化，复活亚洲文明。"令泰翁想不到的是，他这番豪言壮语，竟成了他以后在中国引起争议的伏笔。

然后，泰戈尔一行登车直奔位于静安寺路的沧州别墅（今南京西路锦沧文华大酒店处）。泰氏一行被安排在23号和24号房间下榻。

泰戈尔在沪下榻的沧州别墅

当天下午五时,泰戈尔在徐志摩等人的陪同下,来到了位于上海西南的龙华。4月的龙华,桃花齐放,鲜艳欲滴,不过在诗翁看来,庄严、肃穆的龙华古寺则显得"衰败","无任何宗教精神"。

13日上午,泰戈尔在徐志摩陪同下来到哈同花园(今上海展览中心处)。吸引诗翁的或许是笃信佛教的哈同夫人罗迦陵和总管宗仰上人,以及园内珍藏的名贵佛教典籍。这一中一西、一老一少两位诗人,在园内徜徉多时,旋赴在沪锡克人在闸北的一座寺庙里为他举行的欢迎会。原计划下午二时在慕而鸣路(今茂名北路)37号张君劢家举行欢迎泰戈尔的茶话会,由于泰翁未到,不得不推迟。下午四时零五分,在徐志摩等人的陪同下,泰戈尔出现在张宅的草坪上。

在这里,诗人发表了他抵沪后的第一次演讲。"我记得千年前的那一天,印度献给你们它的情爱……""两国人民犹如兄弟,为事当存信心,事必成功"。诗人并明确表示,他此次中国之行,在于"沟通这名贵的情感交流"云云。演讲辞很快发表在报刊上,题名为《在上海的第一次谈话》。

海纳百川

泰戈尔在上海留影

18日下午三时，上海各界代表和英美人士1 200多人，在宝山路商务印书馆的图书馆会议室为游杭回来的大诗人举行盛大的、迟到的欢迎会。会场门口用松柏树枝粘连而成"欢迎"两字，内部四壁悬挂着中国古画以及用松柏交叉做成的彩条和彩球，主席台上也用同样的方法织成"欢迎"两字，台前则摆放着十余盆鲜花。当泰戈尔出现在会场上时，乐队奏起优美的音乐。在会上，着玄色长袍、冠红帽、仪容庄严而肃穆的诗人开始了他在沪的第二次演讲——"东方文明的危机"。作为诗人的泰戈尔没有"作无聊的诗歌"，他认为，在上海，由于西方物质文明的引入已经看不到丝毫的中国文化精神。他的这些观点，和归国后的梁启超竟然有着惊人的相似，难怪有人把他作为梁启超请来的帮手而大加攻讦和抨击。

当晚七时，诗人来到了位于四马路（今福州路）的有正书局，将该局所印之中国美术品披览后，选其中意的购买了多种，准备归国后加以研究。八时，泰戈尔参加了徐志摩、郑振铎、戈公振、刘海粟等人在北京路功德林素菜馆为他举行的欢迎晚宴。宴毕，忙碌了一天、略感疲惫的泰戈尔，仍然饶有兴致地到"丹桂第一台"观看了京剧。

半夜十二时，诗人结束了他的第一次上海之行，赴招商局码头，踏上了他的北上之路。除杭州外，泰戈尔先后访问了南京、济南、北京、太原、汉口等城市，最后又从上海离开中国。

在颂扬与反对声中离开上海

此次来访，泰戈尔除了受到徐志摩、张君劢、殷志龄等人的热忱欢迎和颂扬，也受到吴稚晖、郭沫若、陈独秀等人言辞激烈的诘难和质疑。实际上，从1923年10月泰戈尔确定他的访华计划起，直到他伤心地离去，反对的呼声始终不绝于耳。翻开那个时期的《民国日报》《小说月报》《申报》等各大报刊，批评他的文章和欢迎他的文章一样多。

1923年10月，郭沫若以一篇《泰戈尔来华的我见》（载《创造周报》1923年10月4日）掀起了反对泰戈尔的浪潮，五四新文化运动的许多骨干人物，包括一些左翼作家纷纷撰文，加入到反对泰戈尔的行列，言辞之激烈，使得一向对外国人客客气气的上海人看得目瞪口呆。吴稚晖以"只手打倒孔家店"的气势，请泰戈尔用封条将"尊口"封起来。而当年最早将泰戈尔的作品介绍给国人的陈独秀，竟说出"泰戈尔是个什么东西"。对泰戈尔的批判，如同当年打倒孔家店一样，毫不留情。

在中国的北方兜了一圈，见了众多的名流，作了多次演讲，也受了多次诘难，泰戈尔于5月28日上午十时再次回到了他的出发地——上海。然而不同的是，这次是他向这座城市黯然挥别的。5月底的上海，梅雨绵绵，令人郁烦，仿佛映照了此时诗人的心情。

5月29日黄昏，诗人再次来到慕而鸣路37号张君劢宅，熟悉的地方，欢送的人，也是欢迎的人，仿佛都没有变，变的却是诗人的心情。

泰戈尔作了他在上海的最后一次讲演——"告别辞"："你们中的一部分人曾经担着忧心，怕我从印度带来提倡精神生活的传染毒症，怕我动摇你们崇拜金钱与物质的强悍的信仰。我现在可以告诉曾经担忧的诸君，我是绝对不会存心与他们作对，我没有力量来阻碍他们健旺进步的前程，我没有本领可以阻止你们奔赴贸利的闹市。"走了一圈的泰戈尔对中国的国情仿佛有了更深的理解，这时百感交集，语气间带有一丝轻微的嘲讽和深深的遗憾。

和泰戈尔相处四十几天的徐志摩，更了解此时他的"老戈爹"的心情。这一路上，几乎都是徐志摩做翻译。泰戈尔即席而讲，率性发挥，有时又慷慨激昂，根本不照演讲稿宣读，忙得徐志摩满头大汗。不过，最让他操心的不是翻译上的问题，而是会场内外愈来愈多的质疑，让请来的诗翁难堪。事情也果然如此。泰戈尔演讲时，常有人在会场上散发反对泰戈尔的传单，弄得他差点下不了台。徐志摩后来说："他的声调我记得和缓中带踌躇，仿佛是他不能畅快地倾吐他的积愫……他的笑容除非我是神经过敏，不仅有勉强的痕迹，有时看来是眼泪的替身。"简直可以说是不欢而散了。

其实，泰戈尔此次来华正值国内文化界激进派与保守派争论不休之际，泰氏无意中也被卷入了旋涡。人们希望泰戈尔带来救国救民的灵丹妙药，就连孙中山也认为他是来"开展工作的"。但是泰翁一到上海便说："余只是一诗人"。索性谈诗倒好，偏偏谈诗的时间少，多数时间都在谈论东西方文化。他一路作了20多次演讲，自称是前来向中国的古文化行敬礼的进香人，批评上海已经被工业主义和物质主义所害。诗人重精神轻物质，宣扬东方精神文明的玄妙，主张以爱对抗暴力的思想，在激进派眼里，早已迂腐不堪。何况，泰翁此次来华的邀请方是以梁启超为首的"讲学社"，对泰翁来华热心宣传的《晨报》则是研究系的机关报，泰翁在华期间，他又被梁启超、徐志摩、张君劢等人包围，如同是梁启超等人搬来的"救兵"，为此遭到激进的陈独秀们的攻击和责难,也是很自然的。

再度来沪悄悄入住徐志摩家

1929年3月,借道去美国和日本讲学之机,泰戈尔第二次来到了上海。不知是上次来访给了诗人不愉快的回忆,还是专为和他的"索西玛"(泰戈尔为徐志摩起的印度名字,意为"月亮宝石")叙旧,诗人这次悄悄地来了。事先说定只是朋友间的私访,不要对媒体通报,故诗人的身影,连上海的《申报》都看不到一丝的踪迹。当时

泰戈尔在徐志摩家中与林徽因、徐志摩等人合影

徐志摩与陆小曼新婚不久,住在福煦路913号(今延安中路四明村)。

早在来沪前,泰翁就叮嘱徐志摩,他的行踪一定要保密,并且婉拒了在沪印人为他提供的"高厅大厦",一定要求住在徐家,可谓用心良苦。正是这处陆小曼"东看看也不合意,西看看也不称心"的小房子,泰戈尔却不嫌弃,于是夫妇俩"硬着头皮去接了再说"。泰戈尔到了徐志摩家后,看了却十分满意,还不愿住他们特意布置的一间小印度房,倒要睡他们的"那顶有红帐子的床"。这里,成了泰戈尔在沪的温馨记忆,也见证了不同国度的老少两位诗人深厚的友谊。二度来访,几年没看到"老戈爹"的徐志摩更是乐得如顽童,一天到晚地陪着老头子。三天时间,泰戈尔只在徐家与志摩夫妇谈诗,还专门为陆小曼吟诵了几首新诗,陆小曼也"说不出的愉快"。后来陆小曼在《泰戈尔在我家》一文中写道:"虽然住的时间并不长,可是我们三人的感情因此而更加亲热了。"

离别之时,诗人欣然动笔为徐志摩夫妇留下远看像山、近看像老者的自画像,并附诗一首云:"山峰盼望他能变成一只小鸟,放下他那沉默的重担。"

三访上海留下长袍作纪念

是年6月,诗人访欧归来,心绪郁烦,到上海后再次住进了徐志摩的家里。郁达夫在《志摩在回忆里》一文中,形象地描述老人此时的心情:"诗人老去,又遭了新时代的摈弃,他老人家的悲哀,正是孔子的悲哀。"这一年,诗人68岁。回国前,泰戈尔拿出一件紫红色丝织印度长袍,深情地说:"我老了,恐怕以后再也不能到中国来了,这件衣服就留给你们作纪念吧。"

泰戈尔回国后,一直与徐志摩书信来往。两年后,徐志摩曾辗转欧洲,到达印度,为诗翁庆祝七十大寿,并约定八十岁再来为他庆祝。然而世事无常，不久，徐志摩却已先去了天堂。在庆贺泰翁八十寿辰时，陆小曼写了《泰戈尔在我家》一文，代徐志摩向遥远的老寿星送去了一份寿礼。

"天空中没有我的痕迹，但我已经飞过了。"泰戈尔走了。在上海，在中国，他带来了一份情义，也带来了一场争议，确切地说，后者多少有误会的成分在里面。历史早已翻过去

徐悲鸿1940年为泰戈尔画的像

这一页了，今日思之，泰戈尔又何曾反对中国走向现代化呢？1921年他接受冯友兰采访，当被问及对灾难深重的中国有什么拯救方法时，他说："我只有一句话，快学科学！"1941年，已经卧床不起的泰戈尔仍不忘访问中国的日子，口授一诗："有一次我去中国/……在哪里我找到了朋友，我就在哪里重生/它带来了生命的奇妙/在异乡开着不知名花朵……"

萧伯纳上海"闪电行"
——世界名人在上海之四

邢建榕

1933年初，77岁高龄的萧伯纳偕夫人乘英国"皇后号"轮船漫游世界。在中国民权保障同盟会的邀请之下，于2月17日晨抵达上海。大文豪在上海仅停留了七八个小时，甚至没有公开发表演讲。但他的闪电之行"热闹得比泰戈尔还厉害"，留下一段中外文化交流的佳话。

大文豪心情郁烦无意上岸

萧伯纳即将抵沪的消息传来后，上海的大小报刊就兴奋起来，《申报·自由谈》出版了"萧伯纳专号"。郁达夫说："我们正在预备着热烈欢迎那位长脸预言家的萧老。"上海的生活书店也在《申报》上刊登广告，兜售有关萧伯纳的书籍。其实，上海人对萧伯纳并不陌生。20年代初，他的戏剧就被搬上了上海的舞台，除莎士比亚外，易卜生和萧伯纳是当时在上海市民中知名度最高的外国剧作家。萧伯纳来访时，他的中篇小说《黑女求神记》正在上海连载。

尽管上海新闻界拼命造势，可萧伯纳偏偏在船上不愿上岸。据说16日傍晚船已抵达吴淞口外，但因其夫人身体不适，加上"皇后号"船太大，不能在黄浦江码头靠岸，需要派小火轮来接驳，故而使得幽默大师的心情也颇郁烦，无心上岸。哪知此时上海的"萧迷"们早已翘首期盼多时了。

著名戏剧家洪深就在此时接受了两项任务，一是中国戏剧及电影文化团体派他作代表去见萧伯纳，目的是想请萧伯纳在上海吃顿饭，发表一篇演说；二是上海时事新报社聘请他做一次临时记者，设法进行一次采访，写篇访问记。但欲请萧伯纳吃饭的人排长队，怎么轮也轮不到洪深，遑论演讲呢？眼看第一项任务无法完成，洪深便打算把功夫都下在采访上。

宋庆龄、杨杏佛可能两次登船相邀

2月17日清晨，上海各界四百余人手持旗帜、高举"Welcome to our Great Shaw（热烈欢迎我们尊敬的萧先生）"的横幅，齐聚税关码头，恭候萧伯纳的光临。直到中午十二时，在寒风中站立了一上午的人群依然热情不减。就在众人苦苦等待时，又有消息传来说，萧伯纳已在杨树浦兰路码头登陆。原来宋庆龄与萧伯纳同为世界反帝大联盟的名誉主席，萧伯纳在上海的活动，基本上都由民权保障同盟组织安排了。是日清晨五时，宋庆龄早已和杨杏佛等乘小轮驶往吴淞口迎接，并登上英国皇后号轮与萧伯纳见面，他们相见甚欢，还"共进早餐"。

虽然洪深这个"记者"只是临时客串的，但他对这项任务却相当尽心。当得知萧伯纳的船将于16日傍晚抵达吴淞口的消息后，他就多次联系昌兴轮船公司，要求坐小火轮登"皇后轮"面见萧伯纳。他打电话问昌兴公司小火轮何时开，对方的回答却是含含糊糊的：17日下午二点、四点、六点，没有个准数。至16日这天傍晚，洪深干脆约上几位报社朋友，一起到昌兴公司坐等。昌兴公司的经理说："今天至少拒绝了200个新闻记者，因为萧老先生怕麻烦，所以一切闲杂人等，船长命令不许登船。"洪深无奈，写了一张条子托公司的人送上船去，请萧伯纳上岸见一面。后来又有风声传来，萧伯纳将于2月17日清晨在税关码头登岸。洪深等人只好打道回府。这一夜，不知是因为兴奋还是要准备材料，洪深竟没有睡着，一直迷迷糊糊的。

没想到即便这样密切关注，采访还是不顺利。最后洪深灵机一动，干脆另辟蹊径，写了一篇自我解嘲的《迎萧灰鼻记》。他自己解释这个文章题目说："萧是英国戏剧作者萧伯纳，迎是欢迎，鼻是我的鼻子，灰是灰，灰鼻者，碰了一鼻子的灰也。"洪深此文，最早发表于1933年2月18日的《时事新报》上，从一个记者的角度，写他想方设法采访这位幽默大师、终又不得的经历，行文风趣诙谐，与一般着眼于记叙萧伯纳在上海活动情形的报道大不一样，不愧为戏剧家手笔。

《迎萧灰鼻记》中说，16日下午洪深在码头上遇见杨杏佛，又见到宋庆龄与秘书，知道他们要坐小火轮去见萧伯纳，他再三要杨杏佛带他一同去，但杨没有答应，后来"船开往吴淞去了，我没有去"。此文发表时，事情刚过去，所以洪深应该不会记错。如果洪说成立，宋庆龄与杨杏佛等人有可能已在16日下午乘小火轮驶往吴淞口，与萧伯纳在"皇后"轮上先见过一面；第二天清晨，宋庆龄、杨杏佛是第二次登"皇后"轮邀请萧伯纳，并陪同其一起上岸的。

大师用筷吃饭　语言幽默成热点

一上岸，萧伯纳等人便乘了车，来到外白渡桥旁的礼查饭店（今浦江饭店）同来沪访问的各游历团见面，稍事寒暄。接着到亚尔培路（今陕西南路）造访时任中央研究院院长的蔡元培先生，然后再来到宋庆龄莫利爱路寓所（今香山路7号孙中山故居）。

中午十二时，宋庆龄在家设宴为萧伯纳洗尘，陪席者有蔡元培、杨杏佛、林语堂、伊罗生和著名的美国女记者史沫特莱等。据当事人之一的伊罗生回忆，这次在宋庆龄家的宴会，实际上是民权保障同盟执行委员会的会议，执委会希望借助萧伯纳的声望，来反对国民党的镇压，并呼吁各国人民声援中国的抗日战争。

鲁迅接到蔡元培的电话赶来时，午宴已进行了一半。幽默的萧伯纳一见鲁迅，便称他是"中国的高尔基，而且比高尔基还漂亮"，鲁迅则诙谐地回答："我更老时，还会更漂亮。"席上，萧翁一边像天真的孩子那样学着用筷，一边随意与众人闲扯素食、中国家庭制度、大战、英国大学的教授戏剧、中国茶及波士顿茶等话题。大师就是大师，稀松平常之事，一经他的口，就诙谐百出妙趣横生。鲁迅在《看萧和"看萧的人们"记》一文中，生动地记述了萧伯纳"逐渐巧妙"地学会了使用筷子的情形。

餐后，一行人陪着萧伯纳在院子里散步。前几天连日阴霾，天色昏沉沉的，可萧伯纳一来，似乎老天也给面子，竟出太阳了。淡淡的阳光照在大师花白的虬须上，只见他碧绿的眼睛里满是笑意。有人说："萧先生真是好福气，在多云喜雨的上海见到了太阳！""不！"萧伯纳机智地反驳，"应该说这是太阳福气好，能够在上海见到萧伯纳！"他的诙谐感染了在场的所有人，众人一起大笑。之后，萧大师的幽默仿佛成了新闻热点，充斥当时上海的各大报刊。

洪深途中采访萧伯纳

从宋宅出来，萧伯纳一行预备到位于法租界的世界学院，参加国际笔会中国分会的欢迎会，蔡元培、胡适、徐志摩、杨杏佛、林语堂、郑振铎、邵洵美等人均是该会会员。一出门口，看见众多守候已久的记者，萧伯纳便说，三点钟后请大家派六位记者代表再到宋宅，他愿接受采访。据张若谷的文章《五十分钟和萧伯纳在一起》

披露，这句话是由当时在场的洪深翻译给其他记者听的。

　　洪深跟着萧伯纳来到世界学院。在次日的《时事新报》上，洪深发表了萧伯纳于途中和他的一番谈话。很有可能是极力想做采访的洪深，硬挤上了萧翁的那辆车，要不然哪里来这一大段对话？萧伯纳说："听说你是在某大学学习编剧的，这就奇怪极了。在课堂里，从书本里，你学到什么没有？编剧要从人生中去学习的。"文末，洪深特地注明，这是昨日下午两点半从孙宅到世界学院途中的一段谈话。

　　进入位于武康路的世界学院，洪深又活跃了，他"真是一个热心的导演，他忙着要把这一群的男女支配成一个舞台场面。他请萧老头儿坐下来"。但会场内已有四五十人，萧伯纳忙着与梅兰芳等人应酬，哪里肯听洪深的安排乖乖坐下来。临别时，邵洵美送给萧翁一套梅兰芳带来的北平泥制京剧优伶脸谱作为礼物。这些脸谱有"红面孔的关云长，白面孔的曹操，长胡子的老生，包扎头的花旦"，五颜六色，煞是好看。

　　这里的活动一结束，洪深又陪着萧伯纳回到宋宅举行记者招待会。那时，洪深倒没有忘记刚才萧老先生的话，说："请新闻记者们公举代表六人进去。"就在大家争抢这几个名额时，萧伯纳大概也被众记者的苦苦等候所感动，在征得宋庆龄同意后，他让在场的记者都进入宋宅花园采访。

两张罕见的留影

　　萧伯纳在上海留存照片，平素仅见三张，都是在宋宅花园中与宋庆龄、蔡元培、鲁迅等人的合影。一张是宋庆龄与萧伯纳；一张是鲁迅、蔡元培与萧伯纳，萧在中间，蔡、鲁分立两边，鲁迅后来幽默地说："并排一站，我就觉得自己的矮小了……假如再年轻三十年，我得来做伸长身体体操。"第三张是宋庆龄、蔡元培、鲁迅、林

午餐后,萧伯纳(中)与鲁迅(左)、蔡元培在宋宅花园中合影

宋庆龄与萧伯纳交谈

海纳百川

萧伯纳与记者们在宋宅花园中合影

洪深（左一）与萧伯纳合影

语堂、伊罗生、史沫特莱与萧伯纳的集体照，共7人，杨杏佛不在其列，疑是做了摄影者。这张合影的照片后来广为流传，20世纪60年代由于某些政治因素，林语堂和伊罗生的形象"不翼而飞"，照片上其他五个人也被移了位。当然，近年来他们又被挪了回来，这张珍贵的照片也恢复了它的原貌。

另外笔者还见到两张萧伯纳照片，都是与记者的合影。《洪深文抄》收录了一张洪深与萧伯纳在园中的合影，估计就是那时拍摄的，除洪深外，尚有其他记者在场，画面倒还清晰。而在《萧伯纳在上海》一书扉页上，也印有"萧伯纳与各记者合影"一幅，因纸张及印刷条件所限，显得非常模糊，经笔者辨认，与洪深那张实际是同一幅照片，但截去了洪深的身影，仅留下萧伯纳和后面两位记者的形象，怪不得看起来总有点眼熟。笔者所见另一张萧伯纳与洪深的合影，原载1935年良友图书公司出版的画册《中国现象》内，看周围人物及环境，与前一张系同一地点拍摄，身旁还是那些记者，背景也相似，估计此书已不大容易找到了。

鲁迅、瞿秋白编辑出版《萧伯纳在上海》

当晚六时许，幽默大师萧伯纳结束了他短暂的上海之行，乘轮北上秦皇岛。然而上海滩的报章杂志上，连篇累牍地刊载围绕萧大师的报道和评论,还持续了好长一段时间,"热闹得比泰戈尔还厉害"。这是20世纪上半叶上海文化界接待世界名人来访反响最热烈的一次。此后几十年,萧伯纳的剧作不断被翻译成中文并上演,影响较大的有《华伦夫人的职业》《武器与人》《芭芭拉少校》《圣女贞德》和《茶花女》等。

  鲁迅为萧伯纳来访,先后写下了《萧伯纳颂》《谁的矛盾》和《看萧和"看萧的人们"记》三篇文章;《论语》1933年3月第12期用几乎整期的篇幅刊登了蔡元培、鲁迅等人对萧伯纳访沪的感想。20世纪30年代瞿秋白在上海时,曾四次在鲁迅家避难。他第二次在鲁迅家避难之时,正好遇上萧伯纳访沪,鲁迅与瞿秋白觉得编一本萧伯纳上海之行的书很有意义。他们说干就干,由许广平和杨之华负责搜集和剪贴资料,鲁迅作序,瞿秋白写引言和一些文章的案语、补白等。鲁迅写道:这本书"是重要的文献"。瞿秋白称萧伯纳是"为光明而奋斗的、世界和中国的被压迫民族的忠实朋友"。一个月后,一本由野草书屋印行、署名乐雯的《萧伯纳在上海》就问世了。该书不仅见证了两位革命战友的深情厚谊,也为这位幽默大师闪电之行留下了较为完整的文字记录。

尼尔斯·玻尔上海低调之旅
——世界名人在上海之五

邢建榕　武剑华

尼尔斯·玻尔

1922年，年仅37岁的丹麦物理学家尼尔斯·玻尔（1885—1962年），凭借他在"研究原子结构和由此产生的辐射"课题上所做出的贡献，获得了当年的诺贝尔物理学奖。

儿子用日记记录了访问行程

1937年春，正在美国普林斯顿参加爱因斯坦广义相对论讨论班的周培源见到了慕名已久的玻尔，于是他代表北京大学、清华大学当面邀请玻尔来华讲学。玻尔非常高兴地接受了邀请。随后，中央研究院、北平研究院、中央大学、北京大学、清华大学等大学及中华教育文化基金董事会再次向玻尔发出了正式邀请。就这样，1937年5月，尼尔斯·玻尔携妻子玛格丽特·玻尔和次子汉斯·玻尔来中国讲学。上海是玻尔赴华讲学的第一站，然后他将去杭州、南京和北平，最后由东北返回欧洲。

5月20日，中央研究院物理研究所所长丁燮林教授、浙江大学理

玻尔携夫人、次子访华留影

学院院长胡刚复教授、物理研究所研究员杨肇燫教授等学术界知名人士，丹麦驻沪领事以及"北海货栈"的经理泡耳森（Poulsen）等一些丹麦人，早就等候在上海码头，翘首盼望着玻尔的到来。下午4时，一艘从长崎来的客轮缓缓靠上了码头，玻尔出现在欢迎者的视野中。当他从甲板上下来的时候，等候的人群迎上前去，与之握手拥抱。

作为国际物理学界的泰斗，玻尔的中国之行虽然也受到媒体的关注，但与爱因斯坦相比，似乎要冷清得多，报纸上没有连篇累牍的报道，只有《大公报》《申报》和《中央日报》等刊出几条不起眼的消息。《中央日报》在5月20日刊登了题为《世界物理学泰斗波耳来华讲学》的新闻，并就玻尔的研究方向和学术贡献作了简要的介绍。21日，《申报》刊登了《波耳教授抵沪》的新闻。据说，玻尔曾接受过一名年轻记者的采访，那位记者不太懂物理，于是玻尔不厌其烦地给他解释那些专业性的问题,使得这位记者在次日的报纸上发表了一篇很好的采访稿。遗憾的是,这篇精彩的采访文章具体发表在哪份报纸上,如今已不得而知了。

玻尔的儿子汉斯·玻尔在随行过程中,曾以日记的形式记下了父亲在上海的一些活动。但当年他还年少,不可能对上海的风土人情作出准确的描述,而且他的日记是用丹麦文写的,现在的中文版则是由英文转译的,这个转换过程中难免会走样,所以玻尔在上海期间的不少细节已很难考证清楚。不过,有一点可以肯定,那就是玻尔在上海的行程大多与物理学有关,应酬活动极少。

无线电直播了玻尔的演讲

相比20年代初,1937年的上海,大众的热情不再像从前那样飙扬,学界的进步却已显然,就物理学界而言,也已经有了一大批可以与玻尔面对面交流的年轻学者。在玻尔访华期间,王淦昌教授与他探讨宇宙线中级联簇射原因,束星北教授询问他和爱因斯坦之间争论的看法。用小玻尔的话讲,"由于年轻物理学家们特别是束博士和我父亲讨论得很起劲","那个夜晚我们很高兴"。那年5月18日,《大公报》发表科学家余潜修《欢迎丹麦物理学家波尔来华》的文章,他指出:"(我国)各大学都是朝气蓬勃,关于原子物理学的研究颇有相当的成绩,所以才引起玻尔对我们科学界重视,而愿来华讲学。"

5月22日上午,由丁燮林教授陪同,玻尔参观了中央研究院物理研究所。小玻尔在日记上这样描述:研究所很新,活动也很多,其中一个车间还生产中学教具。当时中央研究院院长是蔡元培,其总部在南京,但有几家研究所设在上海,物理研究所即为其中之一(这个研究所现在是长宁路上的中科院上海微系统与信息技术研究所)。下午,玻尔又出现在交通大学工程馆发表演讲,题目为"原子核",

阐述他的原子模型理论。

当时交大离租界中心区还有一段距离，周围尚显荒凉。小玻尔的日记中写道："大学在较远的郊区，坐落在田野和茅舍之间，那些茅舍用泥土修建，用草盖顶。"下午三时，工程馆大教室里挤满了慕名前来的学生，人太多只好在过道上加座，场内听众有600余人，场外还有上千人收听拉线广播。

报告会正式开始前，先由丁燮林简单介绍了玻尔的生平和成就，然后就由玻尔用英语演讲，杨肇燫教授做翻译，汉斯·玻尔帮助放映幻灯片。由于准备不足，教室窗户遮光不到位，影响了幻灯片的效果，但还是有许多人在此第一次看到了核衰变的现象，看到了宇宙线产生的簇射。玻尔还展示了一套丹麦出产的物理学教具，用这套教具，可以形象地讲解原子核复合核反应。报告历时两个多小时。

演讲过程中，上海电话公司和上海广播台还联合向全市广播了实况。当时，无线电广播在上海落脚才不久，但这一新技术派上了大用场，爱因斯坦、马可尼和玻尔等人在上海的演讲都通过电台向全市广播，使无缘一睹大师风采的普通市民，坐在家中就能聆听大师的演讲。这对提高市民的科学素养极为有益，而在科学技术更为发达的今天，这样的演讲播音却难得听见了。

演讲完毕，玻尔在交大校长黎照寰的陪同下，参观了交大的物理实验设备。玻尔对交大师生的科研精神表示赞赏。晚上，丁燮林教授代表物理研究所在亚细亚饭店为玻尔教授举行了盛大的欢迎晚宴。据小玻尔的日记记载，那天晚上盛情的主人上了15道菜，"除了别的珍馐以外，还有鲨鱼的鳍（鱼翅）和北京（烤）鸭"。到场的都是中国当时一流的科学家。席上，北京大学郑华炽教授向玻尔介绍了他和吴大猷合作、对喇曼效应应用于同位素的研究工作，他们从理论上证明，同位素移动是由于苯环中一个碳原子被一个原子量为13的同位素所代替而产生。这对当时世界的物理学来说还属新发现。

玻尔在北京大学理学院演讲

玻尔对此感到非常惊讶：在当时中国这么差的条件下，中国科学家居然能完成如此艰难、复杂的工作，是相当了不起的。后来，他们把这一研究成果写成题为《苯的喇曼光谱和同位素效应》的论文，发表在1938年的美国《化学物理杂志》上。

第二天，玻尔还参观了上海科学研究所（位于今岳阳路320号），"这里从事着地质化学、细菌学和生物学的研究。他们有很精美的讲堂和图书馆"。晚上，蔡元培院长为玻尔举行了欢迎宴会，其间蔡先生还作了简短的讲话，他特别介绍了玻尔在原子物理学方面的贡献。玻尔在答辞中表示了衷心的感谢，并说他来到中国这个国家是每一个小孩都梦想去的，"中国的深奥哲学曾经以某种方式表明了物理学家在原子物理学中所曾遇到的那些同样的认识论上的困难"。

十年后他设计了太极图族徽

玻尔对东方文化极为欣赏,在访问北京时,他买了一套"昭陵六骏"的拓片,回国后一直陈设在家里。据曾去玻尔研究所和玻尔家造访的杨福家教授说,玻尔的住处陈列了很多来自中国的艺术品。1947年,丹麦王室决定为玻尔授勋,但按照惯例,要求受勋者有一个家族徽章。玻尔听从中国史专家柯汉娜的建议,设计了一个有中国太极图案的族徽。或许在玻尔看来,太极图不但以简单的形式表达了宇宙万物对立统一的运动模式,同时充分体现了微观粒子世界的和谐美。

同是20世纪的物理学大师,玻尔的上海之行与爱因斯坦却很不一样。玻尔只与专业人士接触,在社会上波澜不惊,而后者却带来了一场不小的闹猛,不少人像追星似的追捧爱因斯坦,虽然绝大多数人压根儿不清楚"相对论"的奥妙,但几乎人人都能说出自己所理解的"相对论"。

玻尔在上海的唯一一次参观游览,是由丁燮林教授陪同来到江湾五角场实地参观了"大上海计划"的实施情况。这在当时是上海人最骄傲的"形象工程"。玻尔一行在参观了新市政府大厦、运动场、图书馆、博物馆等建筑后,觉得"那里有一些很美丽的中国旧式楼台,里里外外金碧辉煌",给他们留下了"很愉快和很有趣的印象"。实际上,在玻尔离开后不久,这里就被日寇的铁蹄无情地践踏了。

5月23日至24日,胡刚复教授陪同玻尔一家游览了"人间天堂"——杭州。一路上,玻尔为中国农村田野的美丽景象所陶醉。杭州的几位中国学者向玻尔讲述《庄子》,似乎对他很有启发,小玻尔在日记里把这件事原原本本地记了下来。

25日,玻尔返回上海,应丹麦大使奥克斯豪耳姆的邀请,参加了家宴。晚上12时,玻尔一家乘火车去南京,继续他在中国的讲学。20多年后,1962年10月,玻尔的长子奥格·玻尔(1975年诺贝尔物理学奖获得者),受父亲的指派来到中国访问,重新走了一遍父亲当年走过的地方——上海、杭州、北京。

哲学大师杜威看上海
——世界名人在上海之六

邢建榕

中国弟子盛邀杜威访华

1919年初春时节，美国哲学家、教育家杜威博士，应自己在密执安大学时的学生小野博士之邀访问日本，并在日本帝国大学讲学。得知这一消息后，杜威在中国的弟子胡适、陶行知立即征求北京大学校长蔡元培的意见，希望邀请其顺道来华讲学，帮助中国建设"新教育"。

那时，中国的先进知识分子如饥似渴地学习西方的政治、经济和文化，各种各样的新学说、新思想如潮水般涌入

1919年《新教育》上的杜威像

中国。有的知识分子则认定自己的精神偶像后，直接到西方拜师学艺，或自认为私淑弟子。执教于美国哥伦比亚大学的杜威博士，桃李遍天下，中国弟子众多，他们学成归国后，均成为中国学界的栋梁。现在杜威老师就在中国的近邻访问，胡适、陶行知等人均感到机不可失，决定邀其来中国讲学。

得蔡氏点头后，胡适就写信给在东京的杜威。恰巧当时南京高等师范学校校长郭秉文和北京大学的陶孟和正欲赴欧洲考察教育，途经日本，陶行知便委托他们顺道拜访杜威，当面邀请他来华讲学。杜威欣然接受中国的邀请，回答说："这是很荣誉的事，又可借此遇着一些有趣的人物。我想我可以讲演几次，也许不至于对我的游历行程有大妨碍。"

获此佳讯，胡适等欣喜不已，却又不满足杜威只讲演几次的设想，希望他至少在中国住满一年。杜威考虑后竟也同意了，向哥伦比亚大学请了假。学校应允，只不过这一年是"无薪俸的假"，一切费用须自理，更明确地说，也就是中方要负担杜威在中国的大部分费用。

为欢迎这位恩师，胡适、蒋梦麟、陶行知等人以及上海教育界，作了充分准备。在梁启超、蔡元培这些学界掌门的支持下，由北京大学、南京高等师范学校、江苏教育会等单位出面承办杜威的访华事宜。邀请杜威来华访问，表面上看是由胡适、陶行知、郭秉文、蒋梦麟等人发起或直接促成的，而其实质则显示了五四新文化运动的大环境在悄然成熟。

杜威人尚未到上海，但他的日本讲演集《哲学之重建》已经编译出版。1919年3月31日出版的《时报·教育周刊·世界教育新思潮》第6号上，发表了陶行知的文章《介绍杜威先生的教育学说》，文中称杜威"是当今的大哲学家，也是当今的大教育家"，并简要介绍了杜威的生平、

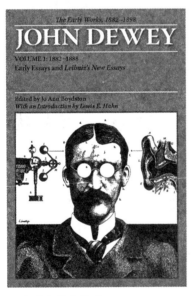

杜威早期著作封面

著作和他的教育学说。1919年4月《新教育》杂志第1卷第3期,出版了一期专刊"杜威号",胡适、蒋梦麟、刘经庶等人分别撰文,隆重推介杜威的哲学、伦理学和教育哲学,还刊登了杜威的照片、传记。

就在杜威抵达上海、准备开始讲演的前一天晚上,胡适又自告奋勇,在江苏教育会作了"实验主义"的讲演,向听众介绍杜威为代表的实验主义思想,目的也是为了让听众对杜威的演说"有些头绪"。1915年,胡适从康奈尔大学转到哥伦比亚大学,拜在杜威门下时,

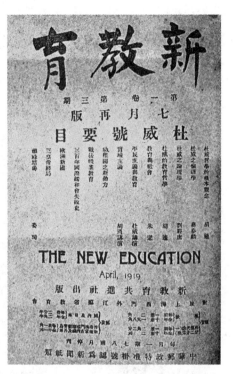

1919年《新教育》杂志刊发的杜威专号

就已经认定精神导师即是杜威及其"实验主义"。自始至终,胡适都是杜威访华最热心的一员。

"这里的人们不买日本货,他们宁可要美国的"

上海是杜威访问的第一站。1919年4月30日,杜威夫妇和他们的女儿罗茜乘坐日本轮"熊野丸"号抵达上海码头,迎候在码头上的胡适、蒋梦麟、陶行知等迎上前去欢迎大师。他们三位昔日都就读于哥伦比亚大学,因为蒋梦麟的个子高,杜威第一个看见了他。三位弟子看到老师还是记忆里那样不善言辞,不修边幅,鼻梁上架着一副无边眼镜,头发已经斑白,随意地搭在前额上。夫人奇普曼女士戴

着淡蓝色的遮阳帽,娴静端庄,女儿罗茜活泼开朗。弟子们将老师一家送入静安寺附近的沧州饭店(沧州别墅),据说饭店老板也是一名留学生,能讲一口流利的英语,所以来华的外国人大多选择在此住宿。

弟子们安排杜威先休息几天,"略略看看上海",主要是想让他稍作休息,并实地感受一下上海的社会环境。据杜威自己的记述,那几天胡适等人陪同他参观了一家棉纱厂、申报馆和百货商店等地方。

在棉纱厂,杜威对那些可怜的童工和女工们微薄的薪水感到非常震惊,他被告知,童工们每天的工资不超过1角。回到旅馆后,他给女儿写信说:你能想到吗,这些孩子每天都要工作10个小时以上!他在百货商店买了手套、吊袜带和丝绸,这显然是为夫人和女儿

杜威夫妇参观申报馆时与陪同、接待人员合影。前排左起:史量才、杜威夫人、杜威,后排为:胡适、蒋梦麟、陶行知等

买的。他还注意到,尽管店里的日本货质量上乘而且便宜,但"这里的人们不买日本货,他们宁可要美国的"。和罗素一样,他也参观了申报馆,喝了下午茶,与申报馆的老板史量才等人合影。

对大名鼎鼎的史量才和《申报》,杜威没有留下文字记述,却对晚宴上的中国菜肴赞不绝口。有一道用米做的"布丁",里面有八种特色食物,和着杏仁粉做的沙司一起吃,"那味道是如此美妙以至于我后悔当时没有多吃些,现在我都打算自己学着做了。"这位来自异域的大学者,除了对中国的许多事物备感新鲜以外,又意外尝到了道地的风味美食,更加感到不虚此行。

"孙先生是个哲学家"

1919年5月11日,正在上海的孙中山先生前去拜访杜威,并共进晚餐。这是一次具有历史意义的会面。当时孙中山的《孙文学说》正待出版,在餐桌上,两人就知行合一的问题进行了探讨。

孙中山认为,中国传统的"知易行难",使人们崇尚空谈,知而不行,觉得了解事理很轻松,做起来却不容易。他现在要反其道而行之,"凡知皆难,凡行皆易"。他坦诚地向杜威陈述了自己的想法,并虚心向其求教,希望这位世界著名的思想家能对自己有所帮助。

杜威听完孙中山的想法,心里也受到很大的触动。杜威支持孙中山的知难行易说,因为在他的思想中,行为经验即是根本。他对孙中山说:"吾欧美之人,只知知之为难,未闻行之为难也。"这使孙中山感到十分欣慰。

第二天,杜威在给女儿的一封信里写道:"昨晚我与前总统孙逸仙共进晚餐,席间我发现,他是个哲学家。他新近有本著作即将出版,他认为,中国的弱点在于人们长久以来受制于古训'知易行难'。他们总是不愿采取行动……所以孙先生希望通过他的书,引导中国人形成'知难行易'的观点。"

胡适为老师翻译得最出色

杜威是作为享誉世界的教育家访华的，因此他的讲演内容多以教育为主。杜威将他的实用主义哲学理论贯彻到教育中，创立了一整套系统的实用主义教育思想。他精于思考，却不擅长口才，故他每次讲演都精心准备，讲演的主要内容，都以书面形式事先交给口译人员，以便他们斟酌合适的中文词语。据说杜威的几个弟子轮流做翻译，以胡适的翻译和风度最出色，有的听众还是因为胡适在场的原因才来听讲的。

5月3日、4日，杜威在江苏教育会作了题为"平民主义的教育"的讲演。这是他在上海所作的第一场演讲。杜威人还未到会场，全场已经人头攒动，而且许多人还从别的地方赶来，"听者之众，几于无席可容"。

在陶行知的陪同下，杜威开始发表演讲，由时任《新教育》杂志主编的蒋梦麟担任翻译，潘公展做了现场记录。事后潘公展在《记杜威博士演讲的大要》一文中，记载了杜威讲演的主要内容：平民主义、平民主义的教育、平民教育主义的办法。

蒋梦麟的翻译用语平实，人们听起来也明明白白："什么叫平民主义的教育呢？就是我们须把教育事业为全体人民着想……使得他成为利便全民的教育，不成为少数贵族阶级或者特殊势力的人的教育。"

杜威强调的另一个方面，就是"教育即生活"，他不把学校看作是社会生活的一个预备阶段，而认为它本身就是生活的一种方式。这一点，杜威的另一个中国弟子陶行知最得其神髓，他结合中国多年的教育实践，提出了"生活即教育"的新主张。

5月上旬，杜威离开上海，前往浙江、江苏、北京等地讲学，被北京大学聘为客座教授。直到第二年5月底才回到上海，至7月启程回国。

回上海后，在短短的10多天时间里，杜威先后前往圣约翰大学、沪江大学、南洋公学、浦东中学、上海同济学校、上海第二师范学校、中华职业学校、中华职业教育社、上海青年会等处进行演讲，精力旺盛得如同一个壮年汉子。讲演内容包括职业教育、公民教育、科学与人生、国家与学生、社会进化等。

杜威的讲演，不仅听众踊跃，而且通过报纸的报道，产生了巨大的社会影响。1920年8月，北京晨报社编辑出版了《杜威五大讲演》，两年之内竟然重版了14次；其他当年出版的还有《杜威在华演讲集》（1919年）、《杜威在闽讲演录》（1921年）等。至于根据杜威讲演而译载的各类文章，或自行研究杜威思想的文章，更是连篇累牍，风行一时，成为五四时期中国人了解西方思想的一扇窗口。

险些夭折的中国之行

杜威到中国后不久，恰逢五四运动爆发，杜威有幸目睹了中国历史上重要的一刻。当北京学生运动的消息不断传到上海时，杜威急于北上，他要亲身体验一下那里的热潮。

不过，由于五四运动的爆发，杜威的中国之行差点夭折，原因颇简单，经费上出了问题。前面说过，杜威访华费用由北京大学、南京高等师范学校、江苏教育会三家承担，北大出力尤多。但因五四运动爆发，蔡元培愤而辞职，北大方面的经费就悬了。

当年邀请国际名流来华访问，政府的态度是不干涉，也不会支付经费。经过胡适的牵线搭桥，才由北京大学等三家承担，分摊杜威在华费用。面临变局，胡适不得不与在上海的蒋梦麟、陶行知、黄炎培等人商量，应付可能断裂的资金链。

黄炎培安慰胡适说:"(北京)大学如散,上海同人当集万金聘之。"蒋梦麟甚至表示:"杜威留中国,其俸已有省教育会担保。任之(黄炎培)与弟又要做和尚募化万余金。"听了两人的话,胡适才稍感宽心。经过他们的努力,共在上海筹得约四五千元,另有尚志学会、新学会和清华学校三家,承担杜威在华所需的一部分费用。尚志学会、新学会是梁启超等人发起的文化组织。杜威的访华行程,总算并未因经费受到任何影响。

访华时间最长的世界文化名人

与罗素后期在华心情抑郁不同,杜威自感这两年时间过得十分有意义。1921年6月30日,在饯行宴会上,杜威致辞说:"这两年,是我生活中最有兴味的时期,学得也比什么时候都多。我向来主张东西文化的汇合,中国就是东西文化的交点。"杜威在华讲演,前前后后总有二百场之多,但都不及告别演说时的这几句话感动大家。

从1919年4月30日抵沪,到1921年7月启程回国,杜威在中国流连忘返,整整待了两年零两个多月,足迹遍及我国的14个省市,是当时来华访问的世界文化名人中逗留时间最长、所到之处最多的一位。由于正逢五四运动的狂飙突进,加上一批中国弟子的力捧,杜威的一套实用主义的哲学和教育思想,竟然独树一帜,风头强劲,受到中国文化界的热烈推崇;同时,中国悠久和深远的历史文化,"新"与"旧"、传统与现代的交锋,也给了杜威丰富而深刻的启示。

当年杜威"略略看过"的上海,已经发生了翻天覆地的变化,他在这个城市里留下的印记也已杳然。或许以今天的眼光观之,他的中国之行也不可避免地带有西方人的优越感,但他的思想和理念,他对中国的关怀和同情,却给当时正在变化中的中国带来了巨大的冲击力,至今仍有回响。

卓别林沪上半日游
——世界名人在上海之七

邢建榕

1936年3月9日下午,卓别林携影片《摩登时代》的女主角宝莲·高黛及其母亲一起,乘坐美国"柯立芝总统号"抵达上海。按预定计划,翌晨即要随船离开,因此他们在上海的行程非常紧张。像这样只是路过上海的世界名人,当时还为数不少,如爱因斯坦、萧伯纳和桑格夫人等。即使如此,好客的主人想方设法,总要表示一番热烈的欢迎,带他们去看点值得一看的东西,拜访各色各样的人物。而有幸与这些偶像见面的人,则津津乐道、备感荣耀,时隔多年仍记忆犹新。

卓别林访问上海时的签名照

到国际饭店与梅兰芳重逢

卓别林的《摩登时代》刚一上映,即有人认为影片"具有共产主义色彩"。出于对这部投入巨资的电影票房的担忧,卓别林心血来潮,出门作了一次亚洲旅行。当时卓别林与高黛已经同居,但尚未正式结婚。因为出行仓促，宝莲·高黛连衣服也来不及买。

3月9日下午1点半，"柯立芝总统号"抵达上海。因船大无法靠岸，只得停靠在黄浦江第12号浮筒旁。上海方面已经得知消息，另派小轮船前往迎接。出现在众人面前的卓别林，"为一年约四十许，而发已如雪之中年绅士"，"惟其较短小身材耳"，"绝不似吾人在影片中所见行路蹒跚举动冷峻之一滑稽破鞋党"。而宝莲·高黛"亦立其旁，倚栏而笑"，"年约二十许，娇娜活泼，一如依人小鸟"。

下午4时，上海文艺界人士以国际艺剧社的名义，在国际饭店安排了一场欢迎茶会。由于卓别林上岸后，需要到华懋饭店（今和平饭店北楼）安排住宿事宜，也少不得略事休整，加上游览南京路、城隍庙等处，直到下午5时半卓别林才匆匆赶到国际饭店。

卓别林到来后，梅兰芳、胡蝶等人已等候多时，旧友重逢，分外高兴。1930年5月梅兰芳访美演出时，结识了长他5岁的卓别林。梅兰芳当年仅36岁，但表现出来的气度，令卓别林和在场的美国人钦佩不已。那天在洛杉矶，好莱坞电影界人士举行欢迎梅兰芳招待会，卓别林拍完电影刚收工，连衣服也来不及换，便匆匆赶来与梅兰芳见面。

如今在上海再度相聚，卓氏拍着梅兰芳的肩膀说："六年前我们在美国见面时，两人头发都是黑的，而今我的头发已经斑白，你的头发还是乌黑，甚至没有一根白发，这真太不公平了！"卓氏说这番话时，多少带点幽默夸张。梅兰芳回答说："你比我辛苦，每一部电影都是自编、自导、自演、自己制作，太费脑筋了，我希望您保重身体。"这一段对话，颇见卓、梅两氏不同的性格才情。近年见有人著文，把这一段情节和对话，郑重其事地移到了思南路梅兰芳家里，谓之"思南路87号的重逢"。其实，卓别林和梅兰芳在沪相逢的细节，一一由记者跟踪报道，虽略有出入，大体是不会错的。梅宅相会，并无报道提及，按卓氏行程安排，亦无可能。

这次在国际饭店的茶会，由外交家施肇基之子施思明先生主持。

卓别林与梅兰芳

他首先给卓别林介绍了几位主要的上海文艺界人士。这时候茶会上已是人头济济，来了100多位文艺界人士。除梅兰芳外，卓别林在这里又结识了电影演员胡蝶。他对胡蝶说："我不曾看过你主演的片子。将来我再回上海的时候，我一定先去看看。"

当时，国际艺剧社的一场中国画展正在国际饭店举办，众人邀请卓别林前去观看。卓氏具有一定的艺术鉴赏力，当他看到画展中有一张西方人画的中国女子像，尽管笔墨线条皆为中国风格，但还是被他一眼认出，说："这张画大概是一个外国画家的作品吧！"令众人敬佩。卓别林在上海与人合影甚多，至今可在《良友》《电声》等画报上看到。那幅卓别林与梅兰芳合影的照片，后面背景挂着一些中国画，想必就是在这画展的展厅里吧。

卓别林已定好当晚6点半在华懋饭店接受采访，他不愿爽约，于是匆匆告辞，先行回去了。

下榻华懋饭店巧避记者提问

晚上6点半，卓别林准时出现在记者面前，接受大家的采访，地

卓别林会见记者时的留影

点安排在卓别林住的华懋饭店5楼A字房间。这个房间布置装饰为纯英国风格。而宝莲·高黛入住的是同层9号房间，恰好与卓别林的房门相对，这大概是一种有意的安排，因为他们两人在上海并未以夫妻相称。

卓别林西装革履，风度翩翩，在壁炉旁坐下，点上骆驼牌纸烟，与记者亲切交谈。他幽默地对记者说："只要我能说的，我都愿意说，总之以使诸位记者先生满意为止。"这一番开场白，让记者们甚为满意，赢得一片喝彩。大家先问他对上海的印象，卓氏一言以蔽之："太兴奋！"他告诉记者："舍舟登陆后，即为友好邀游全市，作最初之观光也。沪市为世界大都市，余莅斯土尚余生平第一次。"他还竭力称赞中国女子可爱之极，远胜欧美。

热衷"八卦"的记者对卓别林与宝莲·高黛的婚事颇感兴趣，于是追问卓别林是否已经与高黛女士订婚或结婚。但卓氏似乎也谙熟中国的太极功夫，轻轻一笑说"此问题应由高黛女士置答"，便把这一敏感的问题挡了回去。不过之后亦未看到高黛女士的回答，估计卓别林在接受采访时，高黛并不在场，难怪记者也称卓别林那一答是"绝妙遁词"。

当然，大家最为关心的还是卓别林的本行——电影。有记者问及他对中国电影的感想。卓别林实事求是地回答，他仅看过一部中国默片，连片名也不记得，因此不愿发表隔靴搔痒的意见。又有人问卓别林下一步的拍摄计划。卓氏回答："拟导演一片，由高黛女士主演。"据悉，卓别林一直反对有声影片，仅主张适当配音，并在《城市之光》中作了成功尝试。当记者问及此问题时，卓别林仍持这一观点，认为有声电影不利表演艺术。所以，卓别林在新片《摩登时代》中，还是承袭其一贯风格，以形体语言引人入胜。

赴共舞台欣赏《火烧红莲寺》

记者采访结束后，卓别林再次匆匆赶往国际饭店，出席了由万国艺术剧社举行的晚宴。晚宴主角之一的胡蝶，在晚年写的回忆录里，记下了与卓别林见面的情况。她问："卓别林先生，我原来以为您一定是很滑稽有趣的。"卓别林眨了眨眼睛，说："唔，我知道您的意思。不过，请允许我问您一个问题，听说您在摄影棚里和导演合作得很好，您所主演的片子也大都是很严肃的，那么现实生活里的您又是怎样的呢？"随后，卓别林介绍了很多自己拍片的经过和心得，给胡蝶留下很深的印象。

席间，卓别林问当晚梅兰芳是否有演出。梅兰芳抱歉地说，他最近没有登台，但告诉他当晚有名角马连良的演出，问他是否愿意去看看。卓别林高兴地答应了，梅兰芳立即派人先去新光大戏院预订座位。

晚宴后，梅兰芳陪同他先去大世界隔壁的共舞台，观赏京剧连台本戏《火烧红莲寺》。《火烧红莲寺》系根据《江湖奇侠传》一书改编，讲述了红莲寺僧人作恶多端，被陆小青等众侠客所破的故事。当时电影《火烧红莲寺》也正在拍摄，女主角侠女红姑就是胡蝶扮演的。

梅兰芳、卓别林他们进入共舞台时，《火烧红莲寺》已经开演，正演到其中最精彩的一场"十四变"。这一段情节，是说欧阳后成和杨宜南两人因交战而结下姻缘，有文有武，有唱有做，卓别林观后连连鼓掌，尤对两人比剑一场，誉为"东方仅有艺术"。对变幻无穷的舞台背景和热闹的武戏打斗，他也表现出了浓厚的兴趣。因剧情紧凑，不容拉幕换景，十四场布景完全在熄灯一刹那间变换，卓别林对此赞不绝口。他对边上的人说，在国外，除莎士比亚戏剧演出有此换景法外，其他尚不多见。以上卓别林的观感，均见于共舞台在《申报》上刊登的广告内容。大概彼时还未有侵权意识，否则卓别林一纸诉状，共舞台即使有黄金荣撑腰，也是吃不消的。总之，卓别林的到访使共舞台喜出望外，一连几天都在报纸上刊登"滑稽大家卓别林特来本台观剧""卓氏观后赞不绝口"的广告，为《火烧红莲寺》宣传造势。

电影界也不甘落后。卓别林离沪后，《申报》就刊登了影院的大幅广告，推崇卓别林是"滑稽大王"，称"环游世界新自日本转道来沪之笑匠：卓别林并未离沪"，将用他的影片"招待各界"。这则广告连续见于报端，一直到3月29日才被撤下。而卓别林的新片《摩登时代》的广告，则从3月21日起在《申报》上开始登载，观众反响极为热烈，他的电影也在上海受到欢迎。这与1933年意大利科学家马可尼来沪后，无线电收音机之类商品立即热销的情形如出一辙。

在新光大戏院同马连良合影

从共舞台出来后，卓别林一行又去新光大戏院看戏。新光大戏院即今天的新光电影院，在大马路（今南京东路）后面不远的宁波路上，四层楼高，建筑颇有中世纪风格。尽管在如今众多新式建筑群的包围下，它显得十分陈旧，不过在老上海的心目中，新光还是一家高档的影戏院。1936年3月15日，即卓别林造访后的一个星期，胡蝶主演的中国第一部有声电影《歌女红牡丹》就在此上演。

卓别林光临的那晚，新光正上演马连良、小翠花、叶盛兰、刘连荣等人的全本《双娇奇缘》。为何卓别林先去共舞台，主要是因为马连良在新光大戏院出场的时间较晚。卓别林一行来到新光时，正赶上生、旦、净、丑各展所长的《法门寺》"行路"一场。有人告诉卓别林，在中国观剧，极少拍手而要喝彩，于是看到精彩处，卓别林也随观众一起时时叫好。他还用右手在膝盖上轻轻打着节拍，一副怡然自得的样

卓别林与马连良合影

子。卓别林对梅兰芳说："中西音乐歌唱，虽然各有风格，但我始终相信，把各种情绪表现出来是一样的。"一个多小时后演出完毕，卓别林在梅兰芳的陪同下，到后台祝贺马连良演出成功。马连良来不及卸妆，卓别林已学着中国人的样子与他拱手作揖，然后伸出手来，两人紧紧握手并交谈起来。穿着西装的卓别林与穿着戏装的马连良的一组合影，就是被眼明手快的记者抢拍下来的。

凡写卓别林访沪的文章，没有不写梅兰芳陪同卓氏赴新光看戏的。不过笔者又有一点疑惑，这些在新光的照片，有卓别林与马连良的合影，也有卓别林夫妇与马连良的合影，却未见梅兰芳的身影，似有些不合情理。近读《良友》画报1936年第115期上有翟关亮（国际艺剧社的理事）写的《与卓别林半日游》一文，说梅兰芳临时有事，委托他陪同卓别林去新光看戏，梅本人并没有同往。如翟文所说为实，梅兰芳当然不可能出现在镜头里。按理说《良友》画报并

不算罕见的史料，但叙及卓别林访沪一事，尽管众家所写情节相似，却极少有人引用翟文的，而多取后人或当事人所写的回忆。笔者尊重翟文的史料价值，并记于此，望识者教正。

在百乐门跳舞至凌晨3点

从新光大戏出来，卓别林夫妇游兴不减。从美国出发时，他们曾问好友范朋克，上海有哪些地方值得一游，范朋克告诉他们，上海有一间舞厅很有名叫"百乐门"。在上海逗留的时间如此短暂，卓别林怎么舍得放弃这难得的机会呢？于是精力旺盛的他们再赴百乐门跳舞，直至凌晨3点才回到住所休息。上午9点，卓别林一行坐船离沪赴香港。

临行前，卓别林告诉记者，回程时他们仍将经过上海，届时如有可能，他与高黛还想去杭州、南京和北平游览。三个月后，卓别林在游历了香港、小吕宋、西贡、曼谷、新加坡等地后，于5月12日再次回到上海。不过这次停留时间更短，也没有惊动众人，只在百乐门饭店住了一夜，翌晨就坐船转道日本回国了。1954年7月，周恩来总理在瑞士日内瓦会见卓别林时，这位喜剧大师告诉周恩来说："我在1936年到过中国，到过上海！"可惜在卓别林后来写的一部数十万字的回忆录里，却并无访问上海的内容，亦无他与梅兰芳和胡蝶见面的描述。上海，只是他人生旅途中行色匆匆的一站。

拨开爱因斯坦访问上海的迷雾

景智宇

阿尔伯特·爱因斯坦（Albert Einstein）曾评论《泰晤士报》的报道："关于我的生活和为人的某些报道，完全出自作者的活泼想象。"后来他又在一封信中抱怨："各种各样的无稽之谈都加在我个人身上，许多巧妙编造的故事也没完没了。"

广为传颂的爱因斯坦上海之行，就是这样一组由真实历史和"活泼想象"杂糅而成的故事。1979年以来，在中国大地掀起了爱因斯坦热，这些脍炙人口的故事也愈加为人津津乐道。然而，许多"戏说"的情节都经不起推敲。笔者搜集了当年华文、日文、西文报章上的有关报道和当事人的日记、回忆，细心比勘，去伪存真，力图拨开笼罩于爱因斯坦上海行的团团迷雾。

来上海途中得到获奖的喜讯

1922年深秋，日本"北野丸"号邮船临近上海，"平平的海岸放出如画的黄绿色辉光，船沿着海岸滑行"。爱因斯坦和夫人爱尔莎（Elsa）就在船上，他们应日本改造杂志社邀请前往日本讲学。

北野丸是日本往返欧洲的定期客货班轮，10月8日中午从马赛起航，过地中海，穿苏伊士运河，经印度洋等，沿途停靠了科伦坡、新加坡和中国香港。进入中国海域后,"理想的气候、清新的空气和南方天空中灿烂的星斗"使爱因斯坦欣喜不已,留下了"难以磨灭的印象"。

据说在邮船上,爱因斯坦接到了自己获得1921年诺贝尔物理学奖的电报,这是他意料之中的事。但他究竟何时何地正式得到获奖通知的,研究者们对此一直有不同说法。笔者在查阅资料时,发现当年11月14日《大陆报》(*The China Press*)曾报道:"爱因斯坦两天前已通过无线电得悉获诺贝尔奖消息,在上海得到瑞典总领事的正式通知。"根据这段文字,爱因斯坦即将抵达的上海,或许就是他的福地。由此又推演出一则生动的故事,说是瑞典驻沪总领事在汇山码头向爱因斯坦宣读了瑞典皇家科学院的授奖词,并颁发获奖证书,爱因斯坦当晚兴奋得彻夜难眠……

那么,事实是怎样的呢? 11月13日上午10时40分,"北野丸"号停靠上海汇山码头(位于今杨树浦路8号)。改造社代表稻垣守克和他的德籍夫人、同济医工专门学校教授菲斯特(Pfister)夫妇、14名日本记者以及《中华新报》记者曹谷冰等已在码头迎候。

爱因斯坦夫妇乘坐的"北野丸"号即将停靠上海汇山码头

奇怪的是，欢迎人群中并没有瑞典总领事的身影。爱因斯坦在上海一天多时间内没有会见过任何瑞典人，他的旅行日记对此也毫无记载。瑞典总领事究竟通过何种方式正式通知爱因斯坦的？15日的《时报》称："今年诺贝奖金，关于科学研究之一种，已给予博士，日前由上海瑞领得无线电通告之。"报道语焉不详，似乎是用电报通知爱因斯坦的，其过程不得而知。

众所周知，爱因斯坦获诺贝尔奖是瑞典当地时间11月9日公布的，瑞典皇家科学院10日即向爱因斯坦柏林寓所拍发了电报。按时间推算，爱因斯坦应该在香港得到消息。日本科学史家金子务在《爱因斯坦冲击》一书中，提到爱因斯坦在12日夜接到获奖电报。不管这封电报是从柏林转发过来或者由瑞典驻沪总领事拍发，此时"北野丸"号已离上海不远，也可以说是在上海收到电报。这样表述或许有些勉强，但有一点可以肯定，瑞典总领事在汇山码头当面向爱因斯坦递交或宣读授奖通知的情节是虚构的。

在甲板上接受了记者采访

关于爱因斯坦抵沪的报道，上海新闻界闹出了一点小差错。"北野丸"号原定12日抵上海，后延迟至13日。不料中国通讯社12日就发出电讯，称爱因斯坦已抵达上海，13日的《申报》《新闻报》《时报》《时事新报》也冒冒失失刊登了"爱因斯坦已于昨日抵沪"的消息。但爱因斯坦真正到来时，上述报纸却只在不起眼的位置登载了"豆腐干"式的短讯，影响最大的《申报》干脆只字不提。

然而日本媒体对爱因斯坦来访却非常重视，组成了以《大阪每日新闻》特派记者村田孜郎为首的采访阵容。邮船刚泊稳，欢迎者便涌上船去。稻垣夫人向爱尔莎献了鲜花，众记者则围住了爱因斯坦，七嘴八舌提出问题。这是爱因斯坦获诺贝尔奖之后第一次与记者见面。

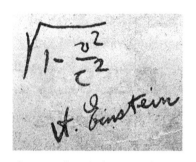

爱因斯坦在接受采访时顺手写下的公式

有记者问:"罗素说,全世界只有12个人懂相对论,是这样吗?"爱因斯坦答道:"不对,我的学说不难理解,不过需要数学和物理基础。"记者又问:"你觉得中国有几人能理解相对论?"爱因斯坦答:"那我就不知道了。"又有记者问:"两年前,在一次相对论的演讲会上,我要求您举一个明确的例子,您是这样解释的:'在一条铁轨旁竖起(笔者注:原文有误,应为'平置')一根高尔夫球棒,又在一辆火车上平置着同样长度的高尔夫球棒,当在火车上的球棒经过竖着(平置)的球棒时,它会看上去比较短。'这是对的吗?"爱因斯坦笑了,他答道:"相对来说是对的……火车的速度把火车上的高尔夫球棒压缩了……从另一个方面来讲,在观察的立场方面也起着关键的作用,尤其是当一个物体静止,而另一个在运动中。"为了更清楚地表达自己的意思,爱因斯坦拿起一张纸匆匆写下了一个洛伦兹收缩因子的公式。

有记者问爱尔莎懂不懂相对论,她回答对此一窍不通。当问到对爱因斯坦的评价时,爱尔莎说:"他与别的男人一样,抽烟,把烟灰弹在地毯上。"记者追问:"他是不是与任何人一样,吃一样的食物,做一样的事情,穿一样的破袜子?"爱尔莎笑了起来:"相对地说,是的。"

当时有记者描述:爱因斯坦"广颔蜷发,丰采静穆,于悠扬不迫中现出沉着冷锐之气度,一望而知为思想界之异人。夫人亦极和蔼而名贵"。

他对人民的生活更感兴趣

11月13日12时30分,爱因斯坦夫妇登岸。菲斯特是爱因斯坦的熟人，他提出请爱因斯坦吃饭，因没有事先商议而被稻垣拒绝，稻垣对爱因斯坦夫妇在上海的全部活动日程作了精心安排。随后一行人由村田带领，前往一品香番菜馆（位于今西藏路、汉口路转角处，现不存）用餐，村田、曹谷冰乘一辆车为先导，爱因斯坦夫妇和稻垣夫妇乘另一辆车跟随。汽车特地从南京路驶过，以便让爱因斯坦观看繁华的市容。

在一品香番菜馆前，爱因斯坦仔细观看了这座两层西洋式建筑，然后6个人围坐在圆桌旁用餐。正在此时，一支哭哭啼啼、吹吹打打的送葬队伍从窗外经过，但这似乎并没有影响爱因斯坦等人的食欲。爱因斯坦记述道："桌上放了许多小碗，大家都用筷子不停地往一个小碗里夹菜。我胃口大开，美美吃了一顿。"在德国时由于通货膨胀和政治谋害，爱因斯坦夫妇过了一段节衣缩食的生活，现在终于大快朵颐。爱因斯坦对可口的中国饭菜赞不绝口："具有古老文明的地方，其烹调也必然发达，中国就是这样。而像美国那些国家则只是像往炉子里添煤似的只考虑给胃里增加多少卡热量。"爱因斯坦使用筷子很娴熟，还一再要求爱尔莎也用筷子。

下午2时40分从一品香出来，爱因斯坦表示希望"仔仔细细地看看人民的生活"。南市老城厢历史悠久、建筑陈旧、穷人聚集，正可以展示社会底层市民的真实面貌。于是一行人乘车至新北门，打算从障川路（1958年拓宽后改名"丽水路"）进入老城厢。由于道路狭窄，行人、摊贩摩肩接踵，汽车无法通过，他们只得下车步行。爱因斯坦见沿民国路（今人民路）不少店铺都关着门，十分诧异。曹谷冰解释道，因政府最近禁彩票，所以这类店铺已关闭。爱因斯坦问：是政府行为还是地方官员自作主张？曹谷冰答道：系政府命令。爱因斯坦颇为赞许。

在高低不平的石子路上，臭气熏人，不时有乞丐上前乞讨。前一天来实地察看过的稻垣写道："那可真是又脏又臭的地方啊！连话

爱华社在小世界演出的海报

也没办法说。我甚至想没必要带博士来，回去算了，但博士却说不要紧。"爱因斯坦对石子路有天然的亲近感，他喜欢在石子路上漫步时探究深邃的宇宙图景。所以他毫不在乎地说："没有关系，意大利也有铺着这样石头的街道呢。"

路边店铺里小商品琳琅满目，由于高度近视，爱尔莎把陶瓷、象牙雕刻等工艺品拿在眼前观看。爱因斯坦显然对这些东西兴趣不浓，他对稻垣说："我对于人比物更感兴趣。"他注视着一些蹲在店铺门前的神情恍惚的中国人的脸，感慨地说："脸上果然没有一点健康愉快的痕迹。"

爱因斯坦喜欢听音乐，村田是个戏迷。一行人到小世界时，风格典雅、旋律委婉的昆曲尚未开演，他们转而去看新剧（注："新剧"即早期的话剧。按稻垣记述，他们看的是"喜剧"。当时小世界"爱华社"女子新剧和"陶社"男子新剧，都有不少滑稽内容）。剧场内出现了几个欧洲人，观众都好奇地瞧着他们。爱因斯坦忍俊不禁地说："我们也成了一台戏。"看了片刻新剧，爱因斯坦表示"有一种奇异的感觉"。随后，爱因斯坦到二楼国货商场，伫立在玩具铺旁听人演奏大风琴，足足有三四分钟。他还俯瞰了豫园的假山庭院，对中国传统建筑风格尤为关注。从小世界出来，他们随着拥挤的人群走到城隍庙后门。

离开老城厢时，爱因斯坦陷入了沉思。稻垣问他，是不是觉得"中国人一种悲哀的心情"？爱因斯坦意味深长地回答："从脸上倒看不出悲哀表情，只是一种不自觉罢了。"

接着，爱因斯坦等从新北门乘车至新闸路菲斯特寓所。在那里，一群德国人为庆贺他获诺贝尔奖举行了茶话会，爱因斯坦高兴地称这个茶话会是"最高的庆祝仪式"。

20世纪20年代的小世界

梓园的丰盛晚宴让他感到不解

6时半，爱因斯坦一行来到著名书画家王一亭府上——梓园（今乔家路113号），稻垣和王一亭准备了丰盛的晚宴。

浙江法政专门学校教务长应时和夫人章肃负责招待。他俩刚从欧洲回国，女儿蕙德，聪慧伶俐，仅11岁就会德、法两国语言。爱因斯坦夫妇下车，应蕙德上前献花。

爱因斯坦等人参观了梓园各室，王一亭向客人展示了珍藏的金石书画等文物，爱因斯坦大加赞赏。爱因斯坦在日记中写道："墙壁上挂着一幅非常漂亮、笔力遒劲的自画像。女孩的母亲操着法语，

爱因斯坦（前排右四）等人在梓园合影

唠唠叨叨讲个不停，扮演着女主人的角色，真像那么回事似的招待客人。"

宴会是在假山东侧的立德堂大厅举行的。厅堂气派宏大，有西式立柱和中式门窗格扇（1937年日军轰炸时，厅堂被佣人焚毁）。众人合影后进入厅堂。爱因斯坦夫妇、稻垣夫妇、菲斯特夫妇、应时夫妇及女儿、王一亭、曹谷冰、村田，还有上海大学校长于右任、《中华新报》总编辑张季鸾、北京大学化学教授张君谋、基督教青年会的前田等，分两桌围坐。大家用德语、法语、汉语、日语交谈，气氛热烈。

席上，蕙德用流利的德语朗诵了歌德长诗《一个古老的故事》（*Eine alte Geschichte*），再用法语朗诵《拉娇小春燕》（*La petite hirondelle*），还唱了德国歌曲《创立》（*Gefunden*），博得满堂喝彩。酒酣之后，于右任、爱因斯坦、张君谋先后致辞，应时和稻垣现场翻译。爱因斯坦说："今晚来此，非常愉快。一到中国，就看见许多美术精品，使我有深刻的印象。美术固然是个人作品，但由此可以相信将来中国科学一定能发达……在东京讲演后，很愿意能来中国讲演。"其间，大家多次请爱因斯坦谈相对论，被婉言推辞了。

爱因斯坦夫妇对晚宴的奢侈铺张有些不解。爱因斯坦记述，"没完没了的宴席上，尽是连欧洲人也难以想象的悖德的美味佳肴"，又认为油脂过多，恐不易消化。爱尔莎惊呼："光是这些粮食就足够我吃一年的！"

9时许散席，爱因斯坦夫妇再三感谢盛情款待。爱因斯坦对蕙德喜爱至极，要她"重击其手而握之"，珍重告别而去。

预言50年后中国将赶上外国

爱因斯坦夫妇和稻垣夫妇乘坐的汽车，穿过灯火辉煌的南京路往吴淞江北驶去。爱尔莎回船舱歇息，爱因斯坦等则前往日本人俱乐部（位于今塘沽路309号，现不存），与日本青年座谈。

通过稻垣的翻译，爱因斯坦回答了各种问题。有日本学生问："你是不是看见有人从屋顶落下来才想出广义相对论？"这个由《纽约时报》记者杜撰的故事，曾被爱因斯坦怒斥为"胡言乱语"。真相是，1907年某日爱因斯坦在伯尔尼专利局办公室里，脑海中忽然闪过人在自由降落时的感觉，才使他开始思考新的引力理论。所以爱因斯坦回答："不，是我自己想象出来的，因为这时人感觉不到重力。"

座谈结束时，近百名日本青年一齐鼓掌欢送。爱因斯坦回船住宿已近深夜11时。

爱因斯坦第二天的活动因没有中国人陪伴而鲜为人知，上海一些报纸甚至称他已在凌晨乘船离沪。其实不然。

14日上午，爱因斯坦夫妇和稻垣夫妇参观了龙华寺。这座明代重建的古刹当时成了军阀卢永祥的兵营,荷花池已经填平,菩萨身上的装金也被刮去,门口还有持枪的士兵站岗。他们每人交了一日元,才得以从边门进入。爱因斯坦观看了翘角重檐的殿宇,仔细端详着五百罗汉的面容,并把它们与繁复、华丽、开放的巴洛克艺术风格联系在一起。他一向认为,"一切宗教、艺术和科学都是同一株树的各个分枝,所有这些志向都是为着使人类的生活趋于高尚"。

寺庙外一派田园风光,爱因斯坦兴致盎然。他很喜欢那些简陋的农舍,对衣不遮体的穷人也充满好感。

离开龙华,爱因斯坦一行来到南京路永安公司,买了一些丝绸和美术明信片。按稻垣的计划,还要参观商务印书馆、上海总商会、英美烟草公司、圣约翰大学等,因时间来不及而作罢。

下午3时,爱因斯坦夫妇仍乘"北野丸"号去日本神户,稻垣夫妇陪同前往。稻垣记述了爱因斯坦这一天多时间的感受:"博士从昨天到今天,观察了受外国人压迫的中国人的状况。他郑重地说:再过50年,中国人一定能赶上外国人。"

再度访沪由犹太人接待

爱因斯坦结束在日本的讲学后,搭乘"榛名丸"号邮轮于12月29日下午3时离开门司,31日上午11时到上海。10天前,上海媒体已经披露爱因斯坦放弃了北京大学的讲学。到上海后,爱因斯坦表示:既来上海,未进内地观光,实在是最大遗憾。

这次爱因斯坦在上海的活动是由犹太人安排的。据《民国日报》报道,爱因斯坦下榻杜美路(今东湖路)9号犹太人加登(S. Gatton)家里(注:另有"爱因斯坦下榻礼查饭店"之说,经调查,并无实据)。由于前一次来沪未能欣赏昆曲,爱因斯坦此行中又有观赏昆曲的计划,可惜最终还是落了空。

1923年元旦上午，爱因斯坦和爱尔莎去郊外参观，只见到处是坟墓、棺材，而且"都不加禁忌"。爱因斯坦不了解，中国人对死人有一种敬畏感，即使在上海这样的大城市里，不少同乡会馆辟有义冢（掩埋）、殡舍（寄柩），完全没有禁忌。

中午，爱因斯坦夫妇在英国工程师德琼（R. de Jonge）家里，和一些友好的英国人共进午餐。

下午，犹太协会在加登家里为爱因斯坦举行了欢迎会，在上海的不少犹太名人、要人出席。在喝下午茶时，主人用涂着很厚油脂的食物款待爱因斯坦夫妇。然后，大家放肆地握着手谈话，爱因斯坦很不喜欢这种方式。不时有人提出一些莫名其妙的很滑稽的问题，爱因斯坦在"喜剧"氛围中谈了关于犹太复国主义和创建中的希伯来大学的影响和意义。

傍晚，爱因斯坦到娱乐场所去参观，想体验"如画般的生活"。但看到一些中国人全盘照搬欧洲音乐，不管是葬礼进行曲或者华尔兹舞曲，胡乱地用喇叭吹奏一通，他很不以为然。

6时，上海犹太青年协会和西人求理会在福州路17号（今福州路198号）美国商团训练所楼上大课堂举办相对论讨论会，有学者、教授数十人（一说三四百人）参加，其中有四五个中国人。因场地限制，预先印制了若干招待券，凭券入场。爱因斯坦用德语演讲，德琼将其翻译成英语。

由于理解相对论的人太少，所以现场听众提出的问题大多数相当幼稚。爱因斯坦谈了光速和"以太"等问题，尽量把话题引向正确的途径。关于1676年丹麦天文学家罗迈提出的利用木卫蚀测量光速的方法，爱因斯坦说正在进行计算，将会得出结果。

张君谋问：对英国人洛奇（Lodge）的灵学有何看法？爱因斯坦用法语回答："这不值一提。"

第二次访沪，爱因斯坦对上海和中国人有了进一步认识，他在日记中写道:"中国人污秽、备受挫折、迟钝、善良、坚强、稳重——然而健全。"他以敏锐的洞察力发现了一些很值得深思的现象:"中国人与欧洲人相比,同样的职务,而领取的报酬却只有十分之一。而欧洲人(以十倍的高薪)作为职业人依然能有效地与中国人竞争。"

1月2日下午1时,爱因斯坦夫妇乘"榛名丸"邮船离开了上海。4天以后,德国驻沪总领事悌尔(Thiel)向德国外交部报告:爱因斯坦两次来上海,都没有拜访悌尔,也没有接受他们的邀请。

在南京路并未被"粉丝"包围

爱因斯坦上海行结束了,但由此而留下的种种讹传却尚待厘清。

说到爱因斯坦在上海受欢迎,人们常常会提起一段"佳话"——爱因斯坦经过南京路时,被一群大学生认出来了,于是把他团团围住,高呼:"爱因斯坦!爱因斯坦!"不但如此,几名学生还把爱因斯坦高高抬起来,祝贺他荣获诺贝尔奖。

人们在讲述这个故事时都加上"据当时报道",似乎是有凭有据的,然而没有哪个引述者能具体指出是哪一家报刊的报道。

实际上,这个故事的真正来源是1959年苏联出版的《爱因斯坦传》(作者符耶里沃夫)中的一段话:爱因斯坦"乘船经由苏彝士运河到东方去。在印度,泰戈尔和他单独在善底尼开坦相处了几天。在到孟买与新加坡的途中,无线电节目传来了爱因斯坦获得诺贝尔物理奖金的消息。11月15日中国大学生为这件事对他作了热烈欢迎,用手臂抬着他在南京路走过"。

我们不难发现,这短短一段文字中至少有三处明显差错:首先,爱因斯坦此行并未与泰戈尔相会;其次,宣布诺贝尔奖是11月9日,而爱因斯坦11月2日就抵达新加坡,怎么可能在此之前获知消息;最后,11月15日爱因斯坦正在上海去神户的途中,根本不可能出现在南京路。从这么一段谬误百出的文字演绎出来的故事，其真实性也就可想而知了。

笔者查阅当时各类报刊的报道，爱因斯坦确曾到过南京路，但并没有与学生相见的记载。而如此激动人心的场面，爱因斯坦日记和稻垣的回忆中也找不到半点蛛丝马迹，完全不合常理。在纽约、东京、耶路撒冷等地，爱因斯坦都受到学生们的狂热追捧，尤其是早稻田大学1万多学生出迎，人山人海，波澜壮阔，可惜不是在上海。

对人力车的抨击是移花接木

还有一个广为流传的故事——爱因斯坦看见马路上白发苍苍的中国老人吃力地拉着人力车（上海人称为"黄包车"或"东洋车"），而车上坐的却是趾高气扬的欧洲小伙子。爱因斯坦震惊不已，连连感叹："太悲惨！太不公正了！"

上海当时中外文报纸均没有相关报道。作为一种刻骨铭心的内心感受，未必会见诸报端，但应该会在日记里有所反映。经查找，爱因斯坦的日记中确实有关于人力车的记载，但不是在上海，而是锡兰（今斯里兰卡）的科伦坡。

根据爱因斯坦10月28日的旅行日记，那天早上7时，爱因斯坦夫妇登岸，乘人力车去参观一座佛寺。爱因斯坦写道："我们乘坐的人力车只能容纳一个人，它由大力神般而身躯瘦小的人拉着一路小跑。我感到自己参与不光彩的虐待人的事件，成了令人憎恶的共犯，强烈的羞耻感向我袭来，我却无能为力。"

从此以后，爱因斯坦一直对人力车深恶痛绝。11月23日，改造社在东都举办新闻记者午餐招待会，爱因斯坦把这场"对日本印象的对话，变成了车轮的问答游戏"，再次对人力车这一野蛮现象进行了猛烈的抨击。

笔者注意到，正中书局1946年出版的《爱因斯坦传》（顾一新编译），曾记述爱因斯坦离开日本时对人力车现象难以释怀这一情节。编译者发问："若果爱氏到我们中国来看，不知作何感想？"

上海大街小巷来来往往的人力车，爱因斯坦一定会看见，也可能有所感想，但毕竟没有任何史料记载。把发生在科伦坡和日本的事情加以丰富的想象，移花接木到上海，是极不严肃的。

"敲石子"故事发生在香港

第三个故事最具震撼力——爱因斯坦参观上海旧城区，在弯弯曲曲的石子路旁有许多工役在敲打石块，其中还有妇女和儿童。他们面容憔悴，衣衫褴褛，机械而麻木地挥动着榔头，而他们每天工资只有5分钱。爱因斯坦感慨万分，觉得"这是世界上最贫困的民族，他们被残酷虐待着，他们所受的待遇比牛马还不如"。

这个故事有个权威的出处。1979年商务印书馆出版的《爱因斯坦文集》（第三卷），收录了两段爱因斯坦关于中国的言论。其中第一段写道："中国人受人注意的是他们的勤劳，是他们对生活方式和儿童福利要求的低微。他们比印度人更乐观，也更天真。但他们大多数是负担沉重的：男男女女为每日5分钱的工资天天敲（笔者注：这里漏译"carry"即"运送"一词）石子，他们似乎鲁钝得不理解他们命运的可怕。"编译者给这两段话加了一个标题——"对上海的印象"，表明这些事发生在上海，于是成为这个故事铁板钉钉的依据。

然而追根溯源，这两段话出自爱因斯坦的女婿鲁道夫·凯泽尔（Rudolph Kayser）写的一部传记，它被爱因斯坦誉为所有关于自己传记中写得最好的。笔者仔细阅读了原著，第二段文字大部分是爱因斯坦关于上海的感受；但第一段文字只是提到中国人，并非专指上海。爱因斯坦访沪期间的日记中也没有"敲石子"的内容。

那么这件事究竟发生在哪里呢？既然是中国人在"敲石子"，而爱因斯坦在中国只到过上海和香港，如果不是上海，只能是香港。

事实果真如此。爱因斯坦11月10日的日记说得很清楚，他上午9时到达香港，谢绝了犹太人团体的一个欢迎会，在两个犹太富商陪同下参观市容风情。他们目睹了贫困渔民和船民的生活情景，看见了热闹的送葬场面，还发现一群人正在搬运砸碎的石子。爱因斯坦写道："不管男女，每天为了5分钱而不停地砸碎并且运送石子。这些中国人遭受了冷酷的经济机构为了提高生产率而进行的鞭打，他们却麻木得觉察不到这种处境，这是令人非常悲哀的。"

真相终于大白了。《爱因斯坦文集》中的两段话，是凯泽尔根据爱因斯坦在香港和上海的日记综合而成的，而编译者不分青红皂白加了"对上海的印象"这样一个标题。在这个标题的误导下，一个生动感人的故事被编造出来了。

"天空没有翅膀的痕迹，而我已飞过。"作为匆匆过客，爱因斯坦在上海并没有留下多少痕迹，而且他去过的那些场所大多已经消失或者面目全非。笔者在追寻爱因斯坦当年足迹的过程中，摒弃了一些虚幻的美好故事，似乎很煞风景，然而真实的爱因斯坦依然可亲可敬。爱因斯坦对中国人民的同情和对科学真理的执着，将永久留在我们这座城市的记忆里。

（本文引述爱因斯坦日记时参考了刘淑君的译文，见《爱因斯坦对亚洲的感受》）

世界网球大师访沪记趣

孙曜东　口述
宋路霞　整理

1936年10月，上海曾成功地举办过一次国际网球大师赛，地点就在淮海中路瑞金路路口。这是当今许多青年朋友所不了解的。尤其有趣的是，这样一次邀请国际大师来沪的网球赛，竟是我们几个二十来岁的毛头小伙子给"捣鼓"出来的。

那是1936年10月，报上刊出消息说，当时的网球世界冠亚军铁尔顿和梵恩斯将乘坐美国总统号邮轮，进行环球旅行式的顶级网球赛，每到一国都要与该国的冠军交手。预定所到之国有英国、德国、法国等，也要到亚洲的日本，偏偏没有中国，因那时中国的网球运动水平还不高。我们这些喜欢打网球的朋友们闻讯后深感遗憾。那时网球在沪已成时尚，中外网球会（队）各有十几个。我们的会叫"绿灯"网球会，侯大年是管事。我那时26岁，侯大年也不过30岁，都是血气方刚的年纪。

有一天我们打球时，又议论起这件大师赛的事，说来说去就是平静不下来。因为我们久慕铁尔顿和梵恩斯的球技，他们是世界网球的祖师爷，据说他们的发球力气之大，一拍扣下去，能使球落地后向前滑一下，并不弹起来，称之为"S球"，球速可达多少多少公里。这样受人崇拜的偶像，如今路过中国门口而不进来，岂不是天大憾事？我问侯大年：怎么着才能把他们请进来？侯大年想了一想说："办法我去想，钞票怎么办？"我问要多少，他说大概两三万美金足够了。我那时与我大哥孙仰农正经营一家重庆银公司，手里也有几个钱，于是就说："如果有人能出就更好，没人出的话，我来顶一记。"

侯大年是个体育多面手，足球、篮球、网球、排球样样玩得转，还是精武会的人，练就一身武功，力大无比，尤其网球打得好，是我国第一代网球运动员。他的本职工作是外滩大北电报公司的高级职员，为了每天下午能打球，他宁可上夜班，下班后稍睡一会儿，午饭后就来球场。他家原是上海滩大户。现在的华山路幸福村一带，过去有个侯家宅，住的都是他家的人。后来家道中落，他才出来做事，可是从小养成的体育爱好已割舍不掉了。他为人好打抱不平，仗义执言，勇于任事，曾把一个仗势欺人的红头阿三打昏后，塞入阴沟洞里，巡捕房始终未能破案。这时听说我愿意出钱，他顿时信心倍增，就与大北电报公司日本分公司的人联系，在铁尔顿和梵恩斯到达日本时，帮我们送一份电报给他们。电报中说，我们中国的球迷非常仰慕他们的球艺，希望他们在日本的赛事结束后能顺路到中国来一趟，比赛兼带旅游，所有费用由我们承担。同时告诉他们，我们是民间的网球队，不以赢利为目的，纯粹以球艺与健身相号召，经费有限，与美国的情况不同。

在铁尔顿和梵恩斯到达日本开赛时，日本大北电报公司的朋友及时地将这份电报送到赛场，亲自交给了铁尔顿。他当场撕开一看，与梵恩斯交谈了几句，立马回话"OK"，并且表示：既然是民间组织，经费有限，那就不收出场费了，也不在中国旅游，只在上海待3天，中国方面只需安排好食宿即可。当我们收到日本大北公司的回电时，无不欢呼雀跃，消息传开，积极参与其事的人就多了，除了我和侯大年，还有体育协进会总会的总干事周家骐以及黎宝骏、张伟民等。

世界网球大师是被我们请来了，可我们出什么选手与他们比赛呢？一时大家不免又紧张起来。当时国内网球打得最好的有三个人——林宝华、邱飞海和许承基，都是业余的。那时中国还没有职业网球队。林宝华是华侨，从新加坡回来的。邱飞海也是华侨，是从印度尼西亚回来的，白天有工作，业余打球。那时上海是全国的网球重镇，一些大户人家如广东潘家、安徽胡家、房地产大王程贻泽、庐江刘家、南浔刘家等，自家都有网球场，有的还雇佣了私人"陪拍"（职业陪球员）。许承基入了英国籍，曾参加过世界网球比赛，打败过英国的知名选手。当时许承基在英国，照理就应推林和邱出场应战。可是林宝华和邱飞海见世界级大师前来，胆怯了，不敢上场。贵宾已到家门口了，这边没人出场可怎么办？事到临头，死活也要有人上场呀！我们只好把几个"马克"推了上去。"马克"是管理球场并兼陪拍者，一般陪人打一个小时一元钱。来打球的人有外国人，其中也不乏高手，"马克"在陪拍的过程中学到了人家的技艺，所以他们中也出了几个好手。这次临赛上场的三个"马克"是王妙松、蔡侯发，还有一人名字想不起来了。

拿我们的"马克"去与世界网球大师比赛，自然是必输无疑，但让国内网球迷开了眼界。比赛总共打了三场，最后一场，我们要求他们世界冠亚军互赛一场，结果是梵恩斯取胜。因为梵恩斯年轻力壮，人又长得高，发球技术尤其高明，人称"破弹"，又有"网球魔术师"之誉。老牌的铁尔顿反而输给了他，这也成了当时新闻中的新闻。

这次比赛的轰动效应是空前的。比赛地点在淮海中路瑞金路口那幢老式公寓后面，是我们"绿灯"网球会的球场。连续三天，那里人头攒动，欢声起伏，盛况空前，各大媒体也作了报道，真成了球迷们的盛大节日。我们与铁尔顿、梵恩斯见面时，他们也很高兴，因为我们大都是大学毕业生，尤其是圣约翰毕业的，英语会话不成问题，所以交谈起来没有障碍，过瘾得很。

我们安排他们住在华懋饭店。那时华懋饭店标准客房每间五六十元一天，国际饭店才20元一天。加上请客吃饭等招待费用，总共才用了6 000美金。我们参与筹办的共有10个人，每人出600美金就解决了。

如今，上海又举办了新的国际网球大师赛。现在的规模自是当年无法相比，而且我们国家已涌现出一大批在国际赛事上一展风姿的强手。面对如此盛大赛事，勾起了我对过去的回忆，略记一二，权供网球界的朋友们作场外谈资吧。

衣冠楚楚话西服

骆贡祺

爱美之心，人皆有之。但在对待穿着的问题上，男人在某种程度上要比女人来得执着。有道是"男人重品牌，女人爱花哨"。在评论男女着装的不同心理时，有位行家戏言：男人是"含而不露"，女人是"自我推销"。君不见如今炎热的夏季，上海街头男女穿衣泾渭分明——女人们穿的是无领无袖、袒胸露背的"露装"，男人中衣冠楚楚穿着西装的不少哩。

"风凉西装"翩然登场

不过，现在夏季上海人穿的西装不同往昔，有个"风凉西装"的好听名字。这种新潮西服用网眼里料，运用"半里工艺"，提高透气性；以先进的柔软裁剪手法，不用胸绒而用有一定支撑度的大身衬，保证西服外形的挺括；超薄型的面料，用纯毛或毛涤强捻高织纱织成，穿在身上轻柔舒畅；面料颜色以冷色调辅以各种隐条花纹，显得沉稳而冷静；款式以单挑两粒扣、三粒扣为主，对开气或不开气的设计。与上装相匹配的裤子也有改进，直裆变短，线条流畅；裤腰收紧，使臀部曲线分明，也便于将衬衣扎在裤腰里；同时注意细节设计和配件选用，如阴阳口袋、表袋、防滑拉链等。这样既可与上装配套穿着,也可以单独与衬衫、T恤一起穿着。这种"风凉西装"还有一个好处,即洗涤方便,洗后稍加熨烫即可恢复挺括,因而受到不同体型和不同年龄男人们的欢迎。

并不高贵的起源

如今在社交场合显示身份的西服,若追溯其出身,其实并不是那么高贵的。据说它原是中世纪欧洲马车夫的服式。马车夫为方便骑马,就在上衣后面开了一条衩;西服的硬领是由古代军人防护咽喉中箭的甲胄演变而来;西裤原是西欧"水手服"的式样,便于捋起来干活;而漂亮的领带的诞生更具有戏剧性。原来古代的英国很落后,那时的英国人吃牛羊猪肉时,还没有像后来那样用刀叉,而是用手抓,大块

1900年梁启超身着西服留影

大块地捧到嘴边去啃,把胡子弄脏了,就用衣袖去擦。妇女们为了对付男人这种不爱干净的行为,就想办法在男人的衣领下挂一块布,让他们擦嘴。可男人们陋习难改。于是妇女们又想出办法,在男人的袖口钉上几个小石块,男人再用袖口擦嘴,就会把胡子拉掉或把嘴皮划破,这才逼着男人用布去擦嘴。久而久之,衣领下面的这块布和袖口前钉的石块,成了英国男式上衣的传统式样。后来,他们将挂在衣领下的这块布,改成了系在脖子上的领带,将钉在袖子上的石块改为钉纽扣,又从前边移到后边。这样一改,领带就变成受

人欢迎的装饰品了，而穿西装、打领带，也逐渐成为世界流行的服装式样。

"洋装瘪三"怪现象

西服是20世纪初传入我国的。大约在清朝末年，上海都市中的一部分思想开放人士，首先脱掉长衫马褂穿起西装。这些人中，既有出入商场、显赫一时的洋行买办，也有出国归来、风度翩翩的留洋学子，甚至有些生活拮据的潦倒之徒，出门时也要穿上一套西装来装装门面。近代小说家李伯元撰写的《文明小史》中，就描写了一个外表风度翩翩、内里却穷得连饭都没有吃的"洋装瘪三"。此人实际上连最普通的衣服都穿不起，可是偏要整天穿着笔挺的西装。别人问他原因，他还打肿脸充胖子，谎称"西装可以不换季"，这样既节省了裁缝钱，又可以让人感觉到风光体面。类似这样的人，在旧上海为数不少。笔者小时候在浙东农村曾亲眼看到过这种怪现象。有位叫阿大的族人在上海滩厮混，他年过不惑，穷得连老婆都讨不起，可每次回乡都是穿一身笔挺的西装，还在乡亲们面前吹嘘："迪（这）套洋装是正宗的，从上海大马路（南京路）上买来的。"这时，长辈们便会用绍兴话当面奚落他："老嬷（老婆）阿呒有，穿舍个（什么）饿煞西装！"

"洋装瘪三"现象的出现，与十里洋场"只认衣衫不认人"的社会风气有着密切关系。正如鲁迅先生在1933年写的《上海的少女》一文中揭示的："在上海，穿时髦衣服比土气的便宜。如果一色旧衣服，公共电车的车掌会不照你的话停车，公园看守会格外认真的检查入门券，大宅子或大客寓的门丁会不许你走近正门。所以，有些人宁可居斗室，喂臭虫，一条洋服裤子却每晚必须压在枕头底下，使两面裤腿上的折痕天天有棱角。"

海派西服的雏形

上海是个海纳百川的城市。19世纪末至20世纪初，有一大批浙江奉化裁缝来沪谋生。由于他们擅长模仿，且全面掌握"量、算、裁、缝"技艺，所以深受主顾们的欢迎，时人称之为"奉帮裁缝"。1896年，奉化江口前江村人江良通首先在南京路（当时称"大马路"）上开设"和昌号"裁缝店。在他的带动下，一些有实力的奉帮裁缝纷纷跟进，仅南京东路一段，就有"王兴昌""荣昌祥""裕昌祥""王顺泰""王荣康""汇利"等多家。一时间，南京路上成了奉帮裁缝的天下，"奉帮"又被誉为"红帮"。

20世纪初的上海南京路上为什么一下子冒出许多"红帮裁缝店"呢？

当年奉帮裁缝制作的西服

这与当时我国有大批青年出国留学有关。据史料记载，1910年至1921年，仅去欧美留学的学生便多达5万余人。这些年轻学子几乎都是从上海乘外洋轮船出去的，出国穿西装是必不可少的事，因而那时候上海的西服生意特别红火。不过，这些南京路上的"红帮裁缝店"，虽然顺应潮流改名为"西服店"，但都是靠模仿起家。"王兴昌"为徐锡麟定制第一套国产西装，就是仿制旧式西服的。

这里还有一段鲜为人知的轶事：1911年12月25日，孙中山先生

南京路上的裕昌祥西服店

穿着在"英伦蒙难"(指孙中山在英国伦敦进行革命活动时,遭到清政府驻英使馆人员的绑架,经康德黎先生营救脱险)时的那套西装,乘船回到了上海。他想做一套国产西装,于是找到南京路上"荣昌祥呢绒西服店"。店主王才运是个既有高超技术、又有经营头脑的人。他见到这位受人尊敬的伟人来做西装,自然受宠若惊,就动员全店的力量,做了一套与中山先生穿的那套英国货一模一样的国产西装。这一来,"荣昌祥擅长做英式西服"的美谈便不胫而走。

张治中偏爱"亨生"

如果说,早先南京东路上的这批"红帮裁缝店"可视作海派西装的孕育,那么,后来在南京西路上开张的"亨生""培罗蒙",才真正形成了海派西装的风格。

创办于1929年的上海亨生西服店，以款式新颖、工艺精湛而被同行奉为上海西装一只鼎。当年在上海西服行业中，曾流传"七工头"和"五工头"之说。这是指一套西装花七个人工或五个人工，前者属最高档次，后者属次一档次，而"亨生"便属于"七工头"档次。"亨生"创始人徐余章的开门徒弟林瑞祥青出于蓝胜于蓝，他在西服的工艺造型和品种款式上独树一帜，创造出新型的"修长西服"。这种西服外观线条活泼流畅，领、胸、腰等部位平展舒适，合身裹袖，挺括健美，富有国际新潮感，被同行誉为"少壮新潮西服"。林瑞祥还大胆改良原来西服业中普遍使用的"粘合衬"。由于这种衬头弹性差，使制成后的西服胸部不够丰满。林瑞祥经过反复实践，创造性地把"三衬"（粘合衬、马尾衬、黑炭衬）合而为一，弥补了原来的缺陷，使西装更加挺括美观。因而，全国各地慕名而来的顾客络绎不绝，一些政界要人和社会名流都成了亨生西服店的老主顾。国民党高级将领张治中就是其中之一。

有一次，张将军因出国访问需要，到"亨生"定制一件"海龙绒皮大衣"。林瑞祥裁制并送上门试穿，张将军连声叫好，夸奖说："实在做得太好了，花十根条子（金条）也值得！"据说张治中穿着这件"将军服"去美国访问，一位接待他的美国将军羡慕地问："张将军这件大衣是从英国买来的吧，花了多少英镑？"张治中将军斩钉截铁地用英语回答："Made in China（中国制造）！"然后，开玩笑说："我这件将军服价值连城，阁下恐怕买不起！"这段传说未必是真，但"亨生"为张治中做"将军服"确有其事。林瑞祥任"亨生"经理时，曾亲自对笔者说起过这件轶事。

老华侨盛赞"培罗蒙"

"'培罗蒙'三个字至少值1亿美元！"这是笔者前年在澳大利亚

探亲时听一位老华侨说的。那天，女儿开车送我到"澳洲华族老人协会"（也称"华族老人福利会"）去参观。一位白发苍髯的老先生用上海话问我："侬（你）身上迭（这）套西装阿是（是不是）培罗蒙做格（的）？"我点点头，称赞这位老先生好眼力。原来这位老先生20世纪三四十年代在上海当过律师。他说："培罗蒙做出来的西装，既保持西装传统本色，又结合了我们中国人的身材特点，穿在身上既舒适挺括，又美观大方。因而，当时我们上海人称它为'海派西装'。"

正如这位老华侨所说，这家创办于1928年的西服店，素有"西服骄子"之称。主要特色产品有燕尾服、腰结长袄、司摩根礼服、弯刀领婚礼服、晨衣、披肩等。"培罗蒙"做出来的西服，外观上达到平、直、戤、登、挺；内形上达到胖、窝、圆、服、顺；操作上达到推、归、拔，"四功"——刀功、车功、手功、烫功到家。其面料都是名牌优质呢绒，经过选料定织，配备优质辅料，并有相当严密的操作标准，确保产品不壳、不裂，久不走样。

"培罗蒙"还有一批出类拔萃的技师，如有"西服泰斗"之称的李宏德和大师级的陆成法等。还有一位14岁就在"培罗蒙"学生意的周庆祥，从小练就一身好本领，1947年到香港也开了一家"培罗蒙"。由于他继承发扬了"老祖宗"（上海培罗蒙）的特色，很快在香港打开了局面，进而成为香港四大名店之一。一批被香港人称为"上海帮"的头面人物，如富商邵逸夫、船王包玉刚、曾任香港特区行政长官的董建华以及何鸿燊、许世勋和香港"四大探长"之一蓝刚等，都成了香港"培罗蒙"（香港）的常客。

大学校园里的"西装热"

服装好似候鸟，随着金秋季节的到来，秋季西服也纷纷登场。

笔者在南京路"亨生"和"培罗蒙"的商场里看到,以软、轻、柔、挺、括为特征的海派秋季西装琳琅满目。

值得一提的是,在如今购买秋冬季西装的顾客中,男性大学生占了一定的比重。笔者为此询问了几位正在购买西装的大学生。他们众口一词说现代大学生也讲究修边幅了,也需要美的服装。一位读大二年级的学生直言不讳:"我们中国式的服装禁锢太多了,比如一套中山装,光是纽扣就有13粒之多,已不适应现代社会服装发展潮流。而穿上西装后觉得轻松随意,面貌也感觉焕然一新!"另一位即将毕业的大学生则实话实说:"快要毕业求职了,买套美观实用、庄重大方的西装穿在身上,好给招聘单位留下美好的第一印象!"还有一位读"国际关系学"的大学生则认为:"我国进入WTO以后,国际间接触交往更多了,而西装是'国际服',买一套准备着,需要时穿。"

西装已成为本市大学校园里的一种新流行。据某大学学生会负责人告诉笔者,该校男生中至少70%以上的人有西装,少数人还一人拥有好几套呢。

海纳百川

"腿部时装"纵横谈

骆贡祺

上海的南京路,不愧为"中华第一街"。我国近代开风气之先的新颖物品大都与这条街上的商店搭界。"老上海"都知道,南京东路558号南洋商厦(现在改制为"上海旅游用品商厦"),它的前身是南洋袜厂。别小看当时只有两开间门面的小店,却是我国第一家经销洋袜(针织袜)的商店,又是生产第一双国产针织袜的工场。它使中国人改变了祖祖辈辈穿布袜的习惯,从此开始穿线袜、麻纱袜和丝袜了。

余乾初为母开袜厂

南洋袜厂的创始人余乾初,出生于世代做官的名门世家。他为什么从广州跑到上海来经商,而且经营的又是服饰中并不显山露水的袜子?说来有段鲜为人知的轶事。

据说余乾初的父亲做过清朝外交官,他幼年随父母到过伦敦、巴黎。那时候,这两个欧洲主要资本主义国家的首都已是相当繁荣的大都市了。余乾初的母亲见到当地妇女穿袒胸露背的服饰,特别是女人穿着长统丝袜,腿部显露出迷人的风姿,使她羡慕不已;再看看自己缠着裹脚布的小脚,更加自惭形秽。余乾初年纪虽小,但善解人意,每当看到母亲为买不到小脚穿的洋袜(针织袜)而唉声叹气时,总是安慰说:"等我长大了,一定要做好看的小脚袜子给母亲穿。"

为了实践儿时的诺言,弱冠之年的余乾初,瞒着父母只身来到上海闯荡。他靠着平时积攒下来的一百块银洋,先开了一家"广兴洋杂货店"。这店名也有讲究,据余乾初解释,意为"广东人兴办的以经销洋袜为主的杂货店"。他起先是从外国洋行批发洋袜来销售,等到积累了一定的资金,就从国外买来针织袜机,自设工场生产针织袜,并把店名改为"南洋袜厂"。从此,揭开了我国针织袜子生产的帷幕。

余乾初创办的南洋袜厂,既不是单一生产袜子的工厂,又不是买进卖出的商店,而是前店后工场,既经销洋袜,又自己设计生产袜子,并为特殊脚型的顾客定做各式袜子,因而袜子品种繁多,时人称誉为"上海滩上的袜子大王"。据南洋袜厂的一位老职工回忆,南洋袜厂袜子品种最多时有1 800多种,脚型尺寸从6厘米到32厘米,应有尽有。大概是受其母的影响,余乾初对小脚女人的袜子考虑得十分周到,不仅袜子形状设计得"瘦、小、尖、凸、弯",如同小脚一般,而且小脚袜的尺寸又有(老尺)二寸、二寸半、三寸、三寸半、四寸、四寸半、五寸多档。为什么小脚袜子有这么多尺寸呢?据那位南洋袜厂老职工解释,当时是清朝末年,中国妇女普遍缠小脚,因而余乾初

20世纪50年代商店售货员在卖袜子

把小脚袜做得尽量道地,如把三寸定为标准小脚袜,二寸半为小小脚穿,二寸为刚缠足的小女孩穿,三寸半至五寸为"放大脚"(缠过小脚,后来又放大了)穿。

笔者依稀记得,小时候看到我家老祖母拥有这样一双小脚袜,袜脚趾形如笋尖,袜脚心到袜脚掌逐渐隆起,呈斜坡状。她老人家平时舍不得穿,逢年过节才从箱子里取出来偶尔穿一次。我见这袜子形状奇特,就好奇地问:"姥姥脚上穿的是什么?"她莞尔一笑说:"是你姑姑从上海买来的金莲袜。"我那时尚不知金莲袜是什么意思。待我长大了到上海谋职后,有一次到南京路南洋袜厂买袜子,看见橱窗里还有这种金莲袜陈列,于是就向店里职工请教。想不到他们居然还说了一个有趣的故事呢。

辜鸿铭定做金莲袜

清末民初,我国有位叫辜鸿铭的闻人。他出生在马来西亚,后被英国人布朗夫妇收为养子,是我国最早接受完全英国式教育的华人。他先后获得过伯明翰、莱比锡、巴黎等十多所大学的学位,精通英、法、德、日、希腊、拉丁、马来等多种语言,并把我国孔子等先贤的典籍翻译成多国文字,向世界介绍中国古代文化。他21岁回国,即被两江总督张之洞聘为"师爷",民国初又被蔡元培聘为北京大学英文研究所主任兼教授。

辜鸿铭虽然自小接受西方教育,但思想上和生活上却固守封建传统,辛亥革命后还身穿长袍马褂,脑后拖着一条长辫子。更加有趣的是,他偏爱女人的小脚成癖。其正室夫人淑姑,本系名门闺秀,自幼缠就一双羊蹄般的小脚。辜鸿铭对妻子的这双小脚视若珍宝,捏摸把玩,爱不释手。据说辜鸿铭每当遇到不称心的事,都是从夫人小脚上得到解脱的。尤其是在动脑筋写文章时,他总是把夫人叫到身边，叫她脱下鞋子，解开裹脚布，一边用手抚弄，一边将鼻子凑到小脚上嗅，口中啧啧称赞。说来也奇怪，这时他就文思泉涌，落笔如飞，文章一挥而就。为此，国学大师康有为还写了一语双关"知足长乐"的条幅赠与辜鸿铭。

再说淑姑是位知书达礼的贤内助，对丈夫的这种怪癖，虽然开始时很不自在，久而久之，也就习惯成自然了。可令她烦恼的是，裹脚布缠在小脚上，既不方便，又不卫生，心想：如果有双贴肉的小脚袜子就好了。她把这个想法告诉了丈夫。辜鸿铭猛然想起，上海大马路（南京路）上有家南洋袜厂，何不为妻子定做几双小脚袜子？于是，他从北平千里迢迢专程来到上海。

南洋袜厂老板余乾初见是大名鼎鼎的辜先生，自然格外巴结，不仅满口答应"量足制袜"，而且特地染了多种彩色纱线，把小脚袜做得色彩缤纷。辜鸿铭看了，连声称赞："妙哉，金莲袜也！"他还说："吾将为夫人作《洛神新赋》耳！"自此，"南洋"的金莲袜出了名。

旧上海的花袜广告

古诗人竞相咏罗袜

辜鸿铭说的《洛神赋》，是三国时代魏国曹植的作品，其中有赞美袜子的名句"凌波微步，罗袜生尘"，是写美人（洛神）袅袅婷婷的身姿，仿佛在水波上款款而行，穿着丝绸袜子的双足，轻轻带起了纤尘。

从历代的诗赋作品中可以看出，我国古人穿袜子是十分讲究的。隋炀帝杨广在《喜春游歌》中，有"锦衣淮南舞，宝袜楚宫腰"的句子。楚宫腰即细腰，是古典美人的特征。诗句的意思是，舞女穿着镶有珠宝的丝绸袜子，与细腰一样好看。初唐骆宾王的"整衣香满路，移步袜生尘"和明代邹迪光的"画眉先自倩夫婿，立沾罗袜花间露"，都是描写古代女子穿漂亮袜子的佳句。诗圣杜甫笔下的袜子，写得更为传神："钿尺裁量减四分，纤纤玉笋裹轻云。五陵年少欺他醉，笑把花前出画裙。"短短二十八个字，把古人制袜、穿袜、赏袜写得活灵活现。

古人以为袜子是穿在足部的衣服，所以称之为"足衣"。袜子一词，最早见于《中华古今注》："三代及周著角韈。""三代"是我国最早有记载的夏、商、周三个朝代，距今已有三四千年了。"角韈"是用兽皮制作的原始袜子，所以写作"韈"。后来，由兽皮发展到用布、麻、丝绸制作，"韈"才改为"袜"。

小配角蔚为大家族

袜子走过了漫长的手工制作年代。直到1564年，英国人吉列尔莫·黑德尔发明了针织机，并用亚麻、棉、羊毛织成针织袜。1609年，又一位英国人吉列尔莫·李发明了织长统袜的机器。从此，袜子的品种日新月异。特别是1937年，美国杜邦公司发明了尼龙丝袜（俗称玻璃丝袜，我国称锦纶丝袜），更使袜子的制作迈上了一个新的台阶。

如今，袜子在服饰大家庭中，从配角一跃成为"腿部时装"。袜子由单一的平纹组织，发展为交织、网眼、提花、多色交织、印花等。织物的原料，由锦纶丝发展到羊毛、棉织、氨纶、棉尼、麻尼、麻纶等。袜型更是式样繁多，有高弹、加厚、加长、特大、超厚、超薄、尖足、无跟等。袜子的品种，不仅有短袜、中统袜、长统袜、连裤袜，还有适应冬天穿的加厚膝上袜、加厚连裤袜等。琳琅满目的袜子，美不胜收。有种香味袜，用各种不同的花草香味渗入袜子纤维组织，人们穿上活动时，通过肌肉与纤维摩擦，就会散发幽幽清香。再有一种装饰袜，丝袜上镶嵌珍珠、宝石、玉片，显得雍容华贵。

新科技翻出"第三代"

随着女性穿裙时间的日渐延长，无论是春寒料峭，还是深秋露冷，抑或严冬凛冽，她们往往通过穿袜子来显示修美双腿。在诸多袜子中，丝袜是女性展示腿部魅力的最佳选择。自第一双丝袜问世以来，它便成了女性日日相伴的贴身"知己"，但它太"娇嫩"了，一不小心，就会"漏洞百出"，弯弯扭扭的脱丝处像蚯蚓爬在腿上似的，令人好不尴尬！于是，超弹性、全弹性和半弹性的丝袜应运而生。但这种第二代的丝袜，还有美中不足的地方。

20世纪末，有"丝袜开山鼻祖"之称的美国杜邦公司相继发明了"莱卡""尼龙6.6"和"超软尼龙"，并复合成高科技人造纤维制成"3D丝袜"。这种被称作第三代的丝袜，穿着贴身舒适却不紧绷，又非常透明，在自然光线下，脚部中央会形成一道神奇的玻璃丝光，让腿部更纤细而立体。更加奇特的是，"3D丝袜"含有记忆性纤维，若不小心发生钩纱现象，只消用手顺着纤维方向轻轻一拨，便可恢复原状。用"3D丝"做的裤袜，整双丝袜从腰部到脚尖保持弹性均衡，每一寸都和腿部紧密吻合，即使动作再大也舒舒服服，完全没有弹力不均的压迫感。

长久以来，女人们梦寐以求能有一双既能衬托玉腿本色、又能抵御炎热和寒冷的丝袜。如今，"3D丝袜"可为您圆这个梦！

举"足"轻重说鞋子

骆贡祺

对于鞋子，郭沫若曾写过一首赞美它的诗："凭谁踏破天险，为尔攀登高峰。志向务求克己，事成不以为功。"这位从"蜀道之难难于上青天"的四川走出来的文豪，于1914年到了上海以后，在天禄鞋店买了一双新式布鞋穿上，然后踏上东渡日本留学的旅程。

"天禄"是上海滩上一家著名的男式鞋店，创办于清朝道光年间，原址位于现今南京东路462号。虽然这家老字号早已消失，但有不少老上海还记得，天禄布鞋的式样新颖，做工道地，帮底挺括，不走样，不座后跟，尤其是用手工扎的鞋底，经久耐穿，因而享誉全国。昔日到上海来的许多外地人和外国人，都会不约而同地到"天禄"去买鞋子。

余华龙首创"中华皮鞋"

辛亥革命以后，西风东渐，上海街头出现穿西装革履的人，但那时穿的皮鞋都是舶来品。1917年，有个叫余华龙的商人，在南京东路252号开设了一家"中华皮鞋公司"。余华龙原来在美商华革和洋行做买办，专门兜售美国生产的皮鞋，自己开起店来，自然是驾轻就熟。他自设工场，网罗人才，很快创出了"中华牌"皮鞋。这种皮鞋具有选料考究、做工精细、式样大方、穿着舒适、不易走样的优点。其时又恰逢五四运动,国民的爱国热情空前高涨。余华龙审时度势,打出了"提倡国货,穿中华牌皮鞋"的广告语。于是近悦远来,生意十分红火。据有关资料记载,当时住在上海的许多名人,如鲁迅、胡适、茅盾、郁达夫、蔡元培、史量才以及电影明星林楚楚、王人美、阮玲玉等,都在中华皮鞋公司定做过皮鞋。爱国将领马占山和张学良还登门祝贺,夸奖余华龙为中华民族争了光。

据余华龙自称,他经营中华皮鞋公司几十年,做了两件最得意的事:一是为"国父国母"(当时中国老百姓对孙中山和宋庆龄的尊称)制作过皮鞋;二是被英国皇室选中,为伊丽莎白女王定做了100多双皮鞋,作为她女儿的嫁妆。

1918年,四位加拿大爱国华侨买下了上海莫里哀路(今香山路)的一幢二层小楼,送给结婚不久的孙中山夫妇。余华龙从报上看到这条消息后,就灵机一动,通过孙中山的女佣打听到孙中山和宋庆龄的鞋子尺码,精心为他俩各制作了一双皮鞋。这件轶事当然还有待证实,但笔者猜想,此举除了出于对孙中山夫妇的崇敬之外,恐怕难免也有利用名人推销其皮鞋的目的。

顾客喊出来的"小花园"

"买女鞋上小花园。"这是昔日上海人的一句口头禅。"小花园"自设工场,经营绣花鞋、软底鞋、尖足鞋、拖鞋四大类,以花色新颖、穿着轻巧而享有盛名。特别是鞋帮上用手工刺绣的各种花卉和龙凤图案,栩栩如生,成了沪上一大特色商品,连来上海访问旅游的外国人都喜欢到"小花园"买上几双绣花鞋,作为纪念品或馈赠亲友的礼品。

"小花园"店址原来在南京东路423号，后因建设南京路步行街而让出了店面，迁至河南中路541弄8号，挂的是"小花园鞋业公司"的牌子。但这两处都不是最早的"小花园"。它的发祥地，是在浙江中路的汉口路和福州路之间的那块地方。

　　有趣的是，"小花园"的招牌，不是店主自己起的，而是顾客喊出来的。相传20世纪20年代，有个叫阿毛的制鞋匠，走街串巷，上门兜售绣花女鞋，后来在浙江路和福州路之间的小花园旁边，开了一家鞋子店，专门经营绣花女鞋。由于经营得法，生意兴隆，引起同行眼红，纷纷涌入这个地区租屋开店，展开竞争。在短短几年中，先后开出了"大香宾""潇湘馆""麒麟阁""月宫""鸳鸯""嫦娥""玉弓""奔月"等55家女鞋店，差不多形成了一座鞋城。由于鞋店集中，特别是绣花鞋的品种齐全，特色显著，同时也由于消费者记不清这几十家鞋店的招牌名称，于是，凡是在这个地段鞋店出售的鞋子，约定俗成地统称为"小花园鞋子"。

李后主始创妇女裹足穿绣花鞋

　　绣花鞋是中华民族鞋文化中的一朵奇葩。但绣花鞋千余年来的发展却同妇女缠足之兴密不可分。相传南唐时，李后主令宫中侍女裹足和穿着绣有莲花图案的小鞋跳舞，这是绣花小脚鞋的起源。

　　唐以后，随着缠足之风盛行，妇女们纷纷在小脚鞋上绣花以寄托自己美好的愿望。例如，绣荷花图案，是希望生活和和美美；绣上一对鸳鸯，是企盼婚姻白头到老；绣龙凤图案，是希望夫贵妻荣；绣松鹤图案，是祝愿健康长寿……到了清代末年，小脚鞋上还有绣洋文的，那显然是西方文化浸染所致。

　　关于古代妇女在小脚鞋上绣花的情景，明代诗人钱福在《绣鞋》一诗中有生动的描写："几日深闺绣得成，看来便觉可人情。一弯暖玉

中国妇女的小脚绣花鞋

16世纪的波斯女鞋

凌波小,两瓣秋莲落地轻。南陌踏青春有迹,西厢立月夜无声。看花又湿苍苔露,晒向窗前趁晚晴。"

一直到了现代,由于皮鞋的兴起和废除了女人裹足的陋习,绣花鞋才成了人们收藏的古董之一。

18世纪的法国女鞋

中国两千年前就有过皮鞋

一般人都以为,皮鞋是外国人发明的,其实不尽然。若说起中国皮鞋的雏形,似可追溯到战国大军事家孙膑。孙膑因膝盖受刑而致残。为此,他用较硬的皮革裁成底和帮两个部分,缝成高筒皮鞋。孙膑穿上它,依靠鞋底和鞋帮的支撑力,乘着车子,指挥作战,战胜了陷害他的仇人庞涓。

不仅古籍上有皮鞋的记载,而且今天我们还可以看到古代皮鞋的实物。在湖南长沙马王堆汉墓考古陈列馆中,有一双西汉时期的女式皮鞋。这双出土时仍完好无损的皮鞋呈土黄色,船形,其底和

旧上海时期上海洁履公司广告

帮是用三块牛皮缝制而成的,且做工精细。这大概是世界上最早的一双女式皮鞋了。

现代西式皮鞋,是20世纪初传入我国的。当时,上海滩上盛行男穿西装,女穿旗袍,因而推动了皮鞋业的发展。到二三十年代,上海南京路和淮海路上先后开出了100多家皮鞋店。在竞争中,又促使皮鞋业向专业化、高档化和特色化发展,产生了一批响当当的名牌。如南京路上的博步皮鞋店,以选料讲究、造型优美、式样新颖而被人誉为"男式皮鞋之王";蓝棠则为"女式皮鞋之冠"。"美鞋胜丹凤,一店复传统"的美一皮鞋店和"奇得别致,美得可爱"的奇美皮鞋店,则是淮海路上的佼佼者。

万般风情在鞋跟

鞋子发展到今天,已是一个庞大的家族,其品种规格,成千累万。单是皮鞋的造型,就有镶、嵌、串、滚、腰镶、圆口、船式、烧卖、蟹壳、桃盖、饰花钮、装花结、嵌金线、方头、圆头、尖头、火箭式、外八式、里八式,等等。尤其是女式皮鞋的鞋跟,更是巧思迭出,奇形怪状,诸如调羹跟、酒杯跟、橄榄跟、韭菜跟、马蹄跟、水滴跟、方跟、平跟、中跟、高跟、超高跟、细高跟、超细高跟等,不一而足。而其中以超细高跟最为时髦。

我国女性穿高跟鞋,始于清朝末年。它是随紧窄服装一起从西方传入我国的。郁慕侠在《上海鳞爪续集》中写道:"上海妇女界穿的衣服，现有越窄小，越摩登。穿在身上，不但奶部高耸，而且臀部突出，又着了高跟皮鞋，在路上行走，扭扭袅袅，非常使人注目……"笔者在本市肇嘉浜路杨韶荣先生的小脚鞋收藏馆里看到，有一双"三寸金莲"的小脚鞋，鞋跟有5厘米高，不由使人想到当年那位女主人穿它时的模样，真是忍俊不禁！

　　据说高跟鞋于14世纪在法国问世时，是男人最先享用的，目的是想显得高大、阳刚一些。而女人穿高跟鞋，起初并不是她们自己想出来的，这里还有一个故事呢。15世纪初，意大利威尼斯有位富商，为了防止他不在家时，漂亮的妻子会到处乱跑，招蜂惹蝶，就从下雨天鞋后跟沾上泥土不好走路的现象中得到启发，给妻子定做了一双后跟有半码高的皮鞋，让她出门不便，只得待在家里。可是妻子穿上这双高跟皮鞋后，感到新奇好玩，决定穿上它出去玩玩，便叫佣人扶着她上船，逛东逛西。想不到她那穿高跟皮鞋的袅娜身姿，使路人看得如醉如痴，她也因此出尽了风头。于是，高跟皮鞋很快在女人中间流行开了。